飲料管理

——調酒實務

Beverage Management

陳堯帝◎著

2nd edition

餐旅叢書序

餐旅事業進入二十一世紀後已經有了嶄新的風貌，隨著世界經濟的發展，觀光餐飲業已成爲世界最大的產業。服務的精緻化、個人化與科技的融合，在在爲這個觀光事業注入新的生命力。各類型具有國際水準的觀光大飯店、餐廳、咖啡廳、休閒俱樂部，如雨後春筍般的建立，此一情勢必能帶動餐飲業及旅遊事業的蓬勃發展。正期待藉由政府和民間部門合作，維持旅遊業永續發展，不僅增加台灣的國際能見度，也提升觀光外匯收益。值此同時，我國從事休閒遊憩活動人數與從事觀光休閒遊憩事業的就業人口均不斷增加，這使得觀光事業服務人力的需求成爲專業人才教育中極被重視的課題之一。

餐旅業可說是服務業的前端產業，餐旅業服務業是以服務爲導向專業，有賴大量人力之投入，服務品質之提升實是刻不容緩之重要課題。而服務品質之提升端賴透過教育途徑以培養專業人材始能克盡其功，是故觀光教育必需在教材、師資、設備方面，加以重視與實踐。它將服務的本質與精華充分融合到觀光的每一個環節，世界各國莫不全力發展具有各國風味特色的國際觀光，期望觀光業的永續發展爲國家和人民帶來財富和就業機會，眞實的呈現這個兼具娛樂觀點和國家內涵的產業給世界觀光客。

餐旅服務業是一門範圍甚廣的學科，在其廣泛的研究領域中，包括顧客和餐旅管理及從業人員，兩者之間相互搭配，相輔相成，互蒙其利。然而，從業人員之訓練與培育非一蹴可幾，著眼需要，長期計畫予以培養，方能適應今後餐旅行業的發展；由於科技一日千里，電腦、通信、家電（三C）改變人類生活型態，加上實施週休二日，休閒產業蓬勃發展，餐旅行業必然會更迅速成長，因而往後餐旅各行業對於人才的需求自然更殷切，導致從業人員之教育與訓練更加重要。

餐旅業蓬勃發展，國內餐旅領域中英文書籍進口很多，中文書籍較少，並且涉及的領域明顯不足，未能滿足學術界、從業人員及消費者的需求，基於此一體認，擬編撰一套完整餐旅叢書，以與大家分享。經與揚智文化總經理葉忠賢先生構思，此套叢書應著眼餐旅事業目前的需要，作爲餐旅業界往前的指標，並應能確實反應餐旅業界的眞正需要，同時能使理論與實務結合，滿足餐旅類科系學生學習需要，因此本叢書將有以下幾項特點：

(1)餐旅叢書範圍著重於國際觀光旅館及休閒產業，舉凡旅館、餐廳、咖啡廳、休閒俱樂部之經營管理、行銷、硬體規劃設計、資訊管理系統、行業語文、標準作業程序等各種與餐旅事業相關內容，都在編撰之列。

(2)餐旅叢書採取理論和實務並重，內容以行業目前現況爲準則，觀點多元化，只要是屬於餐旅行業的範疇，都將兼容並蓄。

(3)餐旅叢書之撰寫性質不一，部分屬於編撰者，部分屬於創作者，也有屬於授權翻譯者。

(4)餐旅叢書深入淺出，適合技職體系各級學校餐旅科系作爲教科書，更適合餐旅從業人員及一般社會大衆當作參考書籍。

(5)餐旅叢書爲落實編撰內容的充實性與客觀性，編者帶領學生赴歐海外實習參觀旅行之際，收集歐洲各國旅館大學教學資料，訪問著名旅館、餐廳、酒廠等，給予作者撰寫之參考。

(6)餐旅叢書各書的作者，均獲得國內外觀光餐飲博士、碩士學位以上，並在國際觀光旅館實際參與經營工作，學經歷豐富。

身爲餐旅叢書的編者，謹在此感謝本叢書中各書的作者，若非各位作者的奉獻與合作，本叢書當難以順利付梓，最後要感謝揚智文化總經理、總編輯及工作人員支持與工作之辛勞，才能使本叢書順利的呈現在讀者面前。

陳堯帝　謹識

自　序

隨著世界經濟的發展，觀光餐飲業已成爲世界最大的產業。爲順應世界潮流及配合國內旅遊事業之發展，各類型具有國際水準的觀光大飯店，如雨後春筍般的建立，此一情勢必能帶動餐飲業及旅遊事業的蓬勃發展。

經濟快速發展及生活水準日益提高，國內觀光旅館酒吧和PUB迅速成長發展，酒吧供應飲料時，酒吧禮儀、用杯的挑選、飲料的溫度、時間、操作的態度以及調酒員的外語能力要求嚴謹，酒吧成爲年輕人休閒去處。台灣四季並不是很分明，氣候上的主要差別在於氣溫的冷熱變化而已，再加上國內位於亞熱帶地區，因此夏季的氣溫通常偏高，而且在一年之中占有較長的時間，飲料銷售成爲一競爭的市場。

爲落實飲料管理內容，在帶領三明治學程學生赴歐洲考察之際，收集完整之資料，編著了《飲料管理》一書，適合大學院校及高中職餐飲管理科系、觀光事業科系、家政科系、食品營養科系學生更深入地瞭解飲料管理的重要性。

本書編撰以簡明扼要爲原則，內容豐富，資料新穎，相信必能提高吧檯人員的服務理念，使其駕輕就熟。本書具有下列特色：

(1)本書附調酒彩色實務圖片，隨時學習。

(2)本書內容共分十五章，大約二十萬餘言，四百餘頁。

(3)本書爲便利學生學習，文辭力求簡明易懂。

本書得以完成，感謝王嘉欽調酒示範拍攝，向日葵咖啡吧提供場地拍攝，更感謝師長的鼓勵及餐飲業先進之指正。全書雖經縝密編著，但仍感覺資料不盡完善，疏漏之處，在所難免，尚祈各位先進賢達不吝賜予指教，多加匡正是幸。

陳堯帝　謹誌

二〇〇八年一月於台北

目　錄

第一章　緒　論

第一節　飲料管理概論
第二節　飲料的分類

第一節　飲料管理概論

公元前一千四百年前古代埃及的記載文書中，就有「在酒肆飲用啤酒，不可爛醉如泥」的文字記載，證明當時埃及酒館已存在了。隨著經濟快速發展及生活水準日益提高，國內觀光旅館酒吧和PUB迅速成長發展，酒吧供應飲料時，酒吧禮儀、用杯的挑選、飲料的溫度、時間、操作的態度，以及調酒員的外語能力等，要求皆十分嚴謹。台灣四季並不是很分明，氣候上的主要差別在於氣溫的冷熱變化而已，再加上我國位於亞熱帶地區，因此夏季的氣溫通常偏高，而且在一年之中占有較長的時間。為了消除酷夏的炎熱，不論是各式冰涼的調酒飲料、包裝飲料或是自製的清涼飲品，都廣受一般大眾的喜愛。如何成功地規劃飲料的製備、銷售，成為一專業領域。

第二節　飲料的分類

國際上的飲料種類繁多，分為含酒精飲料和不含酒精飲料，除了在口味上做變化之外，近年來，受到國際生活水準的提高，對身體健康的日益重視，使得飲料也逐漸以「健康」為主要的改變訴求，紛紛以健康飲料的觀念重新定位飲料的角色。

一、不含酒精飲料

目前市場中的不含酒精飲料大致可分為下列幾類（**表1-1**）[1]：

表1-1　飲料分類一覽表

<table>
<tr><th>項目</th><th>飲料分類</th><th colspan="2">代表性產品</th></tr>
<tr><td rowspan="4">1</td><td rowspan="4">碳酸飲料</td><td colspan="2">汽水：白汽水、各種口味汽水</td></tr>
<tr><td colspan="2">沙士</td></tr>
<tr><td colspan="2">可樂</td></tr>
<tr><td colspan="2">西打</td></tr>
<tr><td>2</td><td>果蔬汁飲料</td><td colspan="2">果菜汁、柳橙汁、芭樂汁、蘆筍汁、葡萄柚汁、蘋果汁等</td></tr>
<tr><td rowspan="5">3</td><td rowspan="5">乳品飲料</td><td colspan="2">鮮乳：全脂鮮乳、低脂鮮乳等</td></tr>
<tr><td colspan="2">調味乳：蘋果調味乳、巧克力調味乳、咖啡調味乳、麥芽調味乳等</td></tr>
<tr><td rowspan="3">醱酵乳</td><td>稀釋醱酵乳：養樂多、多采多姿等</td></tr>
<tr><td>優酪乳</td></tr>
<tr><td>固狀醱酵乳：優格等</td></tr>
<tr><td>4</td><td>機能性飲料</td><td colspan="2">纖維飲料、Oligo寡糖飲料、維他命C飲料、β胡蘿蔔素飲料、鐵鈣鎂飲料及運動飲料等</td></tr>
<tr><td rowspan="2">5</td><td rowspan="2">茶類飲料</td><td colspan="2">中式茶類飲料：烏龍茶、綠茶及麥茶等</td></tr>
<tr><td colspan="2">西式茶類飲料：紅茶、奶茶及果茶等</td></tr>
<tr><td rowspan="2">6</td><td rowspan="2">咖啡飲料</td><td colspan="2">調合式咖啡</td></tr>
<tr><td colspan="2">單品咖啡：藍山、曼特寧等</td></tr>
<tr><td>7</td><td>包裝飲用水</td><td colspan="2">礦泉水、蒸餾水、冰川水</td></tr>
</table>

資料來源：《台灣地區飲料產業五年展望報告》，環球經濟社。蕭玉倩，《餐飲概論》，台北：揚智文化，頁210。

(一)碳酸飲料

碳酸飲料的主要特色是將二氧化碳氣體與不同的香料、水分、糖漿及色素結合在一起所形成的氣泡式飲料。由於冰涼的碳酸飲料飲用時口感十足，因此很受年輕朋友的喜愛。較爲一般大眾所熟知的碳酸飲料有可樂、汽水、沙士及西打等。

(二)果蔬汁飲料

果蔬汁飲料主要是以水果及蔬菜類植物等爲製造的原料。由於台灣地處亞熱帶，很適合各類蔬果的生長，再加上台灣傑出的農業技術，使得蔬果的產量極爲豐富，目前國內果蔬汁的製造原料有高達七成是國內生產的蔬果，只有兩成左右是進口原料，但加入WTO後，進口水果的比例可能逐年增加。果蔬汁飲料又可分爲兩類：

(1)以濃縮果汁爲主原料，經過稀釋後再包裝銷售的飲料，主要產品有柳橙汁、葡萄汁及檸檬汁等。
(2)以新鮮水果直接榨取原汁爲主原料，主要產品有西瓜汁、芒果汁、番茄汁、蘆筍汁及綜合果汁等。

由於水果與蔬菜含有豐富的維他命及礦物質，因此自然健康的形象早已深植人心，而這也使得果蔬汁飲料能很輕易地獲得消費大眾的認同，尤其是純度高的果蔬汁飲料，更是爲一般大眾所喜愛。

(三)乳品飲料

乳品飲料的營養價値極高，它除了含有維他命及礦物質外，更含有豐富的蛋白質、脂肪及鈣質等營養成分。這使得乳品飲料逐漸從飲料的身分蛻變成營養食品的角色，同時也被一般大眾認爲是攝取營養元素的來源之一。而業者也從早期的純鮮乳與調味乳，配合營養健康觀念，研究發展出廣受婦女喜愛的低脂乳品及醱酵乳等新產品。乳品飲料與一般飲料除了前面所提到的差異外，它的保存期限較短且極爲重視新鮮度的特性，也和一般飲料有很大的不同。

(四)機能性飲料

機能性飲料除了滿足消費者「解渴」與「好喝」的需求外，更以能爲消費者補充營養、消除疲勞、恢復精神體力或幫助消化等爲號召，來提高飲料的附加價值。目前市場中的機能性飲料可依它們所強調的特色分爲：

1.有益消化型飲料

有益消化型飲料在產品中的主要添加物有二種，一是以添加人工合成纖維素，增加消費者對纖維素的攝取，來達到幫助消化的目的；另一種則是添加可使大腸內幫助消化的Bufidus菌活性化的Oligo寡糖，來達到促進消化的目的。

2.營養補充型飲料

現代人由於生活忙碌，因此造成飲食不正常而導致營養攝取的不均衡。爲了滿足消費者對特定營養素的需求，業者開始在飲料中添加不同的元素，最常見的有維他命C、胡蘿蔔素、鐵、鈣、鎂等礦物質。

3.提神、恢復體力型飲料

這類型飲料主要是強調在飲用後能在短時間內達到提神醒腦、恢復體力的效果。常見的添加物有人參、靈芝、DHA必需脂肪酸等。

4.運動飲料

運動飲料除了強調能在活動過後達到解渴的效果外，並以能迅速補充因流汗所流失的水分及平衡體內的電解質爲訴求，使它在運動休閒日受重視的今天，已成爲一般大眾在活動筋骨之後，首先會想到的解渴飲料。

(五)茶類飲料

中國人自古即養成了喝茶習慣，使得茶類飲料的推出能迅速在各類飲料中竄紅。由於傳統的「喝茶」是以熱飲爲主，在炎熱的夏季裏並不十分適合飲用，而茶類飲料則是另類地提供了可在夏天飲用的冰涼茶飲，這也就成爲它受歡迎的主要原因，再加上喝茶不分四季，因此使得茶類飲料能快速地成長。目前市場中的茶類飲料又有中西式之分：

(1) 中式的茶類飲料：主要以烏龍茶、綠茶及麥茶爲代表。
(2) 西式的茶類飲料：主要是以檸檬茶、花茶、果茶、紅茶及奶茶等爲代表。

(六)咖啡飲料

咖啡飲料的主要原料是咖啡豆及咖啡粉，因此在原料的取得上必須完全仰賴進口。咖啡飲料除了注重口味的道地外，對於品牌風格的建立及包裝的設計均較其他飲料來得重視，而這都是受到了咖啡飲料的消費者對品牌忠誠度較高的影響所致。目前市場中的咖啡飲料可分爲[2]：

(1) 口味較甜的傳統式調合咖啡。
(2) 風味較濃醇的單品咖啡飲料，例如藍山、曼特寧等。

(七)礦泉水

台灣由於工業發達，造成環境污染，進而影響到飲用水的品質，消費者爲了健康且希望能喝得安心，因此對於無污染的礦泉水、冰川水及蒸餾水等產生了消費的需求，使得包裝飲用水的市場成長快速，也被業者視爲是一個極具潛力的市場。

二、酒精性飲料

(一)國產酒

在這部分我們所介紹的國產酒是以台灣所製造生產的酒類爲主。而我們將依據酒的製造方法來介紹國產酒。

1.釀造酒

■紹興酒

紹興酒原來是生產於浙江省紹興縣，主要原料有糯米、米麴與麥麴。製造過程是讓原料先糖化後再以低溫醱酵而成，酒精濃度約在16％至17％之間。一般我們所說的「陳紹」，其實就是指儲藏五年以上的陳年紹興酒。

■花雕酒

花雕酒是紹興酒的一種，由於製造的原料是精選的糯米、麥麴及液體麴，而且釀造時對品質進行嚴格的控制，再加上釀製完成後，還需先裝入陶甕中經長期儲存熟成後，再裝瓶出售。因此花雕酒具有溫醇香郁、酒色澄黃清澈的特性，爲紹興酒類中的高級品，酒精濃度約爲17％。

■白葡萄酒

白葡萄酒主要是以省產釀酒專用的金香葡萄純原汁爲原料釀製而成，酒精濃度約爲13％。由於白葡萄酒含有豐富的維生素、礦物質及葡萄糖等營養成分，而且酒質溫醇、香氣清新，冰涼後飲用風味絕佳，因此廣受一般大衆的喜愛。

■紅葡萄酒

紅葡萄酒主要是以黑后葡萄爲釀製原料，在釀造時則是連皮一起糖化醱酵，並將醱酵完成的酒放入橡木桶中約一年的時間，等熟成後再裝瓶出售，酒精濃度約為10％。

■台灣啤酒

台灣啤酒主要是以大麥芽和啤酒花為原料，經過糖化、低溫醱酵、殺菌後完成，酒精濃度約為3.5％。如果沒有經過殺菌處理的則稱為生啤酒。生啤酒應儲存在3℃的環境下，如果長時間處於超過7℃的環境中，會讓生啤酒二次醱酵，使得生啤酒變質。

由於啤酒中含有豐富的蛋白質及維生素，並具有淡雅的麥香，冰涼後飲用具有生津解渴的功能，因此被視為酷夏中的消暑聖品，深受社會人士的喜愛。

2.蒸餾酒

■高粱酒

高粱酒原是我國北方特產的蒸餾酒，主要原料為高粱與小麥，並以高粱為命名的依據。製造方法是採用獨特的固態醱酵與蒸餾製造，而蒸餾後所得到的酒還必須裝入甕中熟成，以改進酒的品質，酒精濃度約為60％。目前聞名中外的金門高粱，是金門酒廠所生產的高粱酒，由於金門的氣候、土壤與水質很適合高粱生長，因此所生產的高粱酒品質優異，深受國內外人士喜愛。

■大麴酒

大麴酒也是我國特有的蒸餾酒之一，主要原料是高粱與小麥。大麴酒也是採用固態醱酵與蒸餾法製造，蒸餾後所得到的酒也要裝甕熟成，酒精濃度約為50％。由於酒質穩定且愈陳愈香愈醇，為烈酒中的上品。

■白蘭地

白蘭地的主要原料為金香及奈加拉白葡萄。製酒過程包括低溫醱酵及二次蒸餾，最後再裝入橡木桶中熟成，酒精濃度約為41％。目前省產白蘭地中，除了有熟成時間長短之分外，另外還有台灣特產的凍頂白蘭地，它最大的特色是在製成的酒中加入凍頂烏龍茶浸泡，屬於再製酒的一種，酒精濃度為25％。

■蘭姆酒

蘭姆酒的主要原料為甘蔗。製造時是讓甘蔗糖化醱酵，經過蒸餾後再裝入橡木桶中熟成，酒精濃度約為42％。

■米酒

米酒是以蓬萊糙米為主要原料，並添加精製酒精調製而成，為台灣最大眾化的蒸餾酒，也是中餐烹飪中不可或缺的料理酒，酒精濃度約為22％。

■米酒頭

米酒頭也是以蓬萊糙米為主要原料，但不添加精製酒精，並利用兩次蒸餾來提高酒精濃度，是中國傳統的蒸餾酒，酒精濃度約為35％。

3.再製酒

■竹葉青

竹葉青主要是以高粱酒浸泡天然的竹葉及多種天然辛香料所製成，酒色呈天然淡綠色，酒精濃度約為45％。

■參茸酒

參茸酒是以精選的鹿茸、黨參及多種天然辛香料，經由高粱酒的浸泡而成，目前為台灣最受歡迎的再製酒，酒精濃度約為30％。

■玫瑰露酒

玫瑰露酒是以高粱酒與玫瑰香精及甘油調製而成的一種再製酒，由於具有淡淡的玫瑰芳香，因此成為我國名酒之一，酒精濃度約爲45%。

■龍鳳酒

龍鳳酒是以米酒浸泡黨參及多種天然香料所製成的再製酒，不但含有豐富的維他命、礦物質、胺基酸，而且還具有補血益氣的功效，酒精濃度約爲35%。

■烏梅酒

烏梅酒是以新鮮的青梅、李、茶葉、精製酒精及糖爲原料混合調製而成。製造過程主要是先將梅、李、茶葉浸泡在酒精中，萃取特殊的風味及色澤，酒精濃度約爲16.5%。適宜冰涼後飲用，也可以用來調製雞尾酒。

(二)進口酒

進口酒的種類繁多，較具知名度的酒類生產國有法國、德國、義大利、奧地利、西班牙、葡萄牙、希臘、瑞士、匈牙利、智利、澳洲、美國等國家，其中又以歐洲國家居多。以下我們將以酒的製造方法爲分類依據，介紹洋酒的種類。

1.釀造酒

■啤酒

啤酒的好壞與醱酵時所使用的酵母菌有很大的關係，而酵母菌的種類又相當的多。目前世界聞名的啤酒生產國—德國，它所擁有的啤酒酵母菌配方最多，尤其是德國慕尼黑啤酒，更是啤酒中的上品。緊追在德國之後的則是位居亞洲的日本，日本以它一貫積極專注的精神，努力發掘與研發，因此使得它所生產的啤酒在世界中也具有良好的口碑。目前台灣市場上最爲一般大眾所熟知的啤酒品牌有海尼根啤酒、美樂啤酒、可樂那啤酒、麒麟啤酒（Kirin）、三寶樂啤酒（Sapporo）及朝日啤酒（Asahi）等。

■葡萄酒

葡萄酒主要是以新鮮的葡萄爲原料所釀製而成的酒，但是在洋酒中，葡萄酒又可依據製造過程的不同，分成一般葡萄酒、氣泡葡萄酒、強化酒精葡萄酒及混合葡萄酒等四種。

(1)一般葡萄酒：一般葡萄酒就是指不會起泡的葡萄酒。它的製造過程就是將葡萄先榨出葡萄原汁後，加入酵母菌來醱酵，讓葡萄汁中的糖分分解成二氧化碳及酒精，然後讓二氧化碳的氣泡跑掉，留下酒精成分，就成爲一般葡萄酒。酒精濃度約爲9％至17％。這種葡萄酒又可依據製造時所使用的葡萄及釀成後酒的色澤而分成紅酒、白酒及玫瑰紅酒等三種。

a.紅葡萄酒：主要是將紅葡萄榨汁，釀造時連同果皮及枝葉一起放入醱酵，讓果皮中的色素滲入酒內，使釀造而成的葡萄酒呈現出紫紅色、深紅色等色澤。果皮及枝葉中所含有的單寧酸，則會使得酒味略帶澀味及辣味，而且熟成所需要的時間也因此比白酒長，約爲五至六年。紅酒可以長時間存放。

b.白葡萄酒：一般多是以白葡萄榨汁釀造，但也可以將紅葡萄去皮榨汁後來釀造。由於醱酵時純粹是以葡萄汁來醱酵，不加入果皮及枝葉，因此酒中所含的單寧酸較少，而酒的顏色則爲無色透明或是青色、淡黃色、金黃色等色澤。熟成時間約爲二至五年。白酒不宜久存，應趁早飲用。

c.玫瑰紅酒：玫瑰紅酒的製造方式有下列三種：

(a)將紅葡萄連同果皮一起醱酵，當酒呈現出淡淡的紅色時，就將果皮去除，再繼續醱酵。

(b)將釀造好的紅酒與白酒按照一定的比例混合醱酵。

(c)將紅葡萄連皮與白葡萄一起醱酵。

(2)氣泡葡萄酒：氣泡葡萄酒中以法國香檳區所生產的「香檳酒」最具知名度，而且也只有該區所生產的氣泡葡萄酒可以稱爲香檳酒，其他地區所生產的就只能稱爲氣泡葡萄酒。氣泡葡萄酒所使用的原料與一般葡萄酒相同，唯一不同的地方是氣泡葡萄酒需經過二次醱酵的程序。經過第一次醱酵後，再加入糖與酵母，然後就裝瓶、封口，儲存在低溫的地窖中至少二年，讓酒在低溫中產生第二次醱酵，而第二次醱酵所產生的二氧化碳就是氣泡葡萄酒氣泡的來源。酒精濃度約爲9%至14%。

(3)酒精強化葡萄酒：就是在葡萄酒的醱酵過程中，在適當的時間加入白蘭地，讓醱酵中止，如此不但可以保存葡萄中的糖分，增加甜味，更可以提高酒精濃度達14%至24%。最有名的酒精強化葡萄酒是西班牙的「雪莉」酒與葡萄牙的「波特」酒。

(4)混合葡萄酒：就是在葡萄酒中添加香料、藥草、植物根、色素等浸泡調製而成。例如義大利的苦艾酒，就是將藥草與基納樹皮浸在酒中所製成。

2.蒸餾酒

蒸餾酒由於酒精濃度高，因此一般人也將它稱爲烈酒。洋酒中的蒸餾酒有威士忌（whisky）、白蘭地（brandy）、伏特加（vodka）、龍舌蘭（tequila）及蘭姆酒（rum）等五種。

■威士忌

威士忌主要是將玉米、大麥、小麥及裸麥搗碎，經過醱酵及蒸餾後，再放入橡木桶中醞藏而成。而威士忌品質的好壞則與醞藏時間有很大的關係，醞藏的時間愈久，威士忌的口感與香醇愈濃厚。一般來說威士忌的酒精濃度約在40％至45％之間。

生產威士忌的國家很多，但以蘇格蘭、愛爾蘭、加拿大及美國波本等四個地區最具知名度。

■白蘭地

白蘭地主要是以水果的汁液或果肉醱酵蒸餾而成，而且至少要在橡木桶中儲存兩年才能算熟成。使用的水果原料有葡萄、櫻桃、蘋果、梨子等。其中，如果是以葡萄爲原料所製成的白蘭地，可以直接以「白蘭地」爲名稱，如果是以其他的水果爲原料，則會在白蘭地前加上水果的名稱，以作爲區別，例如櫻桃白蘭地（cherry brandy）。

■伏特加

伏特加是一種沒有任何芳香及味道的高濃度蒸餾酒，因此它很適合與其他的酒類、果汁或飲料做搭配調和。伏特加的主要原料是馬鈴薯與其他多種的穀類，經過搗碎、醱酵、蒸餾而成。它與威士忌不同的地方在於威士忌爲了保存穀物的風味，因此蒸餾出的酒液酒精濃度較低，而伏特加除了酒精濃度較高外，爲了去除穀物原有的風味，必須再做進一步的加工處理。

■龍舌蘭

龍舌蘭主要是以龍舌蘭植物爲原料。龍舌蘭的主要產地在墨西哥，而龍舌蘭用來釀酒的部位是類似鳳梨的果實。主要的製造過程是先將果實蒸煮壓榨出汁液後，再放入桶內醱酵，當汁液的酒精濃度達到40％時，就開始進行蒸餾的步驟。龍舌蘭酒需要經過三次的蒸餾，酒精濃度才會達到45％。除此之外，墨西哥政府規定，龍舌蘭酒必須含有50％以上的藍色龍舌蘭蒸餾酒才可被稱爲塔吉拉（tequila）。

■蘭姆酒

蘭姆酒主要是以甘蔗爲釀造原料，經過醱酵蒸餾，再儲存於橡木桶中熟成。而依據它儲存時間所造成酒液色澤的差異，可區分爲白色蘭姆及深色蘭姆兩種[31]：

(1) 白色蘭姆（white rum）：僅在橡木桶中儲存一年的時間，因此酒色較淡。以古巴、波多黎各、牙買加所生產的白色蘭姆最有名。
(2) 深色蘭姆（dark rum）：除了在橡木桶中儲存的時間較長外，還添加了焦糖，因此不但色澤呈現較深的金黃色，同時味道也比較濃厚。以牙買加所生產的深色、辛辣蘭姆最有名。

3.再製酒

■琴酒

琴酒（gin）主要是以杜松莓、白芷根、檸檬皮、甘草精及杏仁等香料與穀類的蒸餾酒一起再蒸餾而成。因爲杜松莓是其中不可或缺的重要材料，因此琴酒又稱爲杜松子酒。由於琴酒具有獨特的芳香，因此成爲調製雞尾酒中最常被使用的基酒。

■香甜酒

香甜酒主要是指酒精濃度高並具有甜味的烈酒而言，又可稱爲利口酒。它主要是以白蘭地、威士忌、蘭姆、琴酒或其他蒸餾酒爲基礎，再混合水果、植物、花卉、藥材或其他天然香料，並添加糖分，經過過濾、浸泡及蒸餾而成。由於香甜酒所具有的特殊香甜風味，使得它成爲廣受大眾喜愛的餐後飲用酒。

習　題

是非題

(　　) 1.本省產製酒類的方法沿襲古法，與世界其他國家之釀造、蒸餾及再製法截然不同。

(　　) 2.龍舌蘭之最有名產地是墨西哥。

(　　) 3.龍舌蘭之製造原料是甘蔗。

(　　) 4.伏特加酒之最有名產地是俄羅斯。

(　　) 5.伏特加酒之製造原料是芋頭。

(　　) 6.蘭姆酒的產地以西印度群島爲主。

(　　) 7.琴酒的主要香料是奎寧。

(　　) 8.加拿大威士忌酒所用原料是玉米、黑麥及大麥。

(　　) 9.威士忌酒的英文寫法有兩種：一是蘇格蘭、加拿大人用的"whiskey"，一是愛爾蘭、美國人用的"whisky"。

(　　) 10.酒依照製造方式可分爲釀造、蒸餾、再製三大類。

(　　) 11.好的成本控制就是盡量節省，壓低成本以維持高獲利率。

(　　) 12.物料的補充是根據倉庫的安全庫存周轉率而定。

(　　) 13.酒吧盤存作業不是吧檯工作人員職掌的一部分。

(　　) 14.飲料成本的設定是根據酒譜的配方計算而來。

(　　) 15.帳目作業中各種銷售單據塡報通常作最後盤存的是單杯銷售報表。

(　　) 16.帳目的查核通常都是依據盤存表（inventory statement）的記載與實物的對比來查核。

(　　) 17.領貨單的開立是依據盤存表的庫存數字來填寫需求數量。

選擇題

(　　) 1.下列何者不屬於蒸餾酒？ (A)葡萄酒 (B)威士忌 (C)白蘭地 (D)伏特加。

(　　) 2.下列何者不屬於釀造酒？ (A)啤酒 (B)黃酒 (C)花雕酒 (D)米酒。

(　　) 3.飲料成本是屬於 (A)變動成本 (B)半變動成本 (C)固定成本 (D)視情況而定。

(　　) 4.飲料的售價減飲料的成本等於 (A)毛利 (B)淨利 (C)單位成本 (D)總利潤。

(　　) 5.每一瓶酒的容量如以美國方式計算有多少盎司？ (A)22盎司 (B)22.3盎司 (C)25盎司 (D)25.6盎司。

本書每一章習題之答案，公佈在揚智文化網站 www.ycrc.com.tw 教學輔助區，歡迎上網查閱。

註釋

1.Costas K. & Mary P., *The Bar and Beverage Book* (U.S.A.: John Wiley & Sons Inc., 1991), Second edition. p.32.

2.福西英三，《酒吧經營及調酒師手冊》，香港：飲食天地出版社，頁11頁。

3.同註1，p81。

第二章　酒吧的設備及人員

第一節　吧檯設備

第二節　吧檯用具

第三節　酒　杯

第四節　調酒人員的職責和工作

第五節　調酒人員的分級標準

第一節　吧檯設備

工欲善其事，必先利其器。吧檯設備是按酒吧的位置及週邊設計來裝潢的，任何設備安裝必須符合建築法規和美觀的要求，如吧檯操作區域的每件設備的表層應是容易整理的，以保證表層美觀、光澤，容易清洗，不易被殺菌用化學清洗劑腐蝕，同時又能保證設備符合時代潮流。

吧檯設備的位置一般都是按飲料服務操作要求來確定的。吧檯飲料服務一般分爲兩部分：(1)吧檯區——客人坐或站在吧檯前，邊點飲料邊消費，吧檯調酒師邊調製邊服務。(2)飲料服務區——客人點飲料的訂單透過服務人員送交調酒師，調好的飲料由服務人員取走呈遞給客人，調酒師只負責按單調製，不直接服務客人。

吧檯的設備及用途分別介紹如下：

(1)果汁機：果汁機一般由盛水果的玻璃缸和裝有電動機的底座兩部分構成。當使用果汁機時，應使底座和玻璃缸切實套好，然後將水果等材料切成小塊放入玻璃缸中，再將蓋子確實蓋好。開動開關時，應先以低速旋轉，過兩秒至三秒後再改用高速。

(2)洗滌槽：專供調酒工作人員用。

(3)冰杯櫃：酒吧裏的雞尾酒、冷凍飲料、冰淇淋等都需要用冰杯服務。冰杯櫃的溫度應控制在4~6℃左右，當杯離開冰杯櫃時即有一層霧霜。冰杯櫃裏有很多層杯架。冰杯櫃原理同於冰箱。

(4)洗杯槽：一般爲三格或四格杯槽。放置在兩個服務區中心或最便於調酒師操作的地方。三格中一是清洗，二是沖洗，三是消毒清洗。

(5)瀝水槽：三格水槽有便於洗過的杯子瀝乾水的瀝水槽。玻璃杯倒扣在瀝水槽上，讓杯裏的水順槽溝流入池內。

(6)葡萄酒陳放槽：用來儲放需冰鎮的酒，如白葡萄酒、香檳等。

(7)酒架：用來陳放常用酒瓶。一般爲烈酒，如威士忌、白蘭地、琴酒、伏特加等，吧檯操作要求常用酒放在便於操作的位置，其他酒陳放在吧檯櫃裏。

(8)碳酸飲料噴頭：碳酸飲料在酒吧都有配出裝置，即噴頭。常見噴頭可按飲料不同的碳酸飲料，原理同於市面上的可樂機。不同的是噴頭上集中了六種不同的飲料管，當按不同數字就能打開其開關噴出不同的飲料，而市面上的可樂機的飲料是將每種飲料的噴頭分開的。

(9)杯刷：杯刷一般放置在有洗滌劑的清洗槽中（第一格槽）。調酒師將杯扣放在杯刷上，向下壓杯的底部，並旋轉杯身。如用電動刷杯器，只需將杯倒扣後接住杯底，按一下電扭即可，這樣能洗淨杯的裏外和杯身。經刷洗過的杯子，放到沖洗槽中沖洗，然後放到消毒槽中消毒，最後放到瀝水槽上擦乾。

(10)垃圾箱：用來盛放各種廢棄物。垃圾箱內放有垃圾袋，要經常清掃，至少每天一次。

(11)空瓶儲放架：用來裝用完的空啤酒和蘇打水瓶，然後放到垃圾箱中。其他空的酒瓶必須收集後到儲藏室換領新酒。有時空瓶架可直接將空瓶運到儲藏室存放。

(12)製冰機：每個酒吧都少不了製冰機。大型酒吧製冰機是吧檯的一部分。在選購製冰機前應事先確定所需要冰塊的種類。因爲每個製冰機只能製成某一形狀和型號的冰塊，如方冰塊有各種大小，另外還有菱形冰塊。確定選擇製冰機需要考慮四個條件：所用杯的大小、杯中所需放冰塊的數量、預計每天飲料賣出的最多杯數、冰塊的大小。

(13)生啤酒設備：生啤酒服務設備是由啤酒櫃、櫃內的啤酒罐、二氧化碳罐和櫃上的啤酒噴頭，以及連接噴頭和罐的輸酒管組成。根據酒吧條件，生啤酒設備可放在吧檯（前吧）下面，也可放在後吧。輸酒管越短越好。如果吧檯區域小，生啤酒櫃可放在相鄰的儲藏室內，用管線把噴頭引到吧檯內。生啤酒設備操作很簡單，只需按壓開關就會流出啤酒，最初幾杯啤酒泡沫較多是正常現象[1]。

(14)儲藏設備：儲藏設備是酒吧不可缺少的設施。按要求一般設在後吧區域，包含有酒瓶陳列櫃檯，主要是陳放一些烈性名貴酒，既能陳放又能展示，以此來增加酒吧的氣氛，吸引客人的欲望消費。另外，還有冷藏櫃用於需冷藏的酒品和飲料，如碳酸水、葡萄酒、香檳酒、水果，以及需要冷藏的食品，如雞蛋、奶及其他易變質食品等。另外還需要有乾儲藏櫃，大多數用品如火柴、毛巾、餐巾、裝飾籤、吸管等需要在乾儲藏櫃中存放。

第二節　吧檯用具

一、調酒和倒酒用具

調酒和倒酒用具包括下列各項：

(1)雪克杯（hand shaker）：搖酒杯通常是不鏽鋼製的。將飲料和冰塊放入搖酒杯後，便可搖混。不鏽鋼搖酒杯形狀要符合標準，目前常見的有250ml、350ml、530ml三種型號。

(2)量杯（jigger）：量杯是調製雞尾酒和其他混合飲料時，用來量取各種液體的工具。最常使用的是兩頭呈漏斗形的不鏽鋼量杯，一頭大而另一頭小。最常用的量杯組合的型號有：1/2盎司和3/4盎司、3/4盎司和1盎司、1.5盎司

常用的調酒工具。

和3/4盎司等。量杯的選用與服務飲料的用杯容量有關。使用不鏽鋼量杯時，應把酒倒滿至量杯的邊沿。

(3) 酒嘴（pourer）：酒嘴安裝在酒瓶口上，用來控制倒出的酒量。在酒吧中，每個打開的烈性酒都要安裝酒嘴，酒嘴由不鏽鋼或塑膠製成，分爲慢速、中速、快速三種型號。塑膠酒嘴不宜帶顏色，因爲它常用來調配各種不同顏色和種類的酒。使用不鏽鋼酒嘴時要把軟木塞塞進瓶頸中。

(4) 調酒杯（mixing glass）：調酒杯是一種厚玻璃器皿，用來盛冰塊及各種飲料成分。典型的調酒杯容量爲16~17盎司。調酒杯每用一次就必須沖洗，並要保持一定溫度，以免破碎。

(5) 過濾器（strainer）：圓形的過濾網，不鏽鋼絲捲繞在一個柄上，並附有兩個耳型的邊。這是用來蓋住調酒杯的上部，兩個耳型邊用來固定其位置。過濾器能使冰塊和水果等醬狀物不至於倒進飲用杯中。另外，還可有尼龍紗網、不鏽鋼網篩來製作果汁飲料。

(6) 調酒匙：調酒匙爲不鏽鋼製品，匙淺、柄長，頂部有一個很小的圓珠；調酒匙長約10～11英寸，用來攪拌飲用杯、調酒杯或搖酒杯裏的飲料。

(7) 冰勺（ice scoop）：不鏽鋼的冰勺容量約爲6~8盎司，用來從冰桶中舀出各種標準大小的冰塊。有些酒吧常用玻璃杯來代替冰勺，這是不允許的。

(8) 冰夾（ice tongs）：冰夾是用來夾取冰塊的不鏽鋼工具。

(9) 水果擠壓器（fruit squzzer）：用來擠榨檸檬或柳丁等果汁的手動擠壓器。

(10) 漏斗：漏斗是用來把酒和飲料從大容器（如酒桶、瓶）

倒入方便適用的新容器（如酒瓶）中一種常用的轉移工具。

(11)冰桶（ice pail）：裝冰的容器。當你在稀釋威士忌、白蘭地或喝某些純酒時，必須加些冰塊，而這些冰塊則須用冰桶裝盛。通常它的底部加有底墊的裝製，可以去除溶水，在樣式上共分成金屬製、玻璃製、木製、塑膠製及陶製等多種。另外，還有一種取冰用的冰夾，可以與冰桶配合成一組使用。選購時必須注意容量、隔熱等問題。

(12)碎冰器：可以迅速絞出細碎冰（crushed ice）的器具。雖然你能用槌子或冰椎製出細碎冰，但是有了一台這種機器，在雞尾酒會時你將可一次做出多量的細碎冰來。通常，由於國籍及廠牌的不同，碎冰器的樣式也會有所差異。

(13)冰椎（ice pick）：這種槌子的用途是，將冰塊敲出適當的大小，以供稀釋、調製雞尾酒或純酒加冰塊時使用。在外形上，它有前端不分叉、分二叉及分三叉等式樣，其中前端不分叉的式樣可以任意將冰塊敲成喜好的大小，所以比較理想。使用的訣竅是，握住冰椎的尖端附近，並且使拇指呈直立狀態。

(14)水壺（water jug）：沖淡威士忌或白蘭地時所必須的裝水容器。美語拼音爲pitcher（水罐），它有玻璃製、陶製、金屬製等種類，由於體型狹長、瓶口又能擱住冰塊滑落，所以用起來非常順手。

二、裝飾準備用具

用水果或其他食物來裝飾飲料，可以增進飲酒氣氛。進行裝飾準備要使用的工具，主要有砧板、酒吧刀、裝飾叉、削皮刀。

(1) 砧板：酒吧常用砧板爲方型塑膠或木製兩種。
(2) 酒吧刀（bar knife）：酒吧刀一般是不鏽鋼刀。易生鏽的刀不僅會破壞水果顏色，還會把鏽跡留在水果上。酒吧常使用小型或中型的不鏽鋼刀，刀口必須鋒利，這不僅是爲了裝飾的整潔和工作的迅速，而且也是安全的需要。
(3) 裝飾叉（bar forks）：裝飾叉是長約10英寸、有兩個叉齒的不鏽鋼製品。用它來把洋蔥和橄欖放進瓶口比較窄的瓶中。
(4) 削皮刀（zester）：專門爲裝飾飲料而用來削檸檬皮等的特殊用刀。削檸檬時取皮而不取皮下的白色部分。
(5) 榨汁器（squeezel）：專門用來榨汁液豐富的檸檬、柳丁、橙等水果。

三、飲料服務工具

服務工具主要包括啓瓶罐器、開塞鑽、服務托盤、帳單盤等。

(1) 開瓶器：啓瓶罐器一般爲不鏽鋼製品，不易生鏽，又容易擦乾淨。
(2) 螺旋開酒器（corkscrew）：用來開啓葡萄酒酒瓶上的軟

木塞，開酒器一般爲不鏽鋼製成，中心是空的，並且有足夠的螺旋能完全將木塞啓出。開啓葡萄酒瓶所用的是一種特殊設計的開塞鑽，包括螺旋、切掉密封瓶口錫箔的刀和使木塞容易旋出的桿，形狀類似摺刀。

(3)服務托盤（service trays）：服務托盤是圓形的，一般有10英寸和14英寸兩個型號。酒吧服務托盤應是軟木面，以防酒杯滑動。

(4)雞尾酒紙巾（cocktail napkin）：墊在飲料杯下面供客人用。

(5)吸管（straw）：用於高杯飲料的服務中。

(6)裝飾籤（toothpicks）：用以串上櫻桃等點綴酒品。

第三節　酒　杯

酒吧用杯非常講究，不僅要求型號（容量大小）與飲料標準一致，材質和形狀也有很高的要求。酒吧常用酒杯大多是由玻璃和水晶玻璃製作的。不管材質如何，首先要求無雜色，無刻花，杯體厚重，無色透明，酒杯相碰能發出金屬般清脆的鏗鏘聲。任何材質的用杯都要求光澤晶瑩。高品質酒杯不僅能顯出豪華和高貴，而且能增加客人飲酒的欲望。另外，酒杯在形狀上有非常嚴格的要求，不同的酒用不同形狀的杯來展示酒品的風格和情調。不同飲品用杯大小容量不同，這是由酒品的份量、特徵及裝飾要求來決定的。合理選擇酒杯的質地、容量及形狀，不僅能展現出典雅和美觀，而且能增加飲酒的氛圍。下面就酒杯的種類和形狀及容量作一介紹。

圖2-1　各種玻璃杯具

（續）圖2-1　各種玻璃杯具

（續）圖2-1　各種玻璃杯具

一、酒杯種類

(一)依據形狀區分

酒杯根據形狀可分三種：平底無腳杯、矮腳杯和高腳杯。

(1)平底無腳杯：酒杯底平而厚，沒有杯腳，其形狀有直筒形或由下至上呈喇叭展開形或曲線展開形。杯子大小、形狀根據飲料的種類而定。常用的有老式杯、海波杯、可林杯、冷飲杯。

(2)矮腳杯：酒杯杯體和杯腳同有矮短的柄，其柄有一定的形狀，傳統的矮腳杯有白蘭地杯和各種樣式的啤酒杯。現在，一般矮腳杯可以用來服務於各種酒類。

(3)高腳酒杯：高腳杯由杯體、腳和柄組成，有各種形狀。一定形狀大小的酒杯分別用於不同的特殊飲料的服務。

(二)依酒杯的用途區分

每一種酒杯都有其專門的用途。不同的酒因其香味的不同，使用的酒杯的形狀和容量也不一樣。

(1)香檳杯（champagne glass）：目前最常見的是淺碟型瑪格麗特杯和鬱金香型的香檳杯，容量約5~6盎司。

(2)葡萄酒杯（wine glass）：葡萄酒杯是目前最普遍使用的杯子，杯的容量大小約5~12盎司。紅葡萄酒杯容量比白葡萄酒杯大。

(3)水杯（water glass）：其形狀類似葡萄酒杯，容量爲10~16盎司。

(4)雞尾酒杯：雞尾酒杯有三角形和梯形兩種。杯口寬、杯身淺，容量爲3~4盎司左右。

(5)酸酒杯（sour glass）：杯口窄小、體深、杯壁爲圓筒形，容量5盎司左右。專用來盛酸酒類飲料。

(6)雪莉酒杯（sherry glass）：杯口寬、杯壁似U字形，容量2~3盎司。專用來飲用雪利和波特酒。

(7)大型白蘭地杯（brandy glass）：形如燈泡、杯口小，容量爲5~8盎司。能使白蘭地酒的芳香保留在杯中。

(8)香甜酒杯（liqueur glass）：杯腳短、杯口窄，容量爲1~2盎司。專用於餐後飲用香甜酒。

(9)海波杯（high ball glass）：圓筒形的直身玻璃杯，容量爲6盎司左右。專門用來盛海波類的混合飲料。

(10)可林杯（collins glass）：形狀同海波杯，容量爲8~10盎司。它是我們平常所說直身的可林杯或飲料杯。

(11)庫勒杯（cooler glass）：形狀同海波杯，容量爲14~16盎司，也是常說的冷飲杯。

(12)老式杯（old fashioned）：底平而厚、圓筒形。有些杯口略寬於杯底，容量爲6~8盎司。

(13)帶柄啤酒杯（mug）：容量從16~32盎司不等，也稱爲生啤酒杯。

二、如何擦拭酒杯

擦拭酒杯的步驟如下：

(1)將毛巾（約70公分寬）攤開，兩手各握住一端，拇指放在毛巾內側。

(2)接著，讓左手手掌朝上，右手放開毛巾。

(3)右手拿著杯子，杯底置於左手的手掌並輕輕地握住。

(4)右手抓住毛巾的對角線部分，然後塞入杯子的底部。

(5)將右手的拇指伸入杯中，其餘的四根指頭放在毛巾的外側，並貼著杯子左右來回地擦拭。

(6)擦畢，用右手拿著杯子的下部，然後將杯子收好。

第四節　調酒人員的職責和工作

一、調酒人員的職責

調酒人員的工作職責如下：

(1)做好營業前的準備工作。

(2)準備一切飲料的調配工作。

(3)負責核對和清點營業前後的酒水存量。

(4)按標準佈置酒吧。

(5)擔任酒水清點、空瓶退還和酒水領取工作。

(6)直接接受客人訂單和接受服務員的訂單。

(7)直接向酒吧領班負責。

(8)做好酒吧清理衛生工作。

(9)檢查設備的運轉情況，正確使用各種設備[2]。

二、調酒人員的工作

(一)準備工作

1.姿勢和態度

一名優異的調酒人員首先要有良好的站姿，給顧客一種自信和充滿活力的感覺。姿態是調酒人員在工作以前必須訓練的內容。

(1)站姿：把身體重心平放在兩腳上，軀幹挺直、下頷略收、縮腹、兩肩舒展、兩臂自然下垂。使頭、頸、軀和腿保持在一垂直線上。兩腳分開時應不超過肩寬。

(2)步伐：輕盈、矯健、自如。

a.頸要直。下顎略收，頸部自然地伸直，雙目平視。

b.肩部自然下垂，放鬆，手臂自然擺動，兩臂前後自然擺動30度。

c.使人體重心與前進方向成一條直線，重心在臍下2公分處。

d.挺腰：腰、脊自然挺直。

e.在靠近重心地方邁步。先腳跟著地，再腳掌中部和前部。

f.邁步時正對前方，兩腿不宜太彎。

2.儀容和服飾

調酒人員每天十分頻繁和密切地接觸客人，儀表不僅反映個人的精神面貌，而且也代表了酒吧的形象。調酒人員每天上班前必須對自己的形象（包括服裝）進行整理。

(1)頭髮：要將頭髮梳理整齊，保持乾淨，不要仿效流行式髮型。男子要定期理髮，適當使用髮油，髮油以香味輕淡為宜。

(2)面部：女子面部化妝要淡雅，口紅淡薄，不要畫眉塗眼，不要濃妝豔抹，應保持樸素優雅的外表，給人以自然美感。男子每日必須刮鬍鬚、洗澡。

(3)頸部：整潔並戴好領結，領結以黑色為佳。

(4)手和指甲：指甲要經常修剪、保持清潔，服務前應將手洗乾淨。女子除塗無色指甲油外不得使用其他化妝品。

(5)戒指和手表：手指和手腕為客人最注意的地方。戒指、手表及時髦的首飾不宜配戴，除結婚戒指外。

(6)襯衫：襯衫要燙平，特別要注意領子、袖口，不能有褶

調酒人員應注意服裝儀容及個人衛生，提供客人最佳的服務。

縐、破損，顏色最好是白色。穿易吸汗的汗衫，不要讓汗水滲出上衣。汗衫、襯衫應每天換洗。

(7) 制服：工作時要穿整齊統一的制服。一般要求穿黑色長褲。不能有褶縐、破損。戴黑領結、穿黑色背心、黑皮鞋、深色襪子。

3.調酒員個人衛生

調酒人員的個人衛生是顧客健康的保障，也是顧客對酒吧信賴程度的標竿。一個調酒人員要定期檢查身體，以防止感染疾病。健康的身體是酒吧工作最基本的要求。健康的身體來自日常的個人衛生，調酒人員應做好個人衛生，養成良好的衛生習慣：

(1) 不要隨地吐痰。
(2) 咳嗽、打噴嚏要用手或用手絹掩住面部，並立即洗手。
(3) 工作時不要用手去接觸頭髮和面部。
(4) 不要用工作服擦手。
(5) 品嚐飲品要用乾淨的吸管，不可直接用客人的杯。
(6) 不要用手去接觸客人用過的碟、玻璃杯、咖啡杯的邊緣、餐具等。
(7) 不要用髒手去接觸乾淨的杯、體和飲料等。

4.酒吧衛生及設備檢查

酒吧工作人員進入酒吧，首先要檢查酒吧間的照明、空調系統是否正常，室內溫度是否符合標準，空氣中有無不良氣味，地面、牆壁、窗戶、桌椅等是否打掃或拭抹乾淨，接著應對前吧、後吧進行檢查。酒吧要擦亮，所有鏡子、玻璃應光潔無塵；每天開業前應用濕毛巾拭擦一遍酒瓶；檢查酒杯是否潔淨無垢。操作檯上酒瓶、酒杯及各種工具、用品是否齊全，冷藏設備運作是否正常。如使用飲料配出器，則應檢查其壓力是否符合標準或作適當校正。然後，水池內應注滿清水、洗滌槽中準備好洗杯刷、消毒液，儲冰槽中加足新鮮冰塊。

5.調酒材料準備

檢查各種酒類飲料是否都達到了標準庫存量，如有不足，應立即開出領料單去倉庫或酒類儲藏室領取。然後檢查並補足操作台的原料用酒，冷藏櫃中的啤酒、白葡萄酒，儲藏櫃中的各種不需冷藏的酒類以及酒吧紙巾、毛巾等原料物品。

接著便應當準備各種飲料配料和裝飾物，如打開櫻桃和橄欖罐頭，切開柑桔、檸檬，摘好薄荷葉子，削好檸檬皮，準備好各種果汁、調料等。

6.營業收銀的準備

酒吧營業之前，酒吧出納須領取足夠的找零備用金，認真點數並換成適合面值的現金，如果使用收銀機，那麼每個班次必須清點收銀機中的錢款，核對收銀機記錄紙卷上的金額，做到交接清楚。

(二)雞尾酒調製

酒吧工作人員在完成上述準備工作後，便可以正式開吧，接受客人訂點的飲品。酒吧工作人員應掌握酒單上各種飲料的服務標準和要求，並熟記相當數量的雞尾酒和其他混合飲料的配製方法，這樣才能做到胸有成竹，得心應手。但如果遇到賓客點選陌生的飲料，調酒師應該查閱酒譜，不應胡亂配製。調製飲料的基本原則是：嚴格遵照酒譜要求，做到用料正確、用量精確、點綴裝飾合理優美[3]。

常用來調製雞尾酒的各種酒類。

(三)吧檯工作期間的服務

在整個酒吧服務過程中還須做到以下幾點：

(1)配料、調酒、倒酒應在顧客面前進行，目的是使顧客欣賞服務技巧，同時也可使賓客放心，調酒師使用的飲料原料用量正確無誤，操作符合衛生要求。

(2)把調好的飲料端送給賓客以後，應離開顧客，除非賓客直接與你交談，更不可隨便插話。

(3)認眞對待、禮貌處理顧客對飲料服務的意見或投訴。酒吧跟其他任何服務場所一樣，賓客永遠是正確的，如果賓客對某種飲料不滿意，應立即設法補救。

(4)任何時候都不准對賓客有不耐煩的語言、表情或動作，不要催促顧客點酒、飲酒。不能讓賓客感到你在取笑他喝得太多或太少。如果顧客已經喝醉，應用禮貌的方式拒絕供應飲料。有時候顧客因身邊帶錢不夠而喝得較少，但倘若你仍熱情接待，他下一次光顧時，便會大方地消費一番。

(5)如果在上班時必須接電話，談話應當輕聲、簡短。當有電話尋找顧客，即使顧客在場也不可告訴對方顧客在此（特殊情況例外），而應該回答請等一下，然後讓顧客自己決定是否接聽電話。

(6)爲控制飲料成本，應用量杯量取所需基酒。

(7)用過的酒杯應在三格洗滌槽內洗刷，然後倒置在瀝水槽架上讓其自然乾燥，避免用手和毛巾接觸酒杯內壁。

(8)除了掌握飲料的標準配方和調製方法外，還應時時注意顧客的習慣和愛好，如有特殊要求，應照顧客的意見調製。

(9)酒吧一般都免費供應一些佐酒小點，目的無非是刺激飲酒情趣，增加飲料銷售量。因此，工作人員應隨時注意佐酒小點的消耗情況，以便及時補充。

(10)酒吧工作人員對顧客的態度應該是友善、熱情，而不是隨便。上班時間不准抽煙，也不准喝酒，即使有顧客邀請，也應婉言謝絕。工作人員不可對某些顧客給予額外照顧，不能因爲熟人、朋友或者見到某顧客連續喝了數杯，便免費奉送一杯。當然也不能擅自爲本店同事或同行免費提供飲料。

(四)酒吧服務結束後的清理工作

服務結束後的工作範圍是打掃酒吧和清理用具。將客人用過的杯具清洗後按要求儲放，桌椅和工作檯表面要清掃乾淨，攪拌器、果汁機等機器應清洗乾淨。所有的容器要洗淨並擦亮，容易腐爛的食品和變質的飲料要妥善儲藏。水壺和冰桶洗淨後口朝下放好，煙灰缸、咖啡壺、咖啡爐和牛奶容器等應洗乾淨，鮮花應儲藏在冰箱中。

電和瓦斯的開關應關好。剩餘的火柴、牙籤和一次性消費的餐巾，還有碟、盤和其他餐具等消費物品應儲藏好。爲了安全，酒吧儲藏室、冷凍櫃、冰箱及後吧櫃等都應上鎖。

酒吧中比較繁重的清掃工作應放在營業結束後、下次開業前安排專門人員負責，包括地板的打掃，牆壁、窗戶的清掃和垃圾的清理。

第五節　調酒人員的分級標準

根據國際上有關調酒協會對調酒人員的要求，下面將調酒人員的不同等級的要求標準作簡單介紹[4]：

一、三級調酒人員

(一)調酒的專業知識

(1)熟悉酒吧酒單的基本結構，熟悉酒單所供應飲品的名稱、產地特徵及售價。

(2)具有良好的個人品質，禮貌及誠實的工作態度。

(3)熟悉娛樂業和餐飲業的相關法規和管理制度。

(4)具有高中程度或同等學歷。

(5)熟悉世界著名的蒸餾酒和醱酵酒的名品代表、產地、基本特徵及釀造期。

(6)熟悉世界著名啤酒的種類及特徵。

(7)熟練最著名的茶的種類、產地及沏泡方法。

(8)熟練世界著名的咖啡產地、特徵及煮咖啡的方法。

(9)瞭解酒吧用具、器皿的性能及使用，酒吧設備的操作規範。

(10)具有基本的飲品成本核算知識。

(11)熟悉酒吧操作規程。

(12)熟練最流行的五十種雞尾酒的調配。

(13)熟練最基本的酒水服務知識。

(14)掌握水果的保鮮、儲藏知識。

(15)具有酒吧衛生和個人衛生常識。

(16)熟練基本的專業外語詞彙，具有良好的語言表達能力。

(二)調酒的專業技能

(1)熟練雞尾酒調製的搖混、攪拌、摻對、電動攪拌等調法。

(2)能獨立配製酒吧營業前的輔料和飲品。

(3)能獨立調製最常見的雞尾酒五十種，並能按飲品要求掌握用杯、選料，使其色、香、味、體符合標準。

(4)能製作雞尾酒的各種裝飾物。

(5)能操作酒吧基本的設備和用具，並瞭解保養方法。

(6)熟練煮咖啡和沏泡茶的方法。

(7)瞭解各項安全制度、防火制度、急救制度，並懂得如何操作。

(8)能操作收銀機，計算酒品成本。

(9)具有一定的表達能力。

(10)能熟悉掌握各種葡萄酒、啤酒、蒸餾酒和其他各種飲料的服務技巧。

(11)熟悉酒水的儲藏要求和方法。

(12)能按規範進行酒吧清掃工作。

二、二級調酒人員

(一)調酒的專業知識

(1)熟練酒品的色、香、味、體，具有識別酒的品質優劣的知識。

(2)具備良好的個人品質和職業道德。

(3)瞭解世界著名酒品的生產工藝及特徵。

(4)高中以上程度和同等學歷，並具有一定的英語基礎和工作經驗。

(5)熟悉不同類別雞尾酒的特徵及調製要求。

(6)熟悉酒吧日常經營和管理知識。

(7)熟悉酒吧設計與佈局原理。

(8)熟悉水果特徵及營養成分。

(9)熟悉咖啡的特徵、生產製作過程，選配料知識。

(10)熟悉茶的種類、茶具、水溫、用量、沖泡方法等。

(11)熟悉乳品飲料和碳酸飲料的知識。

(12)熟悉酒吧各種設備和用具的性能、使用及保養知識。

(13)熟悉酒吧採購、驗收、儲藏、出庫、上架的控制流程。

(14)熟悉飲料與菜餚的搭配知識。

(15)熟悉酒吧及飲品所用的基本英文專業術語和詞彙。

(16)熟悉一定的酒會活動的組織經營和管理知識。

(17)具有果雕和水果拼盤知識，具有插花知識和獻花服務經驗。

(二)調酒的專業技能

(1)熟悉雞尾酒的調製方法，動作純熟。

(2)熟悉水果拼盤造型設計，水果拼盤的基本刀工熟練。

(3)熟悉茶和咖啡的製作技法。

(4)熟悉有關冷凍飲料、果蔬飲料的製作方法。

(5)能獨立自創具有色、香、味、形的雞尾酒。

(6)控制飲品的領取、保管、銷售，並能控制酒品飲料成本。

(7)根據客源對象，獨立編製酒單，確定酒吧經營項目。

(8)具處理酒吧特殊事故的能力，並能觀察和控制客人飲酒的情形。

(9)負責酒吧工作的分工和服務員安排，並督促檢查工作。

(10)參與組織大型酒會。

(11)具備基本的音響操作、調試能力。

(12)具備插花和製作花籃、花束、花環的知識和能力。

三、一級調酒人員

(一)調酒的專業知識

(1)具備營養衛生學、美學、心理學、餐飲行銷、餐飲服務等相關知識。

(2)具有良好的職業道德水準。

(3)系統掌握酒吧各種飲品的原料及製作服務的原理。

(4)具有餐旅專科以上程度，並具有五年以上工作經驗。

(5)通曉某一飲品的特徵，並能創造特色飲品。

(6)具有一定的組織酒會、雞尾酒會的知識和經驗。

(7)具有酒吧現場經營組織和管理的知識和能力。

(8)具有原料採購、定價、制訂酒單、核算成本的知識和經驗。

(9)掌握飲品的季節性變化的特點及餐飲市場的發展趨勢。

(10)通曉宴會服務知識及飲品服務原理。

(11)熟悉酒吧的設計標準、環境佈置原理。

(12)具有酒吧娛樂活動的知識和組織能力。

(二)調酒的專業技能

(1)精通各類飲品製作技術，並在某一飲品上有獨特創新。

(2)具有組織、管理酒吧經營活動的能力。

(3)具有組織雞尾酒會的經驗，能獨立設計酒單、佈置和管理酒會工作。

(4)熟悉掌握酒吧採購、驗收、出庫的流程，並能制訂預算報告。

(5)能協調和組織酒吧的娛樂活動。

(6)有預測酒吧娛樂活動變動的能力，並能根據變化情況，決定活動的取捨。

(7)具有控制酒吧異常事故的經驗和能力。

(8)指導或參與酒吧的設計和佈置工作。

(9)培訓和指導二級調酒人員的工作[5]。

習　題

是非題

(　　) 1.酒吧工作檯不是開放公共場所，未經吧檯工作人員同意不得隨意進出。

(　　) 2.製冰機內除了冰鏟外，不能存放任何食品及飲料，才能保持冰塊新鮮與清潔。

(　　) 3.調酒員會將快速架（speed rack）掛在雞尾酒工作檯的前下方，擺放常用的酒、飲料及配料。

(　　) 4.小紙巾（cocktail napkins）、調酒棒（swizzle sticks）及杯墊（coaster）是酒吧的消耗品。

(　　) 5.電動攪拌機（electrical blender）使用中途馬達未停止時，不能將機上的杯具移開；使用後，應立即清洗乾淨，並擦乾。

(　　) 6.酒吧檯的砧板（cutting board）及削皮刀（paring knife）使用前後都要清洗；除了切水果及製作裝飾品以外，不可作其他用途。

(　　) 7.酒吧檯的胡椒／鹽罐（salt / pepper shaker），因為使用不多，平常不必清理或準備。

(　　) 8.酒吧的杯子很多，為了節省時間，經常將使用後的杯具送往餐廳的洗碗機一起清洗。

(　　) 9.吧檯工作檯面應隨時保持乾淨。

(　　) 10.使用甜酒後的量酒杯可一直多次使用，不必每次清洗。

(　　) 11.拿取吧檯用冰塊，為節省時間可使用手或杯子挖取。

( ) 12. 因爲飲料不油膩，所以清洗杯子可不用清潔劑。

( ) 13. 吧檯工作檯內的踏腳墊應天天清洗。

( ) 14. 爲節省成本，缺口的杯皿可繼續使用。

( ) 15. 已切好的裝飾用水果，在常溫下隔夜仍可使用。

( ) 16. 冰鏟使用後可直接放入冰塊中，便於下次使用。

( ) 17. 調酒用雪克杯在每次使用後都應清洗。

( ) 19. 各種酒吧工作檯因供應商品的特性不同，擺設的方式也不同，但都以操作方便爲主要考量。

( ) 20. 一杯售價兩百元、成本爲四十元的飲料之成本率爲20%。

( ) 21. 顧客來店消費，我們不需理會客人的要求，只遵照店規行事即可。

( ) 22. 盤點工作不需要每日進行，只要在老闆查帳前做好即可。

( ) 23. 盤存是一項瞭解營運績效及帳目管理的工作。

( ) 24. 顧客消費結帳離去時應開立統一發票。

( ) 25. 砧板之安全使用，最好於其底部墊上防滑布襯之。

( ) 26. 爲取用材料方便，以手指夾取小洋蔥等裝飾材料是被允許的。

( ) 27. 避免葡萄酒的儲藏變風味，應選擇乾燥、日曬且密閉不通風之處所存放。

( ) 28. 飲務／吧檯單位組織中，葡萄酒管事員（wine steward）之職責比助理調酒員（assistant bar tender）繁重。

( ) 29. 餐飲女性服務人員不可以留過長指甲，但可擦淡色的指甲油。

(　　) 30.調酒員要給第一次光顧的顧客好印象，所以要先有禮貌地自我介紹。

(　　) 31.調酒員爲瞭解顧客的習性，最佳的方法是要記住顧客的姓名及特徵。

(　　) 32.調酒員可以將飲料給予同事飲用，聯絡感情。

(　　) 33.爲了工作需要，擴充社會新聞知識，調酒員可以在工作中閱讀新聞。

(　　) 34.儀容代表自已，制服是代表團體，所以從業人員務必遵守。

(　　) 35.餐飲工作人員有特殊體味者，應勤洗澡，並適當使用除味劑。

(　　) 36.平等接待顧客，以禮待人是酒吧服務的道德規範。

(　　) 37.酒吧服務的價值是提供顧客優良的服務。

(　　) 38.安全只是外國觀光客的基本需要，也只有外國顧客特別希望得到這種保障。

(　　) 39.服務和營利都是一樣重要的，因此無論顧客需要喝多少酒，必須無條件供應，以利營收。

(　　) 40.每次調酒時，都能使用量酒器（jigger），較能達到成本控制的目的。

選擇題

(　　) 1.吧檯設備器具的維護及清潔工作由誰來負責？ (A)工程部及清潔員 (B)餐飲部及餐務部 (C)飲務部及養護組 (D)調酒員及助理員。

(　　) 2.由餐廳服務人員點單（order），再由餐廳服務人員把調製好的飲料送至客人餐桌上，此種供應飲料之吧檯型態稱之為 (A)the front bar (B)the open bar (C)the service bar (D)the lounge。

(　　) 3.以下那一項是調酒員的工具（bartender tools）？ (A)blender、ice scoop (B)cocktail shaker、jigger (C)cocktail station、sink (D)ice making machine、refrigerator。

(　　) 4.按我國衛生法規的規定，洗杯槽一般要設立幾槽？ (A)單槽式 (B)雙槽式 (C)三槽式 (D)四槽式。

(　　) 5.吧檯杯子洗好時，應先置放何處？ (A)置杯架（glass display）(B)雞尾酒檯（cocktail station）(C)滴水板（drain board）(D)冰箱（refrigerator）。

(　　) 6.不鏽鋼工作檯的好處下列何者不正確？ (A)易於清理 (B)不易生鏽 (C)不耐腐蝕 (D)使用年限很長。

(　　) 7.酒吧調酒員的工作表現讓顧客最無法忍受的是什麼？ (A)酒量太少 (B)調錯雞尾酒 (C)服務態度不好 (D)個人衛生不好。

(　　) 8.酒吧的服務很特別，因此調酒員必須遵守道德規範，除個人忠於職守外還必須強調 (A)忠孝 (B)道德 (C)仁愛 (D)技術。

(　　) 9.調酒員（bartender）在何種狀態下可以拒絕供酒服務？ (A)客人講話太大聲 (B)客人已有醉意 (C)客人年齡太高 (D)客人尚未結帳。

(　　) 10.吧檯工作人員對裝飾物之補充，應如何處理？ (A)不一定檢查 (B)應每天檢查 (C)不必要檢查 (D)聽上級指示處理。

(　　) 11.以國內的作業，酒吧的現金結帳作業是何人負責？ (A)調酒員 (B)出納 (C)服務員 (D)領班。

(　　) 12.酒吧打烊前的飲料盤點工作是由何人負責？ (A)調酒員 (B)出納 (C)酒吧服務員 (D)酒吧領班。

(　　) 13.酒吧檯內工作的因素，酒允許有適量的安全庫存量，該專有名詞爲？ (A)stock (B)bar stock (C)safe stock (D)security stock。

(　　) 14.波士頓雪克杯（Boston shaker）是由幾個部分組成？ (A)1個 (B)2個 (C)3個 (D)4個。

(　　) 15.雪克杯（shaker）應每天清洗幾次？ (A)每天一次 (B)每天二次 (C)每天三次 (D)每次用完即清洗。

(　　) 16.下列何種器皿，不可盛裝飲料供客人飲用？ (A)老式酒杯（old fashioned glass）(B)高飛球杯（high ball glass）(C)平底杯（tumble glass）(D)刻度調酒杯（mixing glass）。

(　　) 17.下列那一項不可放入雪克杯（shaker）內調製飲料？ (A)奎寧水（tonic water）(B)牛奶（milk）(C)番茄汁（tomato juice）(D)苦精（bitter）。

(　　) 18.酒吧檯內使用的砧板，以何種材質最符合衛生條件？ (A)木製品 (B)竹製品 (C)塑膠製品 (D)不鏽鋼製品。

註釋

1.Costas K. & Mary P., *The Bar and Beverage Book* (U.S.A.: John Wiley & Sons Inc., 1991), Second edition. p.32.
2. 福西英三，《酒吧經營及調酒師手冊》，香港，飲食天地出版社，頁215。
3. 吳克祥，《酒吧操作實務》，遼寧科學技術出版社，頁218。
4. 國際調酒協會，《調酒人員手冊》，頁32。
5. 同註4，頁43。

第三章　咖　啡

第一節　咖啡的起源

咖啡是熱帶的常綠灌木，可生產一種像草莓似的豆子，一年成熟三至四次。它的名字是由阿拉伯文中Gahwah或Kaffa衍生而來。衣索比亞西南部據說是首先把咖啡當成飲料的地方。

咖啡的由來一直有著一個很有趣的傳說。傳說在六世紀時，阿拉伯人在衣索比亞草原牧羊，有一天，發現羊兒在吃了一種野生的紅色果實後，突然變得很興奮，又蹦又跳的，引起了阿拉伯人的注意，而這個紅色的果實就是今天的咖啡果實。

歷史上最早介紹並記載咖啡的文獻，是在西元九八〇至一〇三八年間，由阿拉伯哲學家阿比沙納所著。在西元一四七〇至一四七五年間，由於回教聖地麥加的當地居民都有喝咖啡的習慣，因此影響了前往朝聖的各國回教徒，這些回教徒將咖啡帶回自己的國家，使得咖啡在土耳其、敘利亞、埃及等國逐漸流傳開來。而全世界第一家咖啡專門店則是在西元一五四四年的伊斯坦堡誕生，這也是現代咖啡廳的先驅。之後，在西元一六一七年，咖啡傳到了義大利，接著傳入英國、法國、德國等國家[1]。

第二節　咖啡的品種、烘培與儲存

一、咖啡的品種

咖啡是一種喜愛高溫潮濕的熱帶性植物，適合栽種在南、北

巴黎左岸花神咖啡廳

回歸線之間的地區，因此我們又將這個區域稱為「咖啡帶」。一般來說，咖啡大多是栽種在山坡地上，而咖啡從播種、成長到開始可以結果，約需要四至五年的時間，而從開花到果實成熟則約需要六至八個月的時間。由於咖啡果實成熟時的顏色是鮮紅色，而且形狀與櫻桃相似，所以又被稱為「咖啡櫻桃」。

目前咖啡的品種有阿拉比卡（Arabica）、羅布斯塔（Robusta）及利比利卡（Liberica）等三種[2]。

(一)阿拉比卡

由於阿拉比卡品種的咖啡比較能夠適應不同的土壤與氣候，而且咖啡豆不論是在香味或品質上都比其他兩個品種優秀，所以不但歷史最悠久，同時也是三個品種中栽培量最大的，產量也高居全球產量的百分之八十。主要的栽培地區有巴西、哥倫比亞、瓜地馬拉、衣索比亞、牙買加等地。阿拉比卡咖啡豆的外形是屬於較細長的橢圓形，味道偏酸。

(二)羅布斯塔

大多栽種在印尼、爪哇島等熱帶地區，羅布斯塔頗能耐乾旱及蟲害，但咖啡豆的品質較差，大多是用來製造即溶咖啡。羅布斯塔咖啡豆的外形則是屬於較矮胖的圓形，味道則偏苦。

(三)利比利卡

利比利卡因爲很容易得到病蟲害，所以產量很少，而且豆子的口味也太酸，因此大多只供研究使用。

二、咖啡豆的種類

由於栽培環境的緯度、氣候及土壤等因素的不同，使得咖啡豆的風味產生了不同的變化，一般常見的咖啡豆種類有（**表3-1**）：

表3-1　咖啡豆的種類、特性及火候控制表

品名	產地		特性說明					火候
	國家	洲	酸	甘	苦	醇	香	
藍山	牙買加（西印度群島）	中美洲	弱	強		強	強	大
牙買加	牙買加	中美洲	中	中	中	強	中	中小
哥倫比亞	哥倫比亞	南美洲	中	中		強	中	中
摩卡	衣索匹亞	非洲	強	中		強	強	中
曼特寧	印尼（蘇門答臘）	亞洲			強	強	強	大
瓜地馬拉	瓜地馬拉	中美洲	中	中		中	中	中
巴西聖多斯	巴西	南美洲		弱	弱		弱	中小
克里曼佳羅	坦尙尼亞	非洲	強		弱	中	強	中
爪哇	印尼	亞洲			強		弱	中
象牙海岸	象牙海岸	非洲			強		弱	中
尼加拉瓜	尼加拉瓜	中美洲	中	中		中	弱	中
哥斯大黎加	哥斯大黎加	中美洲	中	弱		中	弱	大
厄瓜多爾	厄瓜多爾	南美洲		弱	弱	弱	弱	小

(一)藍山

藍山咖啡是咖啡豆中的極品，所沖泡出的咖啡香醇滑口，口感非常的細緻。主要生產在牙買加的高山上，由於產量有限，因此價格比其他咖啡豆昂貴。而藍山咖啡豆的主要特徵是豆子比其他種類的咖啡豆要大。

(二)曼特寧

曼特寧咖啡的風味香濃，口感苦醇，但是不帶酸味。由於口味很強，很適合單品飲用，同時也是調配綜合咖啡的理想種類。主要產於印尼、蘇門答臘等地。

(三)摩卡

摩卡咖啡的風味獨特，甘酸中帶有巧克力的味道，適合單品飲用，也是調配綜合咖啡的理想種類。目前以葉門所生產的摩卡咖啡品質最好，其次則是衣索比亞的摩卡。

(四)牙買加

牙買加咖啡僅次於藍山咖啡，風味清香優雅，口感醇厚，甘中帶酸，味道獨樹一格。

(五)哥倫比亞

哥倫比亞咖啡香醇厚實，帶點微酸但是勁道十足，並有奇特的地瓜皮風味，品質與香味穩定，因此可用來調配綜合咖啡或加強其他咖啡的香味。

(六)巴西聖多斯

巴西聖多斯咖啡香味溫和，口感略微甘苦，屬於中性咖啡豆，是調配綜合咖啡不可缺少的咖啡豆種類。

(七)瓜地馬拉

瓜地馬拉咖啡芳香甘醇，口味微酸，屬於中性咖啡豆。與哥倫比亞咖啡的風味極爲相似，也是調配綜合咖啡理想的咖啡豆種類。

(八)綜合咖啡

綜合咖啡主要是指兩種以上的咖啡豆，依照一定的比例混合而成的咖啡豆。由於綜合咖啡可擷取不同咖啡豆的特點於一身，因此，經過精心調配的咖啡豆也可以沖泡出品質極佳的咖啡。

三、咖啡豆的烘培

咖啡豆必須藉由烘培的過程才能夠呈現出不同咖啡豆本身所具有的獨特芳香、味道與色澤。烘培咖啡豆簡單的說就是炒生咖啡豆，而用來炒的生咖啡豆實際上只是咖啡果實中的種子部分，因此，我們必須先將果實的果皮及果肉去除後，才能得到我們想要的生咖啡豆。

生咖啡豆的顏色是淡綠色的，經過烘培加熱後，就可使豆子的顏色產生改變，烘培的時間愈長，咖啡豆的顏色就會由淺褐色轉變成深褐色，甚至變成黑褐色。咖啡豆烘培的方式與中國「爆米香」的方法類似，首先必須將生咖啡豆完全加熱，讓豆子彈跳起來，當熱度完全滲透進入咖啡豆內部，咖啡豆充分膨脹後，便會開始散發出特有的香味。

愛爾蘭咖啡

咖啡豆的烘培熟度大致可分爲淺培、中培及深培三種。至於要採用那一種烘培度，則必須依據咖啡豆的種類、特性及用途等因素來決定。一般來說，淺培的咖啡豆，豆子的顏色較淺，味道較酸；而中培的咖啡豆，豆子顏色比淺培豆略深，但酸味與苦味適中，恰到好處；深培的咖啡豆，由於烘培時間較長，熟度較熟，因此豆子的顏色最深，而味道則是以濃苦爲主。

四、咖啡的儲存

儲存及保有咖啡時應注意的要點有：

(1)咖啡豆應放在密封罐或密封袋中，以保持新鮮。

(2)將咖啡儲存在通風良好的儲藏室中。

(3)咖啡豆的保存期限約爲三個月，而咖啡粉只能保存一至二星期。

(4)研磨好的咖啡，使用密閉或眞空包裝，以確保咖啡油（coffee oil）不會消散，導致風味及強度的喪失。如果咖啡不是很快就要用到，可以保存在冰箱中。

(5)循環使用庫存物，並核對袋子上之研磨日期。

(6)儲存咖啡不要靠近有強烈味道的食物。

(7)儘可能只在需要時，才將咖啡豆研磨成咖啡粉。咖啡與胡椒子一樣，在研磨後很快即喪失其芳香。使用剛磨好的咖啡沖泡，永遠都是最好的[3]。

第三節　咖啡的煮泡法

一般餐廳或咖啡專賣店最常使用的咖啡煮泡法可分爲虹吸式、過濾式及蒸氣加壓式等三種煮泡方式[4]。

一、虹吸式

虹吸式煮泡法主要是利用蒸氣壓力造成虹吸作用來煮泡咖啡。由於它可以依據不同咖啡豆的熟度及研磨的粗細來控制煮咖啡的時間，還可以控制咖啡的口感與色澤，因此是三種沖泡方式中最需具備專業技巧的煮泡方式。

(一)煮泡器具

虹吸式煮泡設備包括了玻璃製的過濾壺及蒸餾壺、過濾器、酒精燈及攪拌棒。而器具規格可分爲沖一杯、三杯或五杯等三種。

(二)操作方法

主要操作程序如下：

(1)先將過濾器裝置在過濾壺中，並將過濾器上的彈簧鉤鉤牢在過濾壺上。
(2)蒸餾壺中注入適量的水。
(3)點燃酒精燈開始煮水。
(4)將研磨好的咖啡粉倒入過濾壺中，再輕輕地插入蒸餾壺中，但不要扣緊。

(5)當水煮沸後，就將過濾壺與蒸餾壺相互扣緊，扣緊後就會產生虹吸作用，使蒸餾壺中的水往上升，升到過濾壺中與咖啡粉混合。

(6)適時使用攪拌棒輕輕地攪拌，讓水與咖啡粉充分混合。

(7)約四十至五十秒鐘後，將酒精燈移開熄火。

(8)酒精燈移開後，蒸餾壺的壓力降低，過濾壺中的咖啡液就會經過過濾器回流到蒸餾壺中，咖啡液回流完畢後，就是香濃美味的咖啡。

(三)注意事項

由於咖啡豆的熟度與研磨的粗細都會影響咖啡煮泡的時間，因此愈專業的咖啡吧檯師傅，就愈能掌握煮泡咖啡所需要的時間，以充分展現出不同咖啡的特色。

二、過濾式

過濾式咖啡主要是利用濾紙或濾網來過濾咖啡液。而根據所使用的器具又可分爲「日式過濾咖啡」與「美式過濾咖啡」兩種。

(一)日式過濾咖啡

日式過濾咖啡主要是用水壺直接將水沖進咖啡粉中，經過濾紙過濾後所得到的咖啡，所以又稱做沖泡式咖啡。

1.沖泡器具

器具包括漏斗型上杯座（座底有三個小洞）、咖啡壺、濾紙及水壺。所使用的濾紙有101、102及103等三種型號，可配合不同大小的上杯座使用。

2.操作方法

主要操作程序如下：

(1)先將濾紙放入上杯座中，並用水略微弄濕，讓濾紙固定。
(2)將研磨好的咖啡粉倒入上杯座中。
(3)將上杯座與咖啡壺結合擺妥。
(4)用水壺直接將沸水由外往內以畫圈圈的方式澆入，務必讓所有的咖啡粉都能與沸水接觸。
(5)咖啡液經由濾紙由上杯座下的小洞滴入咖啡壺中，滴入完畢即可飲用。

(二)美式過濾咖啡

美式過濾式咖啡主要是利用電動咖啡機自動沖泡過濾而成。機器又可分為家庭用及營業用兩種。但不論是那一種機器，它的操作原理是相同的。由於美式過濾咖啡可以事先沖泡保溫備用，而且操作簡單方便，因此頗受一般大眾的喜愛。

1.煮泡器具

歐式電動咖啡機一台。咖啡機有自動煮水、自動沖泡過濾及保溫等功能，並附有裝盛咖啡液的咖啡壺。機器所使用的過濾裝置大多是可以重複使用的濾網。

2.操作方式

主要操作程序如下：

(1)在盛水器中注入適量的用水。

(2)將咖啡豆研磨成粉，倒入濾網中。

(3)將蓋子蓋上，開啓電源，機器便開始煮水。

(4)當水沸騰後，會自動滴入濾網中，與咖啡粉混合後，再滴入咖啡壺內。

3.注意事項

(1)煮好的咖啡由於處在保溫的狀態下，因此不宜放置太久，否則咖啡會變質、變酸。

(2)不宜使用太深培的咖啡豆，否則在保溫的過程中會使咖啡產生焦苦味。

三、蒸氣加壓式

蒸氣加壓式咖啡主要是利用蒸氣加壓的原理，讓熱水經過咖啡粉後再噴至壺中形成咖啡液。由於這種方式所煮出來的咖啡濃度較高，因此又被稱濃縮式咖啡，就是一般大眾所熟知的expresso咖啡。

(一)煮泡器具

蒸氣咖啡壺一套。主要包括了上壺、下壺、漏斗杯等三大部分，此外還附有一個墊片，墊片主要是用來壓實咖啡粉。

(二)操作方式

主要操作程序如下：

(1)先在下壺中注入適量的用水。

(2)再將研磨好的咖啡粉倒入漏斗杯中，並用墊片確實壓緊後，放進下壺中。

(3)將上、下二壺確實拴緊。

(4)整組咖啡壺移到熱源上加熱，當下壺的水煮沸時，蒸氣會先經過咖啡粉後再衝到上壺，並噴出咖啡液。

(5)當上壺開始有蒸氣溢出時，表示咖啡已煮泡完成。

(三)注意事項

(1)咖啡粉一定要確實壓緊，否則水蒸氣經過咖啡粉的時間太短，會使煮出來的咖啡濃度不足。

(2)若煮泡一人份的濃縮咖啡時，因爲咖啡粉沒有辦法放滿漏斗杯，因此可將墊片放在咖啡粉上，不取出，以確保咖啡粉的緊實。

(3)由於濃縮咖啡強調的是咖啡的濃厚風味，所以應該使用深培的咖啡豆。

習　題

是非題

(　　) 1.咖啡中添加的鮮奶即使過期仍可繼續延用一、二日。

(　　) 2.咖啡飲料的裝飾物的準備是愈多愈好，不管業績好壞。

(　　) 3.咖啡吧檯用的砧板可與廚房一起共用。

(　　) 4.冰咖啡可事先處理好，放在塑膠容器裏冷藏，以便取用。

(　　) 5.因爲飲料成本很低，故月底不用做盤存。

(　　) 6.煮沸的熱開水冷卻後，經再次煮沸，此時的熱開水沖茶或咖啡口感最佳。

選擇題

(　　) 1.熱咖啡最適宜飲用的溫度約在　(A)40℃ (B)60℃ (C)80℃ (D)100℃。

(　　) 2.皇家咖啡（cafe royal）加入的烈酒，下列何者正確？　(A)琴酒(B)伏特加(C)威士忌(D)白蘭地。

(　　) 3.第一個生產咖啡酒的國家是　(A)墨西哥(B)巴西(C)哥倫比亞(D) 牙買加。

(　　) 4.義式咖啡（espresso）表層中央，若有白色圓圈形狀，表示咖啡中的咖啡因和苦味油脂　(A)太多(B)太少(C)恰到好處(D)完全沒有。

(　　) 5.製作那種的咖啡會使用到烤架？　(A)皇家咖啡(B)愛爾蘭咖啡(C) 維也納咖啡(D)卡布基諾咖啡。

( ) 6.下列那一個國家的人喝咖啡時會加入少許的檸檬皮？ (A)美國(B)英國(C)義大利(D)巴西。

( ) 7.購買回來的咖啡豆，如未立即處理，置於陰涼處，隔天後密封的咖啡袋有膨脹的情形，是因爲 (A)不新鮮(B)受潮(C)很新鮮(D)過期不可食用。

( ) 8.製作義式咖啡（espresso）的奶泡時，若有像噴射機轟隆的聲音是表示 (A)水溫太高(B)水溫太低(C)蒸氣管離杯底太高(D)蒸氣管離杯底太近。

( ) 9.鮮度不佳的咖啡豆，沖調之後會帶有 (A)苦味(B)澀味(C)酸味(D)甘味。

( ) 10.咖啡豆是那一個國家的人所發現？ (A)衣索匹亞人(B)美國人(C)法國人(D)阿拉伯人。

( ) 11.下列那一個國家不生產咖啡豆？ (A)台灣(B)美國(C)日本(D)印尼。

( ) 12.咖啡豆中的成分，含有毒性，少量對身體有益，多量對身體有害的是 (A)咖啡因(B)單寧酸(C)脂肪酸(D)礦物質。

( ) 13.下列那一種的咖啡豆特性最酸？ (A)藍山(B)曼特寧(C)摩卡(D)巴西。

( ) 14.下列那一種的咖啡豆特性最苦？ (A)哥倫比亞(B)曼特寧(C)巴西(D)藍山。

( ) 15.製作加味咖啡，如草莓咖啡、香草咖啡等，都以那一種品種的咖啡豆製作？ (A)阿拉比卡種(B)羅布斯塔種(C)瓜哇種(D)利比利卡種。

註釋

1.Costas K. & Mary P., *The Bar and Beverage Book* (U.S.A.: John Wiley & Sons Inc., 1991), Second edition. p.32.
2.福西英三，《酒吧經營及調酒師手冊》，香港：飲食天地出版社，頁215。
3.吳克祥，《酒吧操作實務》，遼寧科學技術出版社，頁218。
4.同註1，頁201。

第四章　茶

茶樹多生長在溫度、潮濕的亞熱帶氣候地區，或是熱帶的高緯度地區，主要分布在印度、中國、日本、印尼、斯里蘭卡、土耳其、阿根廷以及肯亞等國家，其中則以中國人飲用茶的記錄最早。

茶園中的茶樹通常被栽植成樹叢的形狀以利採收，但野生茶樹可長至三十英呎高，傳說中國人會訓練猴子去採茶。當茶樹的初葉及芽苞形成時，就可將新葉摘取加工製作；雖說一年四季都有新葉長成，可供採收，但是專家們認爲最理想的採取季節應該是四月及五月的時候。

第一節　茶的種類

根據《現代育樂百科全書》中記載，茶葉依據醱酵程度的差異，可分爲不醱酵茶、半醱酵茶和全醱酵茶三種，不論製作方式、外觀、口感都各具特色（**表4-1**）。

一、不醱酵茶

不醱酵茶就是我們稱的綠茶。此類茶葉的製造，以保持大自然綠葉的鮮味爲原則，自然、清香、鮮醇而不帶苦澀味是它的特色。不醱酵茶的製造法比較單純，品質也較易控制，基本製造過程大概有下列三個步驟：

(1) 殺菁：將剛採下的新鮮茶葉，也就是茶菁，放進殺菁機內高溫炒熱，以高溫破壞茶裏的酵素活動，中止茶葉醱酵。

表4-1 主要茶葉識別表

	類別	醱酵程度	茶名	外型	湯色	香氣	滋味	特性	沖泡溫度
不醱酵	綠茶	0	龍井	劍片狀(綠色帶白毫)	黃綠色	茶香	具活性、甘味、鮮味。	主要品嚐茶的新鮮口感，維他命C含量豐富。	70℃
半醱酵	烏龍茶(或青茶)	15%	清茶	自然彎曲(深綠色)	金黃色	花香	活潑刺激，清新爽口。	入口清香飄逸，偏重於口鼻之感受。	85℃
		20%	茉莉花茶	細(碎)條狀(黃綠色)	蜜黃色	茉莉花香	花香撲鼻，茶味不損。	以花香烘托茶味，易爲一般人接受。	80%
		30%	凍頂茶	半球狀捲曲(綠色)	金黃至褐色	花香	口感甘醇，香氣、喉韻兼具。	由偏重於口、鼻之感受，轉爲香味、喉韻並重。	95℃
		40%	鐵觀音	球狀捲曲(綠中帶褐)	褐色	果實香	甘滑厚重，略帶果酸味。	口味濃郁持重，有厚重老成的氣質。	95℃
		70%	白毫烏龍	自然彎曲(白、紅、黃三色相間)	琥珀色	熟果香	口感甘潤，具收歛性。	外形、湯色皆美，飲之溫潤優雅，有「東方美人」之稱。	85℃
全醱酵	紅茶	100%	紅茶	細(碎)條狀(黑褐色)	朱紅色	麥芽糖香	加工後新生口味極多。	品味隨和，冷飲、熱飲、調味、純飲皆可。	90℃

(2)揉捻：殺菁後送入揉捻機加壓搓揉，目的在使茶葉成形，破壞茶葉細胞組織，使泡茶時容易出味。

(3)乾燥：製作不醱酵茶的最後步驟，是以迴旋方式用熱風吹拂反覆翻轉，使水分逐漸減少，直至茶葉完全乾燥成爲茶乾。

二、半醱酵茶

半醱酵茶是中國製茶的特色，是全世界製造手法最繁複也最細膩的一種茶葉，當然，所製造出來的也是最高級的茶葉。

半醱酵茶依其原料及醱酵程度不同，而有許多的變化，基本上來說，不醱酵茶是茶菁採收下來後即殺菁，中止其醱酵，而半醱酵茶則是在殺菁之前，加入萎凋過程，使其進行醱酵作用，待醱酵至一定程度後再行殺菁，再後再經乾燥、焙火等過程。中國著名的烏龍茶爲半醱酵茶的代表。

三、全醱酵茶

全醱酵茶的代表性茶種爲紅茶，製造時將茶菁直接放在溫室槽架上進行氧化，不經過殺菁過程，直接揉捻、醱酵、乾燥。

經過這樣的製作，茶葉中有苦澀味的兒茶素已被氧化了90％左右，所以紅茶的滋味柔潤而適口，極易配成加味茶，廣受歐美人士歡迎。

第二節　茶的製備

所謂「品茗」，是指「觀茶形、察湯色、聞香味、嚐滋味」四個階段，所以在泡茶的過程中，第一步是要選擇好的茶葉。所謂好的茶葉應具備乾燥情形良好、葉片完整、茶葉條索緊結、香氣清純、色澤宜人等條件。

水質的好壞也影響茶味的甘香。蒸餾水雖不能添加茶的甘香，但也不會破壞其風味，是理想的泡茶用水。自來水中含有消毒藥水的氣味，若能加以過濾或沈澱，也一樣能保有茶之甘香。

至於泡茶時的水溫，並非都要用100℃之沸水，而是根據茶的種類來決定溫度。

綠茶類泡茶的水溫就不能太高，70℃左右最適宜，這類茶的咖啡因含量較高，高溫之下會因釋放速度加快而使茶湯變苦。再則高溫會破壞茶中豐富的維他命C，溫度低一點比較能保持。

烏龍茶系中的白毫烏龍，是採取細嫩芽尖所製成的，所以非常嬌嫩，水溫以85℃較適宜。

此外，茶葉粗細也是決定水溫的重要因素，茶形條索緊結的茶，溫度要高些，茶葉細碎者如袋茶等，就不需以高溫沖泡。

在泡茶的過程中也須注意茶葉的用量和沖泡時間。茶葉用量是指在壺中放置適當分量的茶葉，沖泡時間是指將茶湯泡到適當濃度時倒出。兩者之間的關係是相對的，茶葉放多了，沖泡時間要縮短；茶葉少時，沖泡時間要延長些。但茶葉的多少有一定的範圍，茶葉放得太多，茶湯的濃度變高，常常變得色澤深沈，滋味苦澀難以入口；茶葉太少又色清味淡，品不出滋味。

所以，除了經驗外，一般餐飲業的泡茶過程也會藉助科學的量計或是直接使用茶袋來簡化和統一茶的製備。

第三節　茶的沖泡與操作

一、沖泡茶的要素

品嚐一杯好茶，除要求茶本身的品質外，還要考慮沖泡茶所用水的水質、茶具的選用、茶的用量，沖泡水溫及沖泡的時間等因素。也就是說，要泡好一壺茶或一杯茶，首先要瞭解各類茶葉的特點，掌握沖泡技術，使茶葉固有品質能充分表現出來，其次選用合適的器皿以及最佳、最合理的沖泡程序，以優美的姿勢和方法來砌泡茶。

(一)茶具的選用

1.茶具的材質

茶具以瓷器最多，其次玻璃，再次陶器、搪瓷等。瓷器茶具包括白瓷茶具、青瓷茶具和黑瓷茶具等。瓷器茶具傳熱不快、保溫適中，對茶不會發生化學反應，砌茶能獲得較好的色香味 ，而且造型美觀、裝飾精巧，具有一定的藝術欣賞價值。

玻璃茶具質地透明，晶瑩光澤，形態各異，用途廣泛。玻璃杯泡茶，茶湯的鮮艷色澤，茶葉的細嫩翠軟，茶葉在整個沖泡過程中的上下流動，葉片的逐漸舒展等，可一覽無餘，可說是一種動態的藝術欣賞。特別是沖泡各類名茶，茶具晶瑩剔透，杯中輕霧飄渺，澄清碧綠，芽葉朵朵，亭亭玉立，觀之賞心悅目，別有風趣。現代玻璃茶具，在玻璃外套一個不鏽鋼套並留有一個長形孔，既能防止燙手，又能保持玻璃具有的優點。

陶器茶具中最好的當屬紫砂茶具，造型雅致，色澤古樸，用來砌茶，香味醇和，湯色澄清，保溫性能好，即使夏天茶湯也不易變質。它雖被公認為茶具中的精品，但也有美中不足之處，就是壺色紫褐與茶汁顏色相近，不易於分辨茶湯的色澤和濃度。

另外，金屬茶具如金、銀、銅、錫、不鏽鋼等，一般行家對用此砌茶評價不高。竹木茶具價廉物美、經濟實惠。另外還有塑膠茶具等。

2.茶具的種類

茶具，主要指茶杯、茶碗、茶壺、茶盞、茶碟、托盤等飲茶用具。茶具種類繁多，各具特色，要根據茶的種類、飲茶習慣來選用。下面將各種茶具作一簡單介紹：

(1)茶壺：茶壺是茶具的主體，學問也最大。行家指出，茶壺以不上釉的陶製品爲上，瓷和玻璃次之。陶器上有許多肉眼看不見的細小氣孔，不但能透氣，又能吸收茶香，每回泡茶時，能將平日吸收的精華散發出來，更添香氣。新壺常有土腥味，使用前宜先在壺中裝滿水，放到裝有冷水的鍋裏用文火煮，等鍋中水沸開將茶葉放到鍋中，與壺一起煮半小時即可去味；另一種方法是在壺中泡濃茶，放一兩天再倒掉，進行兩三次後，用棉布擦乾淨。酒吧中選用茶壺要兼顧實用性和美觀性。

(2)茶杯：茶杯是茶具中的第二主角，市場上的茶杯是和茶壺成套出售，色澤和造型的搭配一般不成問題。茶杯有兩種，一是聞香茶，二是飲用杯。聞香杯較瘦高，是用來品聞茶湯香氣用的，等聞香完畢，再倒入飲用杯。飲用杯宜淺不宜深，讓飲茶者不需仰頭即可將茶飲盡。對茶杯的要求是內部以素瓷爲宜，淺色的杯底可以讓飲用者清楚地判斷茶湯色澤。另外，茶杯宜淺不宜深，不但讓飲茶者不需仰頭就可將茶飲盡，還可有利於茶香的溢發。大多數茶可用瓷壺泡、瓷杯飲。烏龍茶多用紫砂茶具。工夫紅茶和紅碎茶，一般用瓷壺或紫砂壺沖泡，然後倒入杯中飲用。

(3)茶盤：放茶杯用。奉茶時用茶盤端出，讓客人有被重視的感覺。

(4)茶托：放置在茶杯底下，每個茶杯配一個茶托。

(5)茶船：茶船爲一裝盛茶杯和茶壺的器皿，其主要功能是用來燙杯、燙壺，使其保持適當的溫度。此外，它也可防止沖水時將水濺到桌上，燙傷桌面。

(6)茶巾：用來吸茶壺與茶杯外的水滴和茶水，其次，將茶壺從茶船提取倒茶時，先將壺底在茶巾上沾一下，以吸乾壺底水滴，避免將壺底水滴滴落客人身上或桌面上。

(二)茶葉用量

泡茶的關鍵技術之一就是要掌握好茶葉放入量與水的比例的關係。茶葉用量是指每杯或每壺放適當分量的茶葉。茶葉用量的多少，關鍵是掌握茶與水的比例，一般要求沖泡一杯綠茶、紅茶時，茶與水的比例爲1：50~60，即每杯放3克乾茶加沸水150~180毫升。烏龍茶的茶葉用量爲壺容積的1/2以上。總之要適量掌握茶與水的比例，茶多水少，則味濃；茶少水多，則味淡。

(三)泡茶用水

泡茶用水要求水甘而潔、活而清鮮，一般都用天然水。天然水按來源可分爲泉水、溪水、江水、湖水、井水、雨水、雪水等。大中城市多用自來水，自來水是經過淨化後的天然水。在天然水中，泉水比較清澈，雜質少、透明度高、污染少，質潔味甘，用來泡茶最爲相宜了。

在選擇泡茶用水時，我們必須掌握水的硬度與茶湯品質的關係。首先，水的硬度影響水的pH值（酸鹼度），而pH值又影響茶湯色澤。當pH值大於5時，湯色加深；pH值達到7時，茶黃素就傾向於自動氧化而損失。其次，水的硬度還影響茶的有效成分的溶解。

一般軟水有利於茶葉中有效成分的溶解，故茶味濃。硬水中含有較多的鈣、鎂離子和礦物質，茶葉有效成分的溶解度低，故茶味淡。

總之，泡茶用水應選擇軟水，這樣沖泡出來的茶才會湯色清澈明亮，香氣高雅馥郁，滋味純正甘洌。

(四)泡茶水溫

泡茶水溫的掌握，主要看泡飲什麼茶而定。高級綠茶，特別是細嫩的名茶，茶葉愈嫩、愈綠，沖泡水溫愈低，一般以80℃左右爲宜。這時泡出的茶嫩綠、明亮、滋味鮮美。泡飲各種花茶、紅茶和普通的綠茶，則要用95℃的沸水沖泡。如水溫低，則滲透性差，茶味淡薄。

泡飲烏龍茶，每次用茶量較多，而且茶葉粗老，必須用100℃的沸滾開水沖泡。有時爲了保持及提高水溫，還要在沖泡前用開水燙熱茶具，沖泡後在壺外淋熱水。

泡茶燒水，要大火急沸，不要文火慢煮。以剛煮沸起泡爲宜，用這樣的水泡茶，茶湯香、味皆佳。高級綠茶用水一般將水煮至80℃即可。一般情況下，泡茶水溫與茶葉中有效物質在水中的溶解度呈正相關，水溫愈高，溶解度愈大，茶湯就愈濃。

(五)沖泡時間和次數

紅茶、綠茶將茶葉放入杯中後，先倒入少量開水，以浸沒茶葉爲度，加蓋三分鐘左右，再加開水到七八成滿，便可趁熱飲用。 當喝到杯中尚餘三分之一左右茶湯時，再加開水，這樣可使前後茶的濃度比較均勻。

一般茶葉泡第一次時，其可溶性物質能浸出50~55%；泡第二次，能溶出30%左右；泡第三次能浸出10%左右；泡第四次就所剩無幾了，所以通常以沖泡三次爲宜。烏龍茶宜用小型紫砂壺。在用茶量較多的情況下，第一泡1分鐘就要倒出，第二泡1分15秒，第三泡 1分40秒，第四泡 2分15秒。這樣前後茶湯濃度才會比較均勻。

另外，泡茶水溫的高低和用茶數量的多少，直接影響泡茶時間的長短；水溫低、茶葉少，沖泡時間宜長，反之，水溫高、茶葉少，沖泡時間宜短[1]。

二、茶的沖泡操作要領

茶的沖泡一般分爲「品、評、喝」三個步驟。品茶，就是欣賞茶葉的色、香、味、形，細細品飲茶香及茶味，是一種高雅的藝術享受。另外，根據各種茶葉的品質特點，可以採取不同的泡飲方法。

(一)綠茶泡飲法

綠茶泡飲一般採用玻璃杯泡飲法、瓷杯泡飲法和茶壺泡飲法。泡飲之前，先欣賞乾茶的色、香、形，取一定用量的茶葉，置於無異味的潔白紙上，觀看茶葉形態。察看茶葉的色澤，嗅茶中的香氣，以充分領略各種名茶的自然風韻，稱爲「賞茶」。沖泡綠茶時，茶、水的比例爲1：50，以每杯放3克茶葉，加水150毫升爲宜。

1.玻璃杯泡飲法

高級綠茶嫩度高，用透明玻璃杯泡飲最好，能顯出茶葉的品質特色，便於觀賞。沖泡外形緊結重實的名茶，先將茶杯洗淨後，沖入85~100℃開水，然後取茶投入，不需加蓋。乾茶吸收水分後，逐漸展開葉片，徐徐下沈。湯面水氣附帶著茶香縷縷上升，這時趁熱嗅聞茶湯香氣，令人心曠神怡；觀察茶湯顏色、觀賞杯中茶葉的沈浮游動，閃閃發光，星斑點點。茶葉細嫩多毫爲嫩茶特色，這個過程稱濕看欣賞。待茶湯涼至適口，品嚐茶湯滋味，小口品飲，緩慢吞咽，細細體會名茶的鮮味與茶香。飲至杯中餘三分之一水量時，再續加開水，即二開茶，此時茶葉味道最好。很多名茶二開茶湯正濃，飲後餘味無窮。飲至三開茶味已淡，即可換茶重泡。

2.瓷杯泡飲法

中高級綠茶用瓷質茶杯沖泡，能使茶葉中的有效成分浸出，可得到較濃的茶湯。一般先觀察茶葉的色、香、形後，入杯沖泡。可採取「中投法」或「下投法」，用95℃~100℃初開沸水沖泡，蓋上杯蓋，以防香氣散逸，保持水溫，以利茶身開展，加速沈至杯底，待3~5分鐘後開蓋，嗅茶香，嚐茶味，視茶湯濃淡程度，飲至三泡即可。

3.茶壺泡飲法

壺泡法適於沖泡普通綠茶。這類茶葉中多纖維素，耐沖泡，茶味也濃。泡茶時，先洗淨壺具，取茶入壺，用100℃初開沸水沖泡至滿，3~5分鐘後即可倒入杯中品飲。此茶用壺泡不在欣賞茶趣，而在解渴，暢敘茶誼[2]。

(二)紅茶泡飲法

紅茶色澤黑褐油潤，香氣濃郁帶甜，滋味醇厚鮮甜，湯色紅艷透黃，葉底嫩勻紅亮。紅茶的泡飲方法，可用杯飲法和壺飲法。一般工夫紅茶、十檯紅茶、袋裝紅茶大多採用杯飲法。茶量投放與綠茶相同，即將3克紅茶放入白瓷杯或玻璃杯中，然後沖入150克沸水，幾分鐘後，先聞其香，再觀其色，然後品味。品飲工夫紅茶重在體會它的清香和醇味。一般紅茶也是只適宜沖泡2~3次。紅碎茶和香片末紅茶則多用壺飲法，即把茶葉放入壺中，沖泡後使茶渣和茶湯分離，從壺中慢慢倒出茶湯，分置各小茶杯中，便於飲用，茶渣仍留在壺內，便於再次沖泡。

另外，紅茶現在流行一種調飲法，即在茶湯中加入調料，以佐湯味的一種方法。比較常見的是在紅茶茶湯中加入糖、牛奶、檸檬片、咖啡、蜂蜜或香檳酒等。目前流行的檸檬紅茶就是在紅茶茶湯中加入糖和檸檬。另外，可以把茶製成各種清涼飲料，並和酒一起調製成茶酒混合飲料。

(三)烏龍茶泡飲法

烏龍茶要求用小杯細品。泡飲烏龍茶必須具備以下幾個條件，首先選用高中級烏龍茶，其次，配一套專門的茶具，茶具配套，小巧精緻，稱爲「四寶」，即玉書碨（開水壺）、潮汕烘爐（火爐）、孟臣罐（茶壺）、若深甌（茶杯）。另外，選用山泉水，水溫以初開爲宜。

泡烏龍茶有一套傳統方法：

(1)預熱茶具：泡茶前先用沸水把茶壺、茶盤、茶杯等淋洗一遍，在泡飲過程中還要不斷淋洗，使茶具保持清潔和有相當的熱度。

(2)放入茶葉：把茶葉按粗細分開，先取碎末填壺底，再蓋上粗條，把中小葉排在最上面，這樣既耐泡，又使茶湯清澈。

(3)茶洗：按著用開水沖茶，循邊緣緩緩沖入，形成圈子。沖水時要使開水由高處注下，並使壺內茶葉打滾，全面而均勻地吸水。當水剛漫過茶葉時，立即倒掉，把茶葉表面塵污洗去，使茶之眞味得以充分體現。

(4)沖泡：茶洗過後，立即沖進第二次水，水量約九成即可。蓋上壺蓋後，再用沸水淋壺身，這時茶盤中的積水漲到壺的中部，使其外受熱，只有這樣，茶葉的精美眞味才能浸泡出來。泡的時間太長，怕泡老了，影響茶的鮮味。另外，每次沖水時，只沖壺的一側，這樣依次將壺的四側沖完，再沖壺心，四沖或五沖後就要換茶葉了[3]。

(5)斟茶：傳統方法是用拇、食、中三指操作，食指輕壓壺頂蓋珠，中、拇二指緊挾壺後把手。開始斟茶時，每杯先倒一半，周而復始，逐漸加至八成，使每杯茶湯氣味均勻，後集中於杯子中間，並將罐底最濃部分均勻斟入各杯中，最後點點滴下。第二次斟茶，仍先用開水燙杯，以中指頂住杯底，大拇指按下杯沿，放進另一盛滿開水的杯中，讓其倒立，大拇指一彈動，整個杯子飛轉成花，十分好看。這樣燙杯之後，才可斟茶。沖茶、斟茶應講究「高沖低行」，即開水沖入罐時應自高處沖下，使茶葉散香；而斟茶時應低倒，以免茶湯冒泡而失去香味。

(6)品飲：首先拿著茶杯從鼻端慢慢移到嘴邊，乘熱聞香，再嚐其味。最後，把殘留杯底的茶湯順手倒入茶盤，把茶杯輕輕放下。接著由主人燙杯，進行第二次斟茶。

總之，做功夫茶要遵循這樣的規矩，就是「燒杯熱罐，高沖低行，淋沫蓋眉，罐乾來篩」。因烏龍茶的單寧酸和咖啡鹼含量較高，有三種情況不能飲：一是空腹不能飲，否則會有饑腸轆轆、頭暈眼花的感覺；二是睡覺前不能飲，飲後引起興奮，影響休息；三是冷茶不能飲，烏龍茶冷後性寒，飲後傷胃。

三、茶的飲用與服務注意事項

不同茶類的飲用方法儘管有所不同，但可以相互通用，只是人們在品飲時，對各種茶的追求不一樣，如對綠茶講究清香，紅茶講求濃鮮，總的來說，對各種茶都需要講究一個「醇」字，這就是茶的固有本色。在茶的飲用服務過程中應注意以下幾項：

(1) 茶具在使用前，一定要洗淨、擦乾。

(2) 添加茶葉，切勿用手抓，應用茶匙、羊角匙、不鏽鋼匙來取，忌用鐵匙。

(3) 添加茶葉時，逐步添加為宜，不要一次放入過多，如果茶葉過量，取回的茶葉千萬不要再倒入茶罐，應棄丟或單獨存放。

(4) 選用茶類，應根據季節、時間、客人愛好而定，如春天喝新茶，顯示雅緻；夏天喝綠茶，碧綠清澈，清涼透心；秋季喝花茶，花香茶色，惹人喜愛；冬季喝紅茶，色調溫存，暖人胸懷。另外，年老的客人較喜歡條形茶，而年輕客人多喜歡碎茶。大陸京津一帶多喝花茶，江浙一帶多喝綠茶，再往南，福建、廣東等地多喜歡喝烏龍茶。東南亞及日本客人多喜歡綠茶或烏龍茶，而歐洲客人多喜歡喝紅茶。

(5) 茶葉沖泡時，八分滿即可，當杯中茶水已去一半或三分之二時，即應添水。

習　題

是非題

(　　) 1.茶葉製作過程中，不需經過萎凋處理的是綠茶。

(　　) 2.大量製作桔茶時，應將柑桔、蜂蜜、果汁、調味料……等，放入鍋中煮沸備用。

(　　) 3.一般木瓜牛奶的調配均使用攪拌機法調製。

(　　) 4.目前流行的泡沫紅茶是採用直接注入法調製的。

(　　) 5.沖泡紅茶的水溫，比沖泡綠茶的水溫要高。

(　　) 6.沖泡紅茶的時間，比沖泡綠茶的時間更長。

(　　) 7.珍珠奶茶的珍珠「粉圓」，當天未賣完應保存，隔天再用。

(　　) 8.大量製作泡沫紅茶時，可以使用果汁機操作。

(　　) 9.煮珍珠「粉圓」可以用快鍋或燜燒鍋。

(　　) 10.泡沫綠茶「茉莉花茶」可分爲不加香料及添加香料兩種。

(　　) 11.西方人對紅茶的命名，是以茶汁的顏色來命名，所以紅茶的英文叫black tea。

(　　) 12.中國人對不醱酵茶的命名，是以茶汁的顏色來命名，所以不醱酵茶又稱之爲綠茶。

選擇題

(　　) 1.在台灣對健康最有益，經濟又實惠的是 (A)茶 (B)果汁 (C)水 (D)咖啡。

(　　) 2.下列那一種茶的醱酵程度最高？ (A)鐵觀音 (B)凍頂烏龍茶 (C)白毫烏龍 (D)包種茶。

(　　) 3.下列那一種茶的單寧酸含量最高？　(A)白毫烏龍(B)碧螺春(C)普洱茶(D)鐵觀音。

(　　) 4.下列那一種茶的維生素C含量最多？　(A)茉莉花茶(B)桂花茶(C)菊花茶(D)龍井綠茶。

(　　) 5.必須使用較高水溫的是那一種茶？　(A)綠茶(B)鐵觀音(C)紅茶(D)白毫烏龍。

註釋

1.吳克祥，《酒吧操作實務》，遼寧科學技術出版社，頁218。

2.同註1，頁256。

3.同註1，頁338。

第五章　無咖啡因之飲料

第一節　碳酸飲料

碳酸飲料的主要特色是將二氧化碳氣體與不同的香料、水分、糖漿及色素結合在一起所形成的氣泡式飲料。由於冰涼的碳酸飲料飲用時口感十足，因此很受年輕朋友的喜愛。較為一般大眾所熟知的碳酸飲料有可樂、汽水、沙士及西打等。

一、碳酸飲料種類

碳酸飲料是指含碳酸成分的飲料的總稱，它的優點是在飲料中充入二氧化碳氣體，當飲用時，泡沫多而細膩，外觀舒服，飲後爽口清涼，具有清新口感。碳酸飲料可分為以下幾類[1]：

(一)蘇打型

經由引水加工壓入二氧化碳的飲料，飲料中不含有人工合成香料和不使用任何天然香料。常見的有蘇打水（soda）、俱樂部蘇打水（club soda）以及礦泉水碳酸飲料（如Peirrer巴黎礦泉水）。

(二)水果味型

這主要是依靠食用香精和著色劑，賦予一定水果香味和色澤的汽水。這類汽水通常色澤鮮艷、價格低廉，不含營養素，一般具有清涼解渴作用。其品種繁多，產量也很大。人們幾乎可以用不同的食用香精和著色劑來模仿任何水果的香味和色澤，製造出各種果味汽水，如檸檬汽水、奎寧水（tonic）和薑汁汽水

（ginger ale）。

(三)果汁型

這是在原料中添加了一定量的新鮮果汁而製成的碳酸水，它除了具有水果所特有的色、香、味之外，還含有一定的營養素，有利於身體健康。當前，在飲料向營養型發展的趨勢中，果汁汽水的生產量也大為增加，越來越受到人們的歡迎。一般果汁汽水的果汁含量大於2.5%。

(四)可樂型

它是將多種香料與天然果汁、焦糖色素混合後充氣而成。風靡全球的美國「可口可樂」，它的香味除來自於古柯樹樹葉的浸提液外，還含有砂仁、丁香等多種混合香料，因而味道特殊，極受人們歡迎。美國是可樂飲料的發源地，其產品的產量在世界上處於壟斷地位，可口可樂與百事可樂的行銷範圍遍及世界各地。美國可樂飲料的研究生產，始於第一次世界大戰時期，為士兵作戰的需要，添加具有興奮提神作用的高劑量咖啡因的可樂豆提取物及其他具特殊風味的物質，創造出可樂這種飲料。目前這兩種可樂飲料，在世界各地均設立集團公司，推銷可樂濃縮液，生產可樂飲料。

二、碳酸飲料的主要原料

生產碳酸飲料的原料，大體上可分為水、二氧化碳和食品添加劑三大類。原料品質的優劣，將直接影響產品的品質。因此，必須掌握各種原料的成分、性能、用量和品質標準，並進行相應的處理，才能生產出合格的產品[2]。

(一)飲料用水

碳酸飲料中水的含量在90%以上，故水質的優劣對產品品質影響甚大。飲料用水比一般飲用水對水質有更嚴格的要求，對水的硬度、濁度、色、味、臭、鐵、有機物、微生物等各項指標的要求均比較高。即使經過嚴格處理的自來水，也要再經過合適的處理才能作爲飲料用水。

一般說來，飲料用水應當是無色，無異味，清澈透明，無懸浮物、沈澱物，總硬度在8度以下，pH值爲7，重金屬含量不得超過指標。

(二)二氧化碳

碳酸飲料中的「氣」就是來自瓶中被充入的壓縮二氧化碳氣體。飲用碳酸飲料，實際是飲用一定濃度的碳酸。生產汽水所用的二氧化碳，一般都是用鋼瓶包裝、被壓縮成液態的二氧化碳，通常要經過處理才能使用。

(三)食品添加劑

從廣義上講，可把除了水和二氧化碳以外的各種原料視爲添加劑。正確合理地選擇、使用添加劑，可使碳酸飲料的色、香、味俱佳。碳酸飲料生產中常用的食品添加劑有甜味劑、酸味劑、香味劑、著色劑、防腐劑等。除砂糖外，所有的甜味劑主要是糖精；酸味劑主要是檸檬酸，還有蘋果酸、酒石酸、磷酸等；香味劑一般都是果香型水溶性食用香精，目前使用較多的是橘子、檸檬、香蕉、鳳梨、楊桃、蘋果等果香型食用香精；著色劑多採用合成色素，它們是檸檬黃、胭脂紅、靛藍等。

三、碳酸飲料的製作流程

碳酸飲料基本製作流程可分爲下列幾個部分：

(一)水處理

由水源來的水不能直接用於配製飲料，需要經過一系列的處理。一般要透過淨化、軟化、消毒後才能成爲符合要求的飲料用水，再經降溫後進入混合機變爲碳酸水。

各種水源的水質差異很大。在處理前，需要對水源的水進行詳細的瞭解和理化分析，以便進行有效的處理。

(二)二氧化碳處理

鋼瓶中的二氧化碳往往含有雜質，有時還有異臭、異味，這會使汽水的品質不良。因此，必須經過氧化、脫臭等處理，以供給純淨的二氧化碳。

(三)配料

配料是汽水生產中最重要的環節。它包括溶糖、過濾、配料三道工序。

溶糖是將定量砂糖加入定量的水中，使其溶解製成糖液，有熱溶法和冷溶法兩種。

四、碳酸飲料的風味物質

碳酸飲料的風味物質主要是二氧化碳；其一，人們透過飲料中溢出的大量二氧化碳，給予心理上的條件反射；其二，飲料中溢出的大量二氧化碳，給人以清涼感，並刺激胃液分泌，促進消化，增強食欲。炎熱天氣飲用碳酸飲料，可降低體溫，使人頓有涼爽之感。同時，碳酸飲料中含有碳酸鹽、硫酸鹽、氯化物鹽類以及磷酸鹽等。各種鹽類在不同濃度下的味覺感知界限不同，所以當某種鹽類濃度過大，則味感必然明顯的以此鹽類的味感為主。另外，果汁和果味的碳酸飲料中含有各種氨基酸，氨基酸對飲料在一定程度上可起緩衝和調和口感的作用。

五、碳酸飲料的服務操作

(一)碳酸飲料機的操作

酒吧在服務碳酸飲料時，為節省成本，一般都安裝碳酸飲料機，也稱可樂機。酒吧將所購買品牌飲料的濃縮糖漿瓶與二氧化碳罐安裝在一起。

每個飲料糖漿瓶由管道接出後流經冰凍箱底部冰凍板，並迅速變涼。二氧化碳通過管道在冰凍箱下的自動碳酸化器與過濾後的水混合成無雜質的充碳酸汽水；然後從碳酸化器流到冰凍板冷卻；最後糖漿管和碳酸氣的管線都流進噴頭前的軟管。當打開噴頭時糖漿和碳酸氣按5：1比率混合後噴出[3]。

目前市場上供應的糖漿品牌主要由當地生產廠家供應，常見的有可口可樂、雪碧、七喜、百事可樂等。

(二)瓶裝碳酸飲料服務操作

瓶裝和散裝碳酸飲料是酒吧常用的飲品，不僅便於運輸、儲存，而且冰鎮後的口感較好，保持碳酸氣的時間較長。對於瓶裝碳酸飲料服務應注意以下幾點：

(1)直接飲用碳酸飲料應事先冰鎮，或者在飲用杯中加冰塊。碳酸飲料只有在4℃左右才能發揮正常口味，增強口感。開瓶時不要搖動，避免飲料噴出濺灑到客人身上。

(2)碳酸飲料可加少量調料後飲用。大部分飲料可用半片或一片檸檬擠汁或浸泡，以增加清新感，可樂中可添加少量鹽以增加綿柔口感。

(3)碳酸飲料是混合酒中不可缺少的輔料。碳酸飲料在配製混合酒時不能搖，而是在調製過程最後直接加入到飲用杯中攪拌。

(4)碳酸飲料在使用前要注意有效期限，避免使用過期飲品。

第二節　水

一、飲用水的衛生標準

水是人類最原始的飲料。然而，水質的污染，尤其是大城市的水污染，造成飲用水困難。現在人們利用現代科學技術對飲用水進行沈澱、過濾、軟化處理及消毒後使其達到飲用衛生標準。衛生標準如下：

(1)感官指標：色度不得超過15度，並不得有其他異色；混濁度不得超過5度，不得有異臭、異味，不得含有肉眼可見物，即要求透明、無色、無味、無臭。

(2)化學指標：pH值爲6.5~8.5，總硬度不高於25度，要求氧化鈣不超過250毫克／升，鐵不超過0.3毫克／升。

(3)細菌指標：細菌總數在一毫升水中不得超過一百個，大腸菌群在一升水中不超過三個。如果長期飲用超過標準的水，對人體是有害無益的。

二、水的硬度

天然水可分爲硬水和軟水兩種，凡含有較多量的鈣、鎂離子的水稱爲硬水；不含或只含少量鈣、鎂離子的水稱爲軟水。如果水的硬性是由含有碳酸氫鈣或碳酸氫鎂引起的，這種水稱暫時硬水；如果水的硬性是由含有鈣和鎂的硫酸鹽或氯化物引起的，這種水叫永久硬水。

暫時硬水經過加熱煮沸，所含碳酸氫鹽就分解，生成不溶性的碳酸鹽而沈澱，這樣硬水就變爲軟水了。平時用鋁壺燒開水，壺底上的白色沈澱物，就是碳酸鹽。一升水中含有碳酸鈣1毫克的稱爲硬度1度。硬度0~10度的水爲軟水，10度以上的水爲硬水。通常飲用水的總硬度不超過25度。若長期飲用水質過硬的水，會使人體胃腸功能衰退，腎結石發病率增高[4]。

三、冰水服務操作

直接飲用自來水在西方歐美先進國家較爲普遍，但在國內，大多是將水加熱處理後飲用。優質水通常用來加入烈酒中，用以沖淡烈酒，如威士忌加水。

在西方，人們飲用冰水已成習慣，尤其在餐桌上，冰水是不可缺少的。冰水服務的程序是：

(1)將玻璃水杯洗靜擦乾。

(2)用冰夾或冰勺將冰塊盛入玻璃水杯中。不能用玻璃杯代替冰夾、冰勺到冰桶裏取冰。

(3)將盛有冰塊的水杯放在顧客面前後，再用裝有冰塊的水壺加滿水，或者先加滿水後再將水杯服務給客人。

(4)水壺中常保持有冰塊和水，便於需要時取用。

(5)保持水杯外圍的乾淨，同時避免服務微溫、混濁的冰水。

(6)服務冰水時可用檸檬、酸橙等裝飾冰水杯。

(7)冰水應衛生，以確保客人健康。

冰水服務在餐飲服務中必不可少。隨著生活水準的提高，人們對飲用冰水正趨於習慣。

另外，水在果汁飲料、乳品飲料、咖啡飲料，乃至雞尾酒中是不可缺少的成分，所以應注意飲用水的衛生。

四、礦泉水

(一)礦泉水的消費趨勢

世界礦泉水的生產和消費始自歐洲。歐洲礦泉水飲料自二十世紀三〇年代起，每年以30%的增長速度迅速發展。法國礦泉水年產量在兩百萬噸以上，居世界首位。德、義、比利時、瑞士等國的生產和消費都在不斷增加。以美國爲例，一九七六年礦泉水進入美國市場，當年銷售額七百五十萬美元，一九七八年則達到兩億兩千四百萬美元，一九七九年達兩億五千萬美元，一九八三年達四億三千萬美元，而目前對礦泉水的消費量約比八〇年代初增加一倍以上。

飲料礦泉水如此受人們歡迎的主要原因是，礦泉水中含有人體所需卻常缺乏的微量元素和常量元素：鋅、銅、鐵等，並且本身不含任何熱量；其次，世界範圍內的水質污染越來越嚴重，人們對飲用自來水越來越不放心，而礦泉水污染少、衛生、有益健康，同時具有飲料的解渴、補充人體所需水分的特徵。

礦泉水

人們對飲用礦泉水要求低礦化度、低鈉、不含二氧化碳氣體等，目前礦泉水飲料在國際市場上的消費趨勢是天然礦泉水占主導地位，名牌礦泉水銷量較大。按用途可分為：

(1) 醫療礦泉水：包括浴療（含氡、硫、砷、硫化氫等）和飲療（含氡、鐵、鋅、鈣、二氧化碳等）兩種。飲療礦泉水必須符合飲用水衛生標準。
(2) 農用礦泉水：主要是以礦泉水中某些特種元素改良土壤。
(3) 飲料礦泉水：含有人體必須的微量元素或其他對人體有益的礦物質，清潔衛生，不含致病菌和有毒物質，可直接飲用的天然礦泉水。按水溫分類可分為：冷泉20℃以下；低溫泉35℃左右；溫泉35~40℃；熱礦泉45~50℃；高溫泉50℃以上。

(二)飲用礦泉水的特徵及條件

1.飲用礦泉水的特徵

飲用天然礦泉水是一種礦產資源，來自地下循環的天然露天式或人工揭露的深部循環的地下水，含有一定量的礦物鹽或微量元素或二氧化碳氣體爲特徵，在通常情況下其化學成分、流量、溫度等動態指標應相對穩定；在保證原水衛生細菌學指標完全的條件下開採和裝罐，在不改變飲用天然礦泉水的特徵和主要成分條件下，過濾和除去或加入二氧化碳。

2.飲用礦泉水的條件

(1)口味良好、風格典型。

(2)含有對人體有益的成分。

(3)有害成分不得超過相關規定。

(4)瓶裝後的保存期（一般爲一年）內，水的外觀與口味無變化。

(5)微生物學指標符合飲水衛生要求。

(三)飲用礦泉水的分類

1.不含氣礦泉水

如原礦泉水中不含有二氧化碳氣體，只需將礦泉水用泵抽出，經沈澱、過濾，加入適量穩定劑後進行裝瓶，以保證礦泉水中的有益成分不至損失。如原礦泉水中含有二氧化碳等氣體，脫除氣體，即爲無氣礦泉水。不含氣礦泉水在目前最爲流行。

2.含氣礦泉水

它是將天然礦泉水及所含的碳酸汽一起用泵抽出，透過管道進入分離器，使水氣分離。氣體進入氣櫃進行加壓。礦泉水自分離器底部流出，經泵打入儲罐進行消毒處理，然後進入沈澱池除去雜質，然後再過濾到另一儲缸。經過濾處理後的礦泉水，需加入檸檬酸、抗壞血酸等穩定劑，以保留礦泉水中的適量的有益元素。裝瓶前將過濾後的礦泉水導入氣液混合器中與儲氣缸中的二氧化碳氣體混合，最後裝瓶。

3.人工礦泉水

用優質泉水、地下水或井水進行人工礦化。其一是直接強化法，即將優質天然泉水、井水或其他地下水進行殺菌和活性碳吸附成爲不含雜質、無菌、無異味的純淨水，用泵打入調料罐，加入含有特種成分的礦石或無機鹽，經過一定時間的溶解礦化，然後打入中間缸進行過濾，再導入儲罐，裝瓶前以紫外線殺菌，進行裝瓶。其二是二氧化碳浸濁法，即在一定的壓力下使含二氧化碳的原料水與一定濃度的鹼土金屬鹽相接觸，使鹼土金屬鹽中有關成分與含二氧化碳的原料水反應，生成碳酸氫鹽於水中，使原水礦化。待達到預期礦化度時，經過濾、殺菌後進行裝瓶。人工礦泉水多採用水的淨化與水的礦化同步進行。

第三節　乳品飲料

一、乳品飲料分類

一八五一年，蓋爾．飽爾頓發明了一種可以從牛奶中取出部分水分的方法，牛奶的保存期才得以延長。四年之後，法國化學家和生物學家路易．巴斯德發明了低溫滅菌法，牛奶經過殺菌處理，能更長時間地保存，才使牛奶成爲一種十分普及的飲料。

高品質的牛奶

常見之乳品飲料有以下幾類：

(一)新鮮牛奶

鮮奶在市面上銷售量最大，其主要特徵是經過殺菌消毒。鮮奶大多採用巴氏消毒法，即將牛奶加熱至60~63℃，並維持此溫度30分鐘，既能殺死全部致病菌，又能保持牛奶的營養成分，殺菌效果可達99%。另外，還有採用高溫短時消毒方法，即將牛奶在加熱至80~85℃，維持10~15秒，或加熱至72~75℃，維持16~40秒鐘。

新鮮牛奶有下列幾種：

(1)全脂牛奶。

(2低脂牛奶（skim milk）：把牛奶中的脂肪含量降低。

(3)調味牛奶：牛奶中增加了有特殊風味的原料，改變了普通牛奶的味道。最常見的是巧克力牛奶（chocolate milk）、可可牛奶（coca milk）以及各種果汁牛奶。

(二)奶水

奶水是指牛奶中所含脂肪較高的飲品。常見約有以下幾種：

(1)鮮奶油（泡沫鮮奶油）：當作其他飲料的配料。
(2)餐桌乳飲（Light Cream）：當作咖啡的伴飲。
(3)乳飲料的脂肪量爲10~12%。

(三)酸酵乳飲料

牛乳經殺菌、降溫，添加特定的乳酸菌醱酵劑，再經均質或不均質恆溫醱酵、冷卻、包裝等工序製成的產品，稱爲醱酵乳製品。

(1)酸乳（sour cream）：脂肪含量在18%以上的乳品，加入乳酸菌醱酵後，再加入特定的甜味料，使其具有蘋果、鳳梨和特殊風味的酸乳飲料。
(2)優格（Yogurt）：優格是一種有較高營養價值和特殊風味的飲料，它是以牛乳等爲原料，經乳酸菌醱酵而製成的產品，本產品的鈣質最易被人體吸收。優格能增強食欲，刺激腸道蠕動促進機體的物質代謝，從而增進人體健康。優格的種類很多，從組織狀態可分爲凝固型和攪拌型；從產品的化學成分和脂肪食品分爲全脂、脫脂、半脫脂；根據加糖與否可分爲甜優格和淡優格；此外可在優格中加入水果等成分製成風味優格。

(四)奶粉

將鮮牛奶蒸去水分製成乾粉，此粉經高溫製備，使牛奶消毒、蛋白質易於消化。

(五)冰淇淋

冰淇淋是以牛乳或其製品爲主要原料，加入糖類、蛋品、香料及穩定劑，經混合配製、殺菌冷凍成爲鬆軟的冷凍食品，具有鮮艷的色澤、濃郁的香味、細膩的組織，是一種營養價值很高的夏季食品。冰淇淋種類很多，按顏色可分爲單色、變色和多色冰淇淋；按形狀可分爲杯狀、蛋卷狀和冰磚冰淇淋；下面按風味分類具體介紹：

(1)奶油冰淇淋：脂肪含量8~16%，總乾物質含量33~42%，糖分14~18%。其中加入不同成分的物料，又可製成奶油、香草、巧克力、草莓、胡桃、葡萄、果汁、雞蛋以及夾心冰淇淋。

(2)牛奶冰淇淋：脂肪含量在5~8%，總乾物質含量32~34%，按配料可分爲牛奶型、香草型、可可型、果漿型。

(3)果抹冰淇淋：一般脂肪含量在3~5%，總乾物質含量在28~32%。配料中有果汁或水果香精，食之有新鮮水果風味。常見有桔子、香蕉、菠蘿、楊梅、草莓等類型。

(4)水果冰淇淋：將冰淇淋冰凍裝盒後，表面放上幾顆整隻或塊狀的新鮮水果，如草莓、葡萄、櫻桃、果仁等，再送入硬化室硬化。

二、乳品飲料儲存方法

(1)乳品飲料在室溫下容易腐壞變質，應冷藏在4℃的溫度下。

(2)牛奶易吸收異味，冷藏時應包裝嚴密，並與有刺激性氣味的食品隔離。

(3)牛奶冷藏時間不宜太長，應每天採用新鮮牛奶。

(4)冰淇淋應冷藏在-18℃以下。

三、乳品飲料的服務

(一)熱奶服務

熱奶在早餐和冬天很流行。將奶加熱到77℃左右，用預熱過的杯子服務。加熱牛奶時，不宜使用銅器皿，因為銅會破壞牛奶中的少量維生素C，從而降低營養價值。牛奶加熱過程中不宜放糖，否則牛奶和糖在高溫下的結合物——果糖基賴氨酸，會嚴重破壞牛奶中蛋白質的營養價值。另外，早餐的牛奶宜和麵包、餅乾等食品同時進食，但應避免與含草酸的巧克力混吃。

(二)冰奶服務

牛奶大多是冰涼服務。把消毒過的牛奶，放在4℃以下的冷藏櫃中。

(三)優格服務

優格在低溫下飲用風味最佳。若非加溫不可，請千萬不要將優格直接加熱，可將優格放在溫水中緩緩加溫，其上限以不超過人的體溫爲宜。優格應低溫保存，而且存放時間不宜過長。

第四節　果汁、蔬菜汁飲料

一、果蔬飲料的種類

果蔬飲料來自於天然原料，營養豐富、色彩誘人；同時成本低廉，製作方便，且易於被人體吸收。果蔬飲料可分爲天然果汁、稀釋果汁、果肉果汁和濃縮果汁以及果蔬菜汁。

(1)天然果汁是指沒加水的100%的鮮果汁。

(2)稀釋果汁是指加水稀釋過的鮮果汁。這類果汁加入適量的糖水、檸檬酸、香精、色素、維生素等。此類飲料中新鮮果汁占6%~30%不等。

(3)果肉果汁是指在飲料中含有少量的細碎果粒，如橙粒等。

(4)濃縮果汁指需要加水稀釋的濃縮果汁，濃縮果汁中的原汁占50%以上。葡萄柚汁、柳橙汁、檸檬汁等在市面上最常見。

(5)果蔬菜汁指加了水果汁和香料的各種蔬菜汁，如番茄汁等。

二、果蔬飲料的特點

果蔬飲料之所以贏得了越來越多的人們的喜愛，是因爲它具有許多與衆不同的特點：

(一)鮮豔、賞心悅目的色澤

不同品種的果實，在成熟後都會呈現出各種不同的鮮艷色澤。它既是果實成熟的標誌，又是區別不同種類果實的特徵，果實的色澤是由其色素物質來體現的。色素物質按其溶解性能及其存在狀態可分兩類：

(1)脂溶性色素，又稱質體色素。它包括胡蘿蔔素（橙色、黃色、橙紅色）和葉綠素（綠色）等，它的耐熱和穩定性較好，但對氧化較敏感。
(2)水溶性色素，又稱爲液泡色素。它包括花青素（呈紅、藍、紫等顏色）和花黃素（呈黃色）等。其色澤一般隨pH值的改變而發生變化。

不同的果實中含有不同的色素（一般是幾種並存），存在種類和數量影響果實和果汁的特色。果汁的色澤既給人以美感，也是區別不同果汁的觀感的特徵。艷麗、悅目的色澤使人耳目一新，食欲大增。

(二)水果迷人的芳香

各種果實均有其固有的香氣，特別是隨著果實的成熟，香氣日趨濃郁。這種香氣也融入果汁，構成了不同果汁特有的典型風味。果汁的芳香是由芳香物質散發出來的。它們都是揮發性物質，其種類繁多，雖存在量甚微，但對香氣和風味的表現卻十分明顯而典型。

果蔬飲料中的芳香物質包括各種酣類、醇類、酯類和有機酸類。這些芳香物質均具有強烈的揮發性，在加工處理過程中易於揮發，故應竭力避免，以保持天然水果濃郁而迷人的芳香。

(三)怡人可口的味道

形成果蔬飲料味道的主要成分是糖分和酸分。糖分給人以甜味，果蔬飲料中形成甜味的主要成分是蔗糖、果糖和葡萄糖，其他甜味物品質微而不顯。糖分是隨著果實的成熟不斷形成和積累的，故成熟的果實較甜。酸分主要是檸檬酸、蘋果酸、酒石酸等有機酸，各種果實中含酸的種類和數量不同，故酸味也有差異。如蘋果以蘋果酸爲主，柑桔類以檸檬酸爲主，而葡萄則以酒石酸爲主。

果汁中由於含有大量的糖分和酸分，給人以眞實的味感。另外，果汁中糖分和酸分以符合天然水果的比例組合，構成最佳糖酸比，給人以怡人的味道。

(四)含有豐富的營養

果蔬飲料中含有的營養成分極其豐富，除了糖分和酸分外，還有許多其他成分，包括蛋白質、氨基酸、磷脂等，都是人體所需的營養素。氨基酸能溶於果汁，而蛋白質、磷脂多與固體組織相結合，懸浮於混濁果汁中，故混濁型果汁營養價值較高。

維生素是體內能量轉換所必須的物質，能產生控制和調節代謝的作用。人體對它的需要量雖少，但其作用異常重要。維生素在體內一般不能合成，多來自於食物，而果實和蔬菜是維生素豐富的來源。但有些維生素（如維生素C）受熱時最易被破壞，在製取果汁時要加倍注意。

果蔬飲料中還含有許多人體需要的無機鹽，如鈣、磷、鐵、鎂、鉀、鈉、銅、鋅等，它們以硫酸鹽、磷酸鹽、碳酸鹽或與有機物結合的鹽類存在，對構成人體組織與調節生理機能起著重要的作用。

正因爲果汁具有悅目的色澤、迷人的芳香、怡人的味道和豐富的營養，故而成爲深受人們歡迎的飲料。

三、果蔬飲料常用的主要原料

製取果蔬飲料的原料，要求有美好的風味和香氣，色澤鮮艷、穩定，多汁，酸度適中。常用的取汁果蔬品種有以下幾種[5]：

(一)蘋果

蘋果是果汁的重要原料之一。其品種較多，各有特色，所含成分也有差異。除了早熟的伏蘋果外，大多數中熟和晚熟品種都可製汁，尤以晚熟品種甜度適中，略帶酸味，汁多且有香氣，最適合取汁。在製取蘋果汁時，應多採用幾個品種混合進行。

(二)柳橙

柳橙汁的柑桔品種主要是甜橙類。它是目前世界上用以生產果汁最多的水果。其果汁色澤好、香味濃、糖分高、酸甜適度，故極受人們歡迎。製果汁常用的品種主要有臍橙、晚生橙、菠蘿橙等。

柑和桔的出汁率雖高，但風味較平淡，香味也遠較橙類差，宜與橙類混合製汁。

(三)梨

梨的含酸量低，果汁香氣弱，梨汁多作爲其他飲料的配料，也可單獨使用。過熟的梨汁液大減，出汁率低，不宜用於製汁。

(四)葡萄

葡萄出汁率達65%~82%，在各種水果中居首位，其果汁的糖酸比率適宜，營養價值高，是最受歡迎的果汁之一。製葡萄汁一般選用酸分高、糖分較低、不大適宜製葡萄酒的品種做原料。

(五)鳳梨

鳳梨品種不同，其化學成分差異也較大，鳳梨汁的風味也因品種的不同而異。鳳梨屬於後熟型，只有用充分成熟的果實製汁才可獲得優良的果汁。鳳梨汁可利用鳳梨罐頭來製取，其品質也較好。

(六)楊桃

楊桃分甜楊桃和酸楊桃兩類。酸楊桃汁色澤呈暗色，味道芳香，含糖量低，含酸量高，是生產果汁的良好原料；甜楊桃由於其汁液含糖量高，可以和其他果汁配用。

(七)草莓

草莓果實呈球形或卵圓形，色鮮紅，味酸甜，其汁液濃、色重、甜度高，不僅適宜製取草莓醬，而且常用於製取草莓汁。

(八)百香果

百香果，又稱醋柳。其果實爲球形或卵圓形，呈橙黃色或桔紅色，多汁、味酸、帶澀味，百香果營養豐富，特別是維生素C的含量非常高，每100g鮮果中的維生素C含量可高達850mg~1600mg，是一種使用價值極高的野生植物資源。

(九)番茄

番茄品種較多，營養豐富，含有豐富的維生素C及胡蘿蔔素，色澤呈紅色或粉紅色，味酸汁濃。番茄是果蔬飲料中常用的原料。

(十)胡蘿蔔

胡蘿蔔中不僅含有豐富的維生素C和胡蘿蔔素，而且還含有豐富的鐵和鈣的微量元素。

除此之外，果蔬中的各種瓜果，黃瓜、芹菜等都是製作果蔬飲料不可缺少的原料。

四、果蔬飲料調製

(一)水果選料新鮮

果汁之所以深受人們歡迎，是因爲它具有令人舒暢的色、香、味感，既富於營養，又有益於健康。果汁的原料是新鮮水果。原料品質的優劣將直接影響果汁的品質，對製取果汁的果實原料的要求雖然不如對食用水果、罐頭水果要求那麼嚴格，但是也有以下幾項基本要求：

1.充分成熟

這是對果汁原料的基本要求。不成熟的果實，由於其碳水化合物含量少，味酸澀，難以保證果汁的香味和甜度，加之色澤晦暗，沒有其相應果實的特徵顏色，也使果汁失去了美感。過分成熟的果實，由於其呼吸分解作用，糖分、酸分、色素、維生素和芳香物質損失較多，將影響果汁的風味。充分成熟的果實，色澤好，香味濃，含糖量高，含酸量低，且易於取汁。

2.無腐爛現象

腐爛，包括霉菌病變、果心腐爛、綠爛、苦爛等。任何一種腐爛現象，均由於微生物的污染而引起，不但使果實風味變壞，而且還會污染果汁，導致果汁的變質、敗壞。即使是少量的腐爛果實，也可能造成十分嚴重的後果，這一點需要特別注意。

3.無病蟲害、無機械傷

受病蟲害的果實，果肉受到侵蝕，果皮帶疕或其他病斑，果皮、果肉、果心變色，風味已大爲改變，有些還有異味，若用來榨取果汁，勢必影響果汁的風味。帶有機械傷的果實，因表皮受到損壞，極易受到微生物污染而變色、變質，將對果汁帶來潛在的影響。

(二)充分清洗

在果汁的製作過程中，果汁被微生物污染的原因很多。但一般認爲，果汁中的微生物主要來自原料。因此，對原料進行清洗是很關鍵的一環。此外，有些果實在生長過程中噴灑過農藥，殘留在果皮上的農藥若在加工過程中進入果汁，將會危害人體，因此必須對這樣的果實進行特殊處理。一般可用0.5~1.5%的鹽水或2%的高酸鉀溶液浸泡數分鐘，再用清水洗淨。

不同的果實，其污染程度、耐壓能力以及表面狀態均不盡相同，應根據果實的特性和條件選擇清洗條件。爲使果實洗滌充分，應儘量強化果實與水之間的相對運動，一般是用流動水進行清洗，使果實相互摩擦，產生振動。

清洗要充分，並要注意清洗用水的衛生，清洗用水應當符合生活飲用水標準。否則，不但不能洗淨原料，反而會帶來新的污染。清洗用水要及時更換，最好使用自來水。

(三)榨汁前的處理

果實的汁液存在於果實組織的細胞中，製取果汁時，需要將其分離出來。爲了節約原料，提高經濟效益，總是想方設法地提高出汁率，通常可採取以下方法：

1.合適的切割

切割是提高出汁率的主要途徑。特別是對於皮、肉密實的果實，更需要切割。果實切割使果肉組織外露，爲榨汁作好了充分的準備。大小均勻塊，並選擇高效率的果汁機。

2.適當的熱處理

有些果實（如蘋果、櫻桃）含果膠量多，汁液黏稠，榨汁較困難。爲使汁液易於流出，在切割後需要進行適當的熱處理，即在60~70℃水溫中浸泡，時間爲15~30分鐘。通過熱處理可使細胞質中的蛋白質凝固，改變細胞的半透性，使果肉軟化，果膠物質水解，有利於色素和風味物質的溶出，並能提高出汁率。

(四)混合蔬菜汁的搭配

因爲幾乎所有蔬菜都有它本身特殊的風味，尤其是蔬菜汁的青澀口味問題，若不調味，常難以下嚥。比如果蔬汁中最常用的胡蘿蔔，儘管它是最爲物美價廉的首選原料，但是天生帶有一股野窩味，不易被接受。對付青澀味的傳統辦法就是透過品種搭配來調味。調味主要是用天然水果來調整果蔬汁中的酸甜味，這樣可以保持飲料的天然風味，營養成分又不會受到破壞。比如增加甜味，除了蜂蜜和糖，還可以選用甜度比較高的蘋果汁、梨汁等。甘草汁也可用來做調味劑，將50克甘草加水350毫升，煎熬半小時後，放涼過濾，置冰箱冷藏，以便隨時取用。甘草有補中益氣、解毒祛痰等作用。天然檸檬汁含有豐富的維生素C，它的強烈酸味可以壓住菜汁中的青澀味，使其變得美味可口。鮮檸檬汁可以放入冰箱內冰凍成冰塊，裝在塑膠袋內，隨時取用。另外，果蔬汁中加雞蛋黃也能調節口味，還可增加營養、消除疲勞和增強體力。

(五)合理使用配料

(1)水：要用優質的水，如自來水口感差，可用礦泉水，水量適中。

(2)甜味劑：最好用含糖量高的水果來調味，也可加少量的砂糖。

(3)酸味物：用天然的檸檬、酸橙等柑桔類含酸高的水果。

作爲日常飲料的果蔬汁，多是以水果或蔬菜爲基料，如水、甜味劑、酸味劑配製而成，也可用濃縮果蔬汁加水稀釋，再經調配而成。飲料調製成功與否，要看酸甜比例掌握得如何。如草莓水，即是用150克草莓、30克檸檬、45克糖、冰塊和涼開水，一起放入果菜機中搗攪而成，成品色澤淡紅，富含維生素。

五、吧台果蔬飲料配製

在酒吧中果蔬飲料服務有兩種，一種是新鮮果蔬汁，另一種是濃縮果蔬汁。

(一)新鮮果蔬汁

新鮮果蔬汁的製作一般採用兩種方法：

1.壓榨法

對於含汁液較多的水果通常利用榨汁器來擠榨果汁，常用的水果有橙、檸檬等。對於纖維較多且較粗的蔬菜只需取汁，如芹菜等，用切攪機切碎後，用紗布袋擠汁過濾。這些蔬果應清洗乾淨，用熱水浸泡後切開，用按壓的方法擠出汁。

2.切攪法

對於質地較堅硬但可飲用其汁的蘋果、梨、胡蘿蔔，以及葡萄、番茄等果蔬，用高速的攪拌機，切碎取汁。使用這種方法應在榨汁前將原料洗淨，切成小塊。這類果蔬所切攪出來的汁能全部飲用。

(二)濃縮果汁

濃縮是將果蔬汁溶液加熱至沸騰，使其部分水分汽化，以獲得高濃度的果蔬汁。因爲蒸發，果蔬香氣隨部分水分同時揮發。現在濃縮果汁中加入了在蒸餾過程中回收的果汁中的香氣。濃縮果汁在食用前應加入5~6倍以上的水。

習 題

是非題

( ) 1.製作木瓜牛奶汁後，十分鐘後會有開始分離、沈澱的現象，是因爲混合不均勻。

( ) 2.新鮮檸檬汁不適合與鮮奶混合而調製成飲料。

( ) 3.於新鮮柳丁汁中，緩緩滑入新鮮西瓜汁，西瓜汁會飄浮在柳丁汁的上方。

( ) 4.吧檯的前置作業時，要將新鮮的西瓜汁、柳丁汁準備好。

( ) 5.未使用完的罐裝可樂，爲節省成本，明天可再使用。

選擇題

( ) 1.製作蔬果汁時，使用壓榨法較使用果汁機合適，其原因爲 (A)壓榨法較爲藝術 (B)壓榨法設備較便宜 (C)壓榨法製作較迅速 (D)壓榨法較不易混進氣體，因此維生素較不易氧化

( ) 2.若以保久乳調製木瓜牛奶汁，則保久乳每公撮大腸桿菌數應爲 (A)陰性 (B)10以下 (C)50以下 (D)100以下。

( ) 3.若以保久乳調製木瓜牛奶汁「未加蓋」，則木瓜牛奶汁每公撮大腸桿菌數應爲 (A)陰性 (B)10以下 (C)50以下(D)100以下。

( ) 4 防腐劑不得使用於 (A)水果酒 (B)糖漿 (C)含果汁之碳酸飲料 (D)罐頭。

(　　) 5.我國包裝飲用水衛生標準規定，包裝飲用水之原料水水質應符合何種水質標準？ (A)工業用水 (B)自來水 (C)飲用水 (D)地下水。

(　　) 6.我國包裝飲用水衛生標準規定包裝飲用水何者爲陰性？ (A)乳酸菌 (B)氣單胞菌 (C)酵母菌 (D)大腸桿菌群。

(　　) 7.低脂奶是指牛奶中何種物質含量低於鮮奶？ (A)蛋白質 (B)水分 (C)脂肪(D)鈣。

(　　) 8.下列那些調味品使用後必須放置冰箱保存？ (A)荳蔻粉 (B胡椒粉 (C)奶水 (D)苦精。

(　　) 9.含有鮮奶的飲料會發生凝結現象是因爲加入了含有什麼成分的食品？ (A)糖分 (B)酸性 (C)苦味 (D)脂肪。

(　　) 10.洗杯子時，下列何者錯誤？ (A)最好分類清洗 (B)清洗完畢後應自然晾乾 (C)用口布加以擦拭 (D)用刷子先行刷洗。

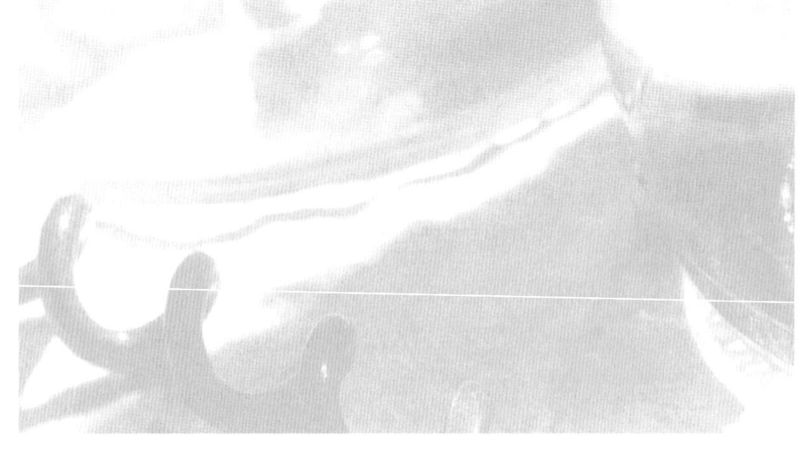

註釋

1.吳克祥，《酒吧操作實務》，遼寧科學技術出版社，頁121。
2.福西英三，《酒吧經營及調酒師手冊》，香港飲食天地出版社，頁215。
3.Costas K. & Mary P., *The Bar and Beverage Book* (U.S.A.: John Wiley & Sons Inc., 1991), Second edition. p.32.
4.同註1，頁218。
5.同註1，頁338。

第六章　雞尾酒的調製

第一節　雞尾酒之特性

一、雞尾酒的定義

含酒精飲料飲用的方法有兩種，一種是直接飲用，這叫做純飲（不添加其他飲料），在美國也稱straight up，這種方式可以品嚐到酒的原味。而且，這種飲料被稱爲純飲飲料（straight drink）。在純飲飲料中加冰的冰鎮飲用方法，英文稱爲over rocks。與這種飲用方法相對比，使用冰和器具，將數種基酒、水果、碳酸飲料等混合，從而製造出的新型的飲料，稱爲混合飲料（mixed drink），俗稱雞尾酒。雞尾酒可根據創作者、調製者和飲用者的創意和愛好，進行各種各樣的組合，也可以說，雞尾酒的特徵是它是一種具有無限種組合的飲料。

二、雞尾酒的由來

雞尾酒這一詞語，是什麼時候、在何處、又是如何產生的這一問題，到現在還沒有定論。有產生於英國的說法，也有產生於美國、法國、墨西哥之類的各極各樣的說法，但無論哪種說法都不能作爲定論。

(一)雞尾狀樹枝之說

在各種說法中，首先介紹一下世界性的組織——國際酒吧服務員協會（簡稱I.B.A.）在其講義中介紹的內容。

過去，在墨西哥的尤卡坦半島上有一個叫做坎貝切的小港，故事發生在英國船隻來到小港之後。上陸的船員們進入一個小酒館，當時，站在櫃檯裏的一個少年正用一根剝光樹皮的樹枝，在調製一種看起來很好喝的混合飲料讓當地的人喝。當時，英國人只喝純酒，所以，把這當成是一種非常稀奇的景象。其中，一個船員問那個少年：「這是什麼？」船員的本意是想問一下飲料的名字，但少年誤以爲是在問他當時使用的樹枝，便回答說：「這是cola de gallo。」這在西班牙語中，是公雞尾巴的意思。由於樹枝的形狀很像公雞的尾巴，所以少年用這名稱來稱呼它。把這句西班牙語直譯成英語後，便成了tail of cock。從那之後，混合飲料便被稱爲tail of cock，不久後便變成了cocktail（雞尾酒）了[1]。

(二)雞尾之說

美國獨立戰爭正酣之時，在紐約市北部有一個地名叫埃姆斯福德的英國殖民地。在酒吧「四角樓」中，一個名叫貝迪夫拉納甘的漂亮的女店主，正在極力向獨立軍的士兵們勸酒。有一天，她偷偷溜進反獨立的一個大地主的家中，偷出了一隻長有漂亮尾巴的公雞，並把它做成烤雞來招待士兵。士兵們把雞肉當成下酒菜並狂飲起來。當想再倒一杯酒時，往櫃檯酒架上一看，發現在裝有混合酒的酒瓶中插著公雞尾巴的羽毛。由此，士兵們知道了雞肉的來歷，高呼：「雞尾巴酒萬歲。」而每當要喝這種混合過的酒時，只要說一聲cocktail，就都明白了。

這就是雞尾酒的開端。

(三)雜種馬馬尾之說

在英國的約克夏地區，一般將雜種馬的馬尾切掉，以便和純種的馬區別開來，這種切掉尾巴的英文發音很近似cocktail，從而得到此名。這是把混合後的酒比喻成雜種馬，但幾乎沒有人支持這種說法。

(四)雞蛋酒之說

一七九五年，加勒比海的西班牙島上的聖多明哥發生暴亂之後，逃到美國的安特瓦奴·阿梅蒂·培蕭在新奧爾良開了一個藥店。他招攬顧客的商品有兩種，其一是培蕭苦味藥，這種藥也放入雞尾酒中，還有一個是以蘭姆酒爲基酒的雞蛋酒。

當時，在新奧爾良的法國人很多，這種雞蛋酒在法語中稱爲考克切（coquetier）。

這種考克切原來是一種供病人用的酒，但健康人飲用此種酒的也逐漸增多，不知何時被稱爲考克切的混合飲料被改稱爲考克切式的飲料——考克特爾（雞尾酒）了。

有關雞尾酒的語源，沒有一個能稱得上是絕對準確的。但是，一七四八年倫敦出版的小冊子 *"The Squire Recipes"* 中，正式出現了cocktail這一詞語。所以，從那時開始有了一正式名稱是無庸置疑的。

第二節　雞尾酒的歷史

一、雞尾酒的歷史淵源

「雞尾酒＝酒＋某物」這一說法成立的話，那麼，雞尾酒的歷史則可以上溯到古代羅馬帝國時代。

庫賽傑文庫的《味的美學》，講述了古代羅馬人將一些混合物摻到葡萄酒中來飲用的故事。書中寫道：「這種混合物對葡萄酒只有壞的影響。最好的葡萄酒是酒精很強並且是很濃的。從酒壺中倒進酒杯時，要將這種沈澱物過濾出來，並要當場摻水飲用。即使是酒量最強的人，也要摻水喝。那些喝不摻水葡萄酒的人，都是一些不正常的人。這些人就像現在那些常喝酒精的人一樣，是要受到譴責的……」在當時的羅馬，摻水喝葡萄酒似乎是市民習以爲常的飲用方法，除此之外，似乎還要添加石膏、粘灰、石灰、大理石粉、海水、松香、樹田等等來飲用[2]。

據傳，在西元六四〇年左右時，中國唐朝就已經在葡萄酒中加入馬奶製成乳酸飲料來飲用，這肯定是類似於現在的用酸奶製成的雞尾酒。

而且，在中世紀的歐洲，由於冬季極其寒冷，所以，冬季就有將飲料加熱後飲用的方式。

從十四世紀起，在中部歐洲，也是由於葡萄酒生產量太多的原因，冬季用番薯製成的烈性酒——生命之水也被廣泛飲用，將藥草和葡萄酒放在很大的鍋裏，將用火燒熱的劍插到鍋裏，將酒加熱後飲用。

在中世紀，蒸餾酒也產生了，葡萄酒和啤酒的混合飲料世界也漸漸擴大起來了。

一六三〇年時，由印度人發明的所謂的賓治（punch）酒卻由英國人傳給了後世。這是用印度的蒸餾酒阿拉克爲基酒，加入砂糖、萊姆（即青檸，是原產於印度的一種柑橘類果樹）、香料和水這五種材料，在大容器中混合，然後分別倒入酒器中飲用的一種酒。

二、雞尾酒的流行和變遷

由古代羅馬人開創的雞尾酒的歷史，在經歷了中世紀寒冷化歐洲出現的熱雞尾酒時期之後，到中世紀後半期，又誕生了冷雞尾酒。

十九世紀七〇年代初期，慕尼黑工業大學的卡爾．馮．林德（CdVonLinde, 1842~1934）教授，在氨高壓製冷機的研究方面取得進展。他就任林德製冰機製造公司的總經理，並製造出人工製冰機。在此之前，大多是住在江河湖畔的部分超富裕家庭，將冬季的天然冰放在冰室保存從而能四季享用之外，其他的人是無緣享受的，但製冰機的出現卻使人們四季用冰的夢想得以實現。

如果考慮到雞尾酒是「使用冰和器具製造出來的冷的混合飲料」的話，那麼，雞尾酒的出現只能等到十九世紀後半期人工製冰機的出現之後。

接著，又出現了透過搖動和攪拌來製取雞尾酒的技術，現在，我們熟知的曼哈頓等冰鎮雞尾酒已經能夠調製出來了，從這點也可知道，我們熟知的雞尾酒從誕生以來，最多也只有一百多年的歷史。

另外，當時那個年代，果汁還沒有成爲企業的商品，威爾奇公司的葡萄汁是最早商品化的產品，所以只用酒調製的馬丁尼被稱爲雞尾酒之王，而曼哈頓則被稱爲王后。在形勢已發生巨變的現代，用於調製雞尾酒的各種酒類和輔助材料可以毫不費事地採購到。

美國禁酒法（1920~1933年）的實施對歐洲雞尾酒熱潮的出現起了加速的作用。這一禁酒法在雞尾酒的世界中創造出兩種流派。

在這一期間，在美國的城市中出現了很多地下非法營業的酒館，出現了一股避開官廳耳目品嚐雞尾酒的風潮。爲了在家裏偷偷地飲酒，製造出和書架很相似的雞尾酒檯架（家庭酒吧），藝術裝飾型的酒吧用具（冰桶、搖酒壺、蘇打水虹吸瓶、攪拌棒等）以及酒杯的收藏都是當時人們極其熱衷的事情，這一切也都是當時時代的特徵。

另一方面，對禁酒法心懷不滿並具有正義感的酒吧服務員，離開了美國而到歐洲來尋求發展，這也使美式的飲酒文化得以廣泛流傳。

十九世紀二〇年代的歐洲，在倫敦已出現了夜總會，年輕人欣賞爵士音樂和飲酒一直到深夜。在一八八九年開業的薩波依飯店裏，也引進了美式酒吧。從中午開始，酒吧便開始營業，人們在這裏可以品嚐到雞尾酒。後來並出版了被稱爲雞尾酒書籍之經典的《薩波依雞尾酒全書》。

除此之外，在飲酒文化中發生的更爲突出的變化是女性走進了酒吧。在此之前，酒吧是男人們獨佔的天地，但此時已是男女勢力範圍的空間開始發生變化的時代。

就這樣，雞尾酒的世界漸漸地出現了兩大潮流，其一是自由奔放的美式雞尾酒，其二則是一邊吸收美國的飲酒文化，一邊又保持歐洲傳統的歐式雞尾酒。

當時的雞尾酒主要是以威士忌、白蘭地、琴酒爲基酒的。雞尾酒的調製方法也是以攪拌或搖動爲主。從味道來說，也不是把材料本身的味道放在首位，幾乎都是渾然一體的、完全被調製成另外一種味道的雞尾酒。

第二次世界大戰結束後，歐洲（尤其是法國和義大利）又再次在雞尾酒的世界中開始發揮力量。最先登場的是一九四五年創作出來的吉爾雞尾酒，在二十世紀六〇年代曾流行一時。

另一方面，一九五〇年前後，在美國也出現了很多口感清爽、酒精度數較低的雞尾酒，如使用攪拌器調製的雞尾酒或以波本和龍舌蘭爲基酒的雞尾酒，還有迎合清淡口味嗜好的伏特加補酒和冷飲葡萄酒等等。

眞正的雞尾酒熱潮的到來，是在第二次世界大戰結束之後。酒吧重新開業，與此同時，「藍色的珊瑚礁」在競賽中獲得第一名。進而，在戰後開放的風潮中，逢時而生的托里斯酒吧，創造了一種以較低的價格就能隨意品嚐洋酒的氣氛，因此，與「藍色的珊瑚礁」一起，急速地擴大了雞尾酒愛好者的範圍。

進入一九六五年之後，女性的飲酒傾向明顯增強，並且成爲擴大雞尾酒影響的一股巨大力量。接著，一九七五年之後，受旅行熱的影響，出現了熱帶雞尾酒的熱潮。進入一九八五年之後，咖啡酒吧或眞正的酒吧又開拓出標準雞尾酒的新飲酒層。而且，在以往的摻水飲用威士忌的一邊倒的飲酒模式中，又刮起了新風，將雞尾酒引向陽光明媚的新天地。雞尾酒也從自我陶醉的一種飲品，發展成爲能使自己的生活空間變得豐富多彩的助手，能使自己盡享生活樂趣的工具。

然而，現在的雞尾酒的主流，無論是在世界各國，都已集中到可以被稱爲「回歸傳統」的質樸至上的路線上來。無論是在倫敦，還是在紐約、東京，乾馬丁尼、琴酒、伏特加、義大利紅葡萄酒加蘇打水、血腥瑪利、橘子汁伏特加混合飲料之類的雞尾酒仍保持其穩定的生命力[3]。

第三節　雞尾酒調製的基本方式

一、調製雞尾酒的注意事項

(1)調製前，杯應洗淨、擦亮；酒杯使用前需冰鎮。

(2)飲料混合均勻。

(3)按照配方的步驟逐步調配。

(4)用新鮮的冰塊。冰塊大小、形狀與飲料要求一致。

(5)攪拌飲料時應避免時間過長，防止冰塊溶化過多而淡化酒味。

(6)搖混時，動作要自然優美、快速有力。

(7)量酒時必須使用量器，以保證調出的雞尾酒口味一致。

(8)用新鮮水果裝飾。切好後的水果應存放在冰箱內備用。

(9)使用優質的碳酸飲料。碳酸飲料不能放入搖壺裏搖。

(10)水果擠汁時最好使用新鮮檸檬和柑桔，擠汁前應先用熱水浸泡，以便能多擠出汁。

(11)裝飾要與飲料要求一致。

(12)上霜要均勻，杯口不可潮濕。

(13)蛋白是爲了增加酒的泡沫，要用力搖勻。

(14)調好的酒應迅速服務。

(15)動作要標準、快速、美觀。

二、雞尾酒製作國際標準規定

(1)儀表：必須身著白襯衣、背心和領結，調酒人員的形象不僅影響酒吧的聲譽，而且還影響客人的飲酒情趣。

(2)時間：調完一杯雞尾酒規定時間爲一分鐘。吧檯的實際操作中要求一位調酒師在一小時內能爲客人提供八十杯至一百二十杯飲料。

(3)衛生：多數飲料是不需加熱而直接爲客人服務的，所以操作上的每個環節都應嚴格按衛生要求和標準進行。任何不良習慣（如用手摸頭髮、臉部等）都直接影響客人健康。

(4)姿勢：動作熟練、姿勢優美；不能有不雅的動作。

(5)杯具：所用的杯具與飲料要求一致，不能用錯杯子。

(6)用料：要求所用原料準確，少用或錯用主要原料都會破壞飲品的標準味道。

(7)顏色：顏色深淺程度與飲料要求一致。

(8)味道：調出飲料的味道要正確，不能偏重或偏淡。

(9)調法：調酒方法與飲料要求一致。

(10)程序：要依次按標準要求操作。

(11)裝飾：裝飾是飲料服務最後的一環，不能缺少。裝飾與飲料要求一致、衛生[4]。

三、雞尾酒調製方法

一般有下面四個基本方法：

(1)直接注入法：把各種飲料成分依次放入杯中，摻對完後即可服務。摻對調製而成的混合飲料有彩虹、漂漂酒等。有時這類飲料還需要簡單的攪拌，如海波飲料、果汁飲料等。

(2)攪拌：把各種飲料成分和冰塊放進調酒杯中，然後攪拌混合物，調製成雞尾酒。攪拌的目的是在最少稀釋的情況下，把各種成分迅速冷卻混合。

(3)搖動：飲料放進搖酒杯中用手搖動混合。不能透過攪拌來混合的成分如糖、奶油、雞蛋和部分果汁等飲料用這種方法調製。

(4)漂浮法：將不同比重的酒，沿匙背或調酒棒徐徐倒入酒杯中，比重大的先放入，比重小的後加入，如此才會達到層次分明的效果，彩虹酒調製即用此方法來完成。

四、雞尾酒調製的一般步驟

(1)挑選酒名、形狀、大小的酒杯。

(2)杯中放入所需的冰塊。

(3)確定調酒方法及盛酒容器（搖酒杯或酒杯）。

(4)量入所需基酒（基酒的數量與載杯容量有關）。

(5)量入少量的輔助成分。

(6)調製。

(7)裝飾。

(8)服務。

五、雞尾酒製作的規定動作

(一)拿瓶、示瓶、開瓶、量酒

1.拿瓶

把酒瓶從酒櫃或操作檯上傳到手中的過程。傳瓶一般有從左手傳到右手或從下方傳到上方兩種情形。用左手拿瓶頸部傳到右手上，用右手拿住瓶的中間部位，或直接用右手從瓶的頸部上提至瓶中間部位。要求動作快、穩。

2.示瓶

把酒瓶展示給客人。用左手托住底部，右手拿住瓶頸部，呈45°角，把商標面向客人。

拿瓶到示瓶是一個連貫的動作。

3.開瓶

用右手拿住瓶身，左手中指逆時針方向向外拉酒瓶蓋，用力得當時可一次拉開，並用左手虎口（即拇指和食指）夾起瓶蓋。開瓶是在酒吧沒有專用酒嘴時使用的方法。

4.量酒

開瓶後立即用左手中指和食指與無名指夾起量杯（根據需要選擇量杯大小），兩臂略微抬起呈環抱狀，把量杯放在靠近容器的正前上方約一寸處，量杯要端正。然後右手將酒倒入量杯，倒滿後收瓶口，左手同時將酒倒進所用的容器中。用左手拇指順時針方向將瓶蓋蓋好，然後放下量杯和酒瓶。

(二)握杯、溜杯、溫燙

1.握杯

老式杯、海波杯、可林杯等平底杯應握杯子下底部，切忌用手掌拿杯口。高腳杯拿細柄部。白蘭地杯則應用手握住杯身，以手傳熱使其芳香溢出（指客人飲用時）。

2.溜杯

將酒杯冷卻後用來盛酒。通常有以下幾種情況：

(1)冰鎮杯：將酒杯放在冰箱內冰鎮。

(2)放入上霜機：將酒杯放在上霜機內上霜。

(3)加冰塊：有些可加冰塊在杯內冰鎮。

(4)溜杯：杯內加冰塊使其快速旋轉至冷卻。

3.溫燙

指將酒杯燙熱後用來盛飲料。

(1)火烤：用蠟燭來烤杯，使其變熱。

(2)燃燒：將高酒精烈酒放入杯中燃燒，至酒杯發熱。

(3)水燙：用熱水將杯燙熱。

(三)攪拌

攪拌是混合飲料的方法之一。它是用吧勺在調酒杯或飲用杯中攪動冰塊使飲料混合。具體操作要求用左手握杯底，右手按握「毛筆」姿勢，使吧勺勺背靠杯邊按順時針方向快速旋轉。攪動時只有冰塊轉動聲。攪拌五大圈後，用濾冰器放在調酒杯口，迅速將調好的飲料濾出。

(四)搖動

這是使用搖酒器來混合飲料的方法。具體操作形式有單手、雙手兩種。

1.單手握搖酒器

右手食指按住壺蓋，用拇指、中指、無名指夾住壺體兩邊，手心不與壺體接觸。搖壺時，儘量使手腕用力。手臂在身體右側自然上下擺動。要求是力量要大、速度快、節奏快、動作連貫。

2.雙手握搖酒器

左手中指按住壺底，拇指按住壺中間過濾蓋處，其他手指自然伸開。右手拇指按壺蓋，其餘手指自然伸開固定壺身。壺頭朝向自己，壺底朝外，並略向上方。搖壺時可在身體左上方或正前上方自然擺動。要求兩臂略抬起，呈伸曲動作，手腕呈三角型搖動[5]。

(五)上霜

上霜是指在杯口邊沾上糖粉或鹽。具體要求是操作前要把酒杯晾乾，用檸檬皮擦杯口邊時要勻稱，然後將酒杯放入糖粉或鹽中，沾完後把多餘的糖粉或鹽彈去。

(六)調酒全部過程

1.短飲

選杯—放入冰塊—溜杯—選擇調酒用具—傳瓶—示瓶—開瓶—量酒—攪拌（或搖壺）—過濾—裝飾—服務。

2. 長飲

選杯—放入冰塊—傳瓶—示瓶—量酒—攪拌（或摻對）—裝飾—服務。

第四節　雞尾酒的酒譜、命名與常用原料

一、雞尾酒的酒譜

酒譜即雞尾酒的配方，它是一種雞尾酒調製的方法和說明。常見的酒譜有兩種，一種是標準酒譜，另一種是指導性酒譜。

標準酒譜是某一個酒吧所規定的酒譜。這種酒譜是在酒吧所擁有的原料、用杯、調酒用具等一定條件下做的具體規定。任何一個調酒師都必須嚴格按酒譜所規定的原料、用量及方式去操作，標準酒譜是一個酒吧用來控制分量和品質的基礎，也是做好酒吧管理和控制的保障。指導性酒譜是作爲大眾學習和參考之用的。我們在書中所見到的酒譜都屬於這一類。這類酒譜所規定的原料、用量等都需根據實際所擁有的條件來作修改。在學習過程中首先透過指導性酒譜掌握酒譜的基本結構，在不斷摸索中掌握某類雞尾酒調製的基本規律，從而掌握雞尾酒的家族。

二、雞尾酒的命名

雞尾酒的命名方式主要有以下幾種：

(1)根據原料命名：雞尾酒的名稱包含飲品主要原料，如琴

湯尼等。

(2)根據顏色命名：雞尾酒的名稱以調製好的飲品的顏色命名，如紅粉佳人（pink lady）等。

(3)根據味道命名：雞尾酒的名稱以其主要味道命名，如威士忌酸酒（whisky sour）。

(4)根據裝飾特點命名：雞尾酒的名稱以其裝飾特點來命名，如馬頸（horse neck）。很多飲料因裝飾物的改變而改變名稱。

(5)根據典故來命名：很多飲料具有特定的典故，飲料名稱以典故命名。

三、雞尾酒常用原料

調酒所用原料在前面已進行了介紹，為便於我們調酒的需要，進行一下總結。

(1)基酒：常用的基酒有伏特加、白蘭地、威士忌、琴酒、蘭姆酒、龍舌蘭酒、香甜酒、葡萄酒。

(2)碳酸飲料：蘇打水、薑汁汽水、奎寧水、七喜、可樂、雪碧等。

(3)果汁飲料：桔汁、番茄汁、葡萄柚汁、鳳梨汁。

(4)其他輔料：石榴汁、檸檬汁、酸橙汁、糖漿、雞蛋。

(5)調味料：辣椒油、辣醬油、鹽、糖、苦精、香料、荳蔻粉、桂皮、胡椒。

(6)水、礦泉水。

(7)冰塊：方冰（cubes）、圍冰（round cubes）、淩方冰（counte, cubes）、碎冰（crusher）、薄片冰（hakeice）、細

冰（cracked）。

(8)裝飾物：檸檬片、桔子瓣、鳳梨塊、櫻桃、橄欖、雞尾洋蔥、黃瓜皮、芹菜、薄荷葉[6]。

第五節　雞尾酒的製作

一、雞尾酒顏色的製作

雞尾酒之所以如此受歡迎，與那五彩繽紛的顏色是分不開的。顏色的配製在雞尾酒的調製中至關重要。雞尾酒的不同色彩傳達了不同的意義。紅色的雞尾酒表達一種幸福、熱情、活力和熱烈的情感；紫色的飲品給人高貴而莊重的感覺；粉紅色的飲品傳達浪漫、健康的情感；黃色飲品給人一種輝煌、神聖的象徵；綠色飲品令人聯想起大自然，使人感到年輕、充滿活力、憧憬未來；藍色飲品既可給人以冷淡、傷感的聯想，又是平靜、希望的象徵；白色飲品給人純潔、神聖、善良的感覺。

(一)雞尾酒原料的基本色

雞尾酒是由基酒和各種輔料調配混合而成的。這些原料的不同顏色是構思雞尾酒色彩的基礎。下面就原料的基本顏色作一簡單介紹。

(1)果汁：果汁是由水果擠榨而成的，具有水果的自然顏色，且含糖量比糖漿要少得多。常見的有橙汁（橙色）、椰汁（白色）、西瓜汁（紅色）、草莓汁（淺紅色）、番茄汁（粉紅）等。

(2)糖漿：糖漿是由各種含糖比重不同的水果製成的，顏色有紅色、淺紅色、黃色、綠色、白色等。較爲熟悉的糖漿有紅石榴糖漿（深紅）、山檳糖漿（淺紅）、香蕉糖漿（黃色）、西瓜糖漿（綠色）等。糖漿是雞尾酒中的常用調色輔料。

(3)香甜酒：香甜酒顏色十分豐富，幾乎紅、橙、黃、綠、碇、藍、紫全包括。有些香甜酒同一品牌有幾種不同顏色，如可可酒有白色、褐色；薄荷酒有綠色、白色；橙皮酒有藍色、白色等。香甜酒也是雞尾酒調製中不可缺少的輔料。

(4)基酒：基酒除伏特加、琴酒等少數幾種無色烈酒外，大多數酒都有自身的顏色，這也是構成雞尾酒色彩的基礎。

(二)雞尾酒顏色的量度

雞尾酒顏色的調配需按色彩配比的規律調製。

(1)在調製彩虹酒時，首先要使每層酒維持等距離，以保持酒體形態最穩定的平衡；其次應注意色彩的對比，如紅與綠、黃與藍是接近互補色關係的顏色，白與黑是色明度差距極大的對比色；第三是將暗色、深色的酒置於酒杯下部（如紅石榴汁），明亮或淺色的酒放在上部（如白蘭地、濃乳等），以保持酒體的平衡。只有這樣調出來的彩虹酒才會視覺美觀。

(2)在調製有層色的部分海波飲料、果汁飲料時，應注意顏色的比例配備。一般來說暖色或純色的誘惑力強，應占面積小一些，冷色或濁色面積可大一些。

(三)雞尾酒的色彩混合調配

在雞尾酒家族中，絕大部分雞尾酒都是將幾種不同顏色的原料進行混合，調製成某種顏色的雞尾酒。

第一，這就需要我們事先瞭解兩種或兩種以上不同的顏色混合後產生的新顏色，如黃、藍混合成綠色，紅與藍混合成紫色，紅、黃混合成桔色，綠色、藍色混合而成青綠色等。

第二，在調製雞尾酒時，應把握好不同顏色原料的用量。顏色原料用量過多，顏色太深，量少則色太淺，酒品就達不到預想的效果。如粉紅佳人，主要用紅石榴汁來調出粉紅色的效果，在標準容量雞尾酒杯（4~5盎司）中一般用量為1吧匙，多於1吧匙，顏色為深紅，少於1吧匙，顏色變成淡粉色，體現不出「粉紅佳人」的魅力。

第三，注意不同原料對顏色的作用。冰塊是調製雞尾酒不可缺少的原料，不僅對飲品起冰鎮作用，對飲品的顏色、味道也有稀釋作用。冰塊在調製雞尾酒時的用量、時間長短直接影響到顏色的深淺。另外，冰塊本身具有的透亮性，在老式杯中加冰塊的飲品將更具有光澤，更顯晶瑩透亮，如威士忌加冰、琴酒加冰，加拿大霧酒等。

乳、蛋等均具有半透明的特點，且不易同飲品的顏色混合。調製中用這些原料時，乳品起增白效果，蛋白增加泡沫，蛋黃增強口感，使調出的飲品呈朦朧狀，增加飲品的誘惑力，如綠色蚱蜢等。

碳酸飲料配製飲品時，一般在各種原料成分中所占比重較大，酒品的顏色都較淺或味道較淡。碳酸飲料對飲品顏色有稀釋作用。果汁原料因其所含色素的關係，本身具有顏色，應注意顏色的混合變化，如日月潭庫勒，綠薄荷和橙汁一起攪拌，使其呈草綠色。

二、雞尾酒的口感調配

雞尾酒味道是由具有各種天然香味的飲料成分來調配的，所以它的味道調配過程不同於食品的烹調，食品一般需要在烹調過程中經由煎、炒、燻、炸等加熱方法，使不同風味的菜餚美味可口，而酒和果汁等飲料中主要是揮發性很強的芳香物質，如醇類、脂類、醃類、酣類、烴類等，如果溫度過高，芳香物質會很快揮發，香味會消失。雞尾酒需加冰塊在最佳的保持芳香味的溫度下完成調製。雞尾酒調出的味道一般都不過酸、過甜，是一種味道較爲適中、能滿足人們的各種口味需要的飲品。

原料的基本味
酸味：檸檬汁、萊姆汁、番茄汁等。
甜味：糖、糖漿、蜂蜜、香甜酒等。
苦味：金巴利苦味酒、苦精及新鮮橙汁等。
辣味：辛辣的烈酒、辣椒。
鹹味：鹽。
香味：酒及飲料中有各種香味。

(一)雞尾酒口感調配

將各種不同味道原料進行組合，調製出具有不同風味和口感的飲品。

(1)綿柔香甜的飲品：用乳、蛋和具有特殊香味的香甜酒調製而成的飲品，如白蘭地亞力山大等。

(2)清涼爽口的飲品：用碳酸飲料加冰與其他酒類配製的長飲，具有清涼解渴的功效。

(3)酸甜圓潤的飲品：以檸檬汁、萊姆汁和香甜酒、糖漿爲配料，與烈酒調配出的酸甜雞尾酒，香味濃郁，入口微酸，回味甘甜。這類酒在雞尾酒中佔有很大比重。酸甜味比例根據飲品及各地人們的口味不同，並不完全一樣。

(4)酒香濃郁的飲品：基酒占絕大多數比重，使酒體本味突出，配少量輔料增加香味，如馬丁尼、曼哈頓。這類酒類糖量少，口感甘醇。

(5)微苦香甜的飲品：以金巴利或苦精爲輔料調製出來的雞尾酒，如亞美利加諾、尼格龍尼等。這類飲品入口雖苦，但持續時間短，回味香甜，並有清熱的作用。

(6)果香濃郁豐滿的飲品：新鮮果汁配製的飲品，酒體豐滿，具有水果的清香味。

不同地區的人們對雞尾酒口味的要求各不相同，在調製雞尾酒時，應根據顧客的喜好來調配。一般歐美人不喜歡含糖或糖量高的飲品，爲他們調製雞尾酒時，糖漿等甜物要少放，碳酸飲料最好用不含糖的。對於東方人，如日本顧客，他們喜歡甜味，可使飲品甜味略突出。在調製雞尾酒時，還應注意世界上各種流行口味的雞尾酒，如酸甜類雞尾酒或含苦味雞尾酒是目前較流行的飲品。對於有特殊口味要求的顧客可徵求客人意見後調製。

(二)不同場合的雞尾酒口感

雞尾酒種類五花八門，儘管在雞尾酒酒吧中，應有盡有，但是其依特定的場合對雞尾酒的品種、口感有特殊的要求。

(1)餐前雞尾酒：是指在餐廳正式用餐前或者是在宴會開始前提供的雞尾酒。這類雞尾酒首先要求酒精含量較高，具有開胃作用的酸味、辣味飲品較適合，如馬丁尼、吉姆萊特等。

(2)餐後雞尾酒：在正餐後飲用的雞尾酒品，要求口感較甜，具有助消化、收胃功能，如黑俄羅斯等。

(3)休閑場合雞尾酒：主要是度假旅館游泳池畔等場所提供的雞尾酒，最好是酒精含量低或者無酒精飲料，以清涼、解渴的飲料爲佳，一般爲果汁混合飲料、碳酸混合飲料等。

習 題

是非題

( ) 1.酒吧應設有一處出入口（server pick-up area），以利服務人員工作。

( ) 2.酒會的臨時吧檯最佳設立的位置，儘量靠近入口不遠的地方，以便主人招呼賓客。

( ) 3.酒吧營業前，調酒師應先把裝飾物準備齊全，並存放於容器內冰涼備用。

( ) 4.調酒員（bartender）隨時把清潔的調酒工具擺在雞尾酒工作檯上方，以利工作方便迅速。

( ) 5.調酒員在營業前或交接班時，一律要清點存貨，並開立領貨申請單，補充不足存貨。

( ) 6.雞尾酒調製單是出納會計的記帳、收款憑據，調酒員不能保管，需要時再去借用，預防遺失。

( ) 7.在開放式酒吧（open bar）作業時，調酒員按點酒、開單、調製及結帳等順序作業。

( ) 8.有經驗的調酒員，通常在打烊後會清點存貨、填寫日報表、開立領貨單及檢查水、火、電，安全後才會離去。

( ) 9.酒吧若遇生意不好，酒水銷售不佳，酒帳可數天結算一次。

( ) 10.宴前酒會之時間較其他型酒會時間短，通常在宴席前半小時至一小時。

( ) 11.飲務組之編制應編於房務部內較適合。

(　　) 12. 不管酒吧是否忙碌，雞尾酒裝飾愈複雜愈好，才能表現手藝高超。

(　　) 13. 所謂直接注入法（building）就是將材料直接放入杯中的一種調製方法。

(　　) 14. 攪拌法（stirring）是將材料放入刻度調酒杯中調勻後再倒入杯子裏的調製方法。

(　　) 15. 爲了要掌握雞尾酒調製的品質，在製作雞尾酒時應使用量酒器。

(　　) 16. 在調酒術語中，搖盪法（shaking）是指將材料放入雪克杯中搖勻的一種技巧。

(　　) 17. 爲了工作方便快速，製作雞尾酒時不必太注重衛生。

(　　) 18. 製作裝飾物時，爲了美觀，不需注重衛生，只要好看即可。

(　　) 19. 雞尾酒配方（recipe）中的分量可依比率隨使用的杯皿容量而調整。

(　　) 20. 當製作雞尾酒材料不夠時，只要客人同意，我們可以使用替代的物料。

選擇題

(　　) 1. 顧客點用一杯雞尾酒馬丁尼（Martini）加冰塊，工作人員該用那一種杯皿盛裝？ (A)old fashioned glass (B)highball glass (C)collin glass (D)cocktail glass。

(　　) 2. 使用刻度調酒杯（mixing glass）調製的雞尾酒，其調製法稱之爲 (A)機器調配法（blending）(B)攪拌法（stirring）(C)搖盪法（shaking）(D)直接注入法（building）。

(　　) 3.無論使用那一種調酒方式，每次都要用到的器具是 (A)雪克杯（shaker）(B)蘇打水（soda water）(C)水蜜桃汁（peach juice）(D)萊姆汁（lime juise）。

(　　) 4.下列何物是鹼性「不甜」的碳酸飲料？ (A)薑汁汽水（ginger ale）(B)蘇打水（soda water）(C)水蜜桃汁（peach juice）(D)萊姆汁（lime juice）。

(　　) 5.一般常用吧檯發泡氮氣槍是爲何物準備的？ (A)奎寧水（tonic water）(B)發泡鮮奶油（whipped cream）(C)紅石榴糖漿（grenadine syrup）(D)荳蔻粉（nutmeg）。

(　　) 6.下列何種器皿不可盛裝飲料供客人飲用？ (A)老式酒杯（old fashioned glass）(B)高飛球杯（high ball glass）(C)平底杯（tumble glass）(D)刻度調酒杯（mixing glass）。

(　　) 7.下列那一項不可放入雪克杯（shaker）內調製飲料？ (A)奎寧水（tonic water）(B)牛奶（milk）(C)番茄汁（tomato juice）(D)苦精（bitter）。

(　　) 8.高酸性飲料不能置於 (A)紙製容器(B)陶瓷容器(C)銅製容器(D)玻璃容器。

(　　) 9.有關成本控制概念，下列何者敘述錯誤？ (A)隨時關掉不用的電燈(B)爲節省能源，營業時少開幾盞燈(C)能遵守每次調酒能使用量酒器的規定(D)調酒時，能照公司規定的配方做。

(　　) 10.有關酒單之敘述，下列何者錯誤？ (A)它是一種

促銷工具 (B)wine list=cocktail list (C)酒單上之價格不可塗塗改改，以免影響觀瞻 (D)客房專用飲料單亦是酒單的一種。

(　　) 11.每月酒類盤存作業應由　(A)會計室人員執行 (B)外場經理執行 (C)酒吧人員執行 (D)會計人員會同酒吧人員執行。

(　　) 12.下列何者不屬於酒窖記錄的東西？　(A)櫃櫥卡 (B)酒窖進貨簿 (C)人員出勤記錄簿 (D)酒類存貨清單。

(　　) 13.下列何者非酒會常用之基酒？　(A)琴酒 (B)蘭姆酒 (C)伏特加 (D)蘋果酒。

(　　) 14.下列何者較不適合用做雞尾酒之裝飾品？　(A)櫻桃 (B)檸檬 (C)小黃瓜 (D)橄欖。

(　　) 15.打開後必須要冷藏的調味品是　(A)苦精（bitters）(B)小洋蔥（cocktail onions）(C)荳蔻粉（nutmeg）(D)芹菜鹽（celery salt）。

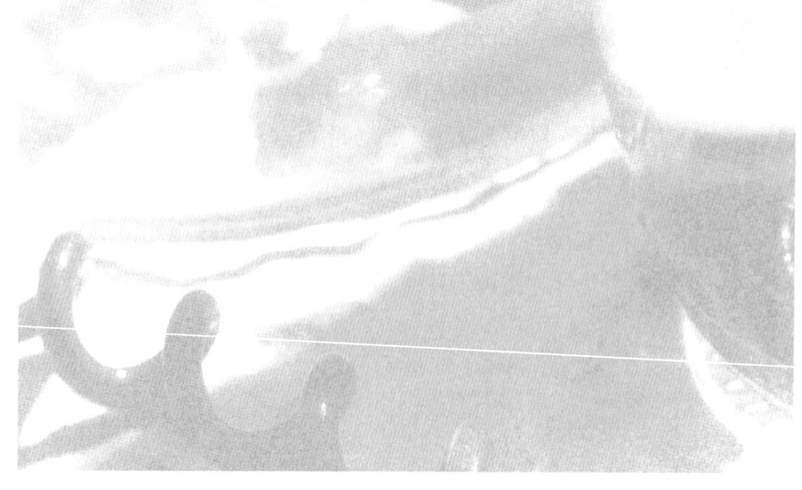

註釋

1.Costas K. & Mary P., *The Bar and Beverage Book* (U.S.A.: John Wiley & Sons Inc., 1991), Second edition. p.32.
2.福西英三，《酒吧經營及調酒師手冊》，香港飲食天地出版社，頁215。
3.吳克祥，《酒吧操作實務》，遼寧科學技術出版社，頁218。
4.同註1，頁218。
5.同註1，頁338。
6.同註1，頁342。

第七章　白蘭地

第一節　白蘭地酒的介紹
第二節　白蘭地的語源
第三節　白蘭地的標示
第四節　葡萄白蘭地的製法
第五節　白蘭地的種類
第六節　以白蘭地調製的雞尾酒

第一節　白蘭地酒的介紹

人類未使用文字前就已經有葡萄酒了，所以白蘭地也應該算是比較後期的一種酒。雖然我們不曉得第一個蒸餾葡萄酒的人是誰，但種種跡象顯示，似乎在十二至十三世紀左右就有葡萄酒了。出生於加泰隆尼亞（Catalonia）的著名經院哲學家（Scholasticism）拉曼・勒里（Ramon Luu, 1236-1316）所著的一本有關中世紀鍊金術的書，即是和白蘭地有關的最古老文獻。據書上說，他的老師阿諾・得・斐奴布（Amaud de Villeneuve, 1235-1312左右）出生於西班牙，是位醫師及鍊金師，他將白蘭地拿來蒸餾，製出Vinbrule（也就是經過燒烤的酒），然後命名爲「不死的靈酒」，公開出售。當時黑死病肆虐，一般人相信喝下這種酒就能夠躲過這場浩劫，於是人人皆稱它爲生命之水、Aqua Vitae。在法國國內，和蒸餾白蘭地有關最古老文獻是出現在庇里牛斯山不遠的阿曼尼亞（Armagnac）。由此看來，我們可以推測鍊金師們的技術大概是沿著庇里牛斯山的路線而傳到法國。到了十六世紀，法國各地似乎已經普遍地製造「生命之水」了，波爾多（Bordeaux）、巴黎、阿爾薩斯（Alsace）的克馬魯等地都在進行蒸餾事業。

現在法語的Eau de vie即是延用當時「生命之水」的名稱而來的，在法律上，康尼雅克的干邑白蘭地、阿曼尼亞的雅邑白蘭地都歸屬於Eau de vie之列。十七世紀，康尼雅克地方的白蘭地開始邁入產業化，當時掌握大西洋貿易主導權的荷蘭商人也幫了不少忙。他們爲蒸餾過的葡萄酒冠上brandewijn、burnt wine的名稱，然後銷往歐洲諸國。由於這種酒也銷入英國，所以才會出現白蘭地（brandy）這個字。據日本長崎荷蘭商館的日記上記載，一六五二年（慶安四年）館長送給江戶一桶白蘭地，這種酒就已流入遠東的島國了。日本從一九三五年正式生產白蘭地。一九三○年山多利的創始人鳥井信治郎和川上善兵衛合作，在新潟縣岩原開墾葡萄園，同時在大阪下道明寺開設道明寺工廠。翌年，開始動工蒸餾白蘭地。一九三六年，又在山梨縣登美高原開墾葡萄園，以便應付自己工廠生產葡萄酒及白蘭地時所用。其後，改稱爲山多利山梨釀造廠。從這個擁有工廠及儲藏庫的全日本最大葡萄園裏，不斷地製造出帝國（Imperial）、艾克西、X.O.、V.S.O.P.等世界級的白蘭地。一九六七年，山多利白蘭地V.S.O.P.贏得在巴黎舉辦的第五次世界酒類審查會的金牌。由於一九七○年創立的「白蘭地・美國」（Brandy American）運動，白蘭地才邁進另一個新的時代，成爲年輕人也能輕易嚐試的烈性酒（spirits）[1]。

第二節　白蘭地的語源

白蘭地的語源是源自荷蘭語的brandewijn，它的意思是燒過的葡萄酒（burnt wine）。在英國，brandewijn這個字可能是以訛傳訛，到後來才演變成brandy。根據某種說法，十六世紀的時候，夏德蘭河口的拉・羅歇爾港與荷蘭之間，白蘭地的交易非常頻繁，可是由於葡萄酒的酒桶非常佔空間，因此小帆船一次無法載運多少，某位荷蘭船長有鑑於此，認爲只要將葡萄酒的水分取出，僅把酒精運往荷蘭，然後再加水使其復原，則問題就能解決。當他帶著葡萄酒的蒸餾液回到荷蘭後，廣受大衆的歡迎，並將這種酒稱爲Burnt Wine Brandewijn。該酒以荷蘭船爲媒介，傳到歐洲各地，沒多久英國人便以英國式的語彙——白蘭地（brandy）稱呼它。

第三節　白蘭地的標示

由於白蘭地是由不同年份的白蘭地原酒混合而成的，所以市售的白蘭地並沒有標示製造年份。因此，有人說數年以上的白蘭地即可稱為拿破崙，這種說法並不正確。在白蘭地酒瓶的正面或瓶頸上都貼有星印或名稱，這只不過表示該酒在工廠內的等級而已，並沒有特殊的意義。康尼雅克世家馬帝爾公司採用三星（three star）、V.S.O.P.、克倫諾瓦拿破崙、克倫布、艾克斯特拉等名稱；山多利則採用V.O.、V.S.O.、V.S.O.P.、X.O.、艾克西、帝國等名稱。V是very，S是superior、special，O是old，P是pale，X是extra的略稱。其中，pale有清澈的意思，由於長期間的儲存，白蘭地具有澄澈的琥珀色色澤[2]。

拿破崙（Napoleon）：一八一一年，皇帝拿破崙一世喜獲渴望已久的麟兒。該年空中出現彗星，人人擔心不久恐怕會開啓戰端或鬧飢荒，但對皇帝而言，該年不但得到一個男孩，葡萄亦出現前所未有的大豐收，因此該年的葡萄酒特別冠以彗星葡萄酒（Comet Wine Vin de Comete）之稱。而採用該年的葡萄酒蒸餾出來的白蘭地亦冠以拿破崙白蘭地之稱，以示祝賀之意。現在，很多白蘭地都標示著拿破崙字樣，其原因就是在此。

第四節　葡萄白蘭地的製法

白蘭地通常是由葡萄酒蒸餾而成的。可是，適合葡萄酒的葡萄與適合白蘭地的葡萄會因地域而有所差別。在法國，業者大都以聖・米里恩（Saint Emilion）、佛爾・白蘭西（Folle Blanche）等酸味強、糖分少的葡萄品種爲主。因爲，在蒸餾與醞釀的過程中，較酸的葡萄能提高酒的香氣成分。另外，如果葡萄的糖分少，則醱酵後的葡萄酒所含的酒精度亦會減少，這樣一來，當業者在製造定量的白蘭地時，就會使用多量的葡萄酒，也就是說在製造的過程中能凝縮更多的葡萄香味，而製出香味濃郁的白蘭地。據說，八桶葡萄酒方能製出一桶白蘭地原酒。

山多利白蘭地乃是採用聖・米里恩與甲州等品種的葡萄，最近，由於Folle Blanche較易被病蟲侵害，所以康尼雅克地方也改用聖・米里恩來製造了。

要製出白蘭地特有的微妙香氣，必須在不致壓破種子的情況下，輕輕地擰絞葡萄，然後讓其汁液醱酵；蒸餾醱酵液（葡萄酒）前不可經過過濾程序，要連渣滓一併攪拌，如此一來含有酵母菌的渣滓就會產生白蘭地特有的微妙香氣。

蒸餾白蘭地時必須在單式蒸餾器內蒸餾兩次，剛誕生的白蘭地原酒呈無色透明狀，酒性強烈。這種酒放入橡木桶經過長時間的醞釀，就能孕育出芳醇、溫和的白蘭地來。醞釀成熟的白蘭地經過嚴密的蒸餾後，再經過混合手續，重新放入別的桶內儲藏。

第五節　白蘭地的種類

現在，白蘭地這個名稱不僅限於葡萄，凡是一切由水果醱酵、蒸餾而成的酒都稱爲白蘭地。白蘭地若以原料來分類，則可分成兩大類，一是由葡萄製成的葡萄白蘭地（grape brandy），一是由其他水果製成的水果白蘭地（fruit brandy）。

一、葡萄白蘭地

在一般情形下，所謂的白蘭地即是指葡萄白蘭地而言。其實，用蒸餾後留下的葡萄滓所製成的「劣等白蘭地」也是葡萄白蘭地的一種。因爲白蘭地是由蒸餾過的葡萄酒製成的，所以一些葡萄酒的主要生產國，多多少少都會生產白蘭地。現在，生產白蘭地的國家除了法國之外，還有西班牙、義大利、希臘、德國、葡萄牙、美國、南非、蘇聯、保加利亞……等，而法國康尼雅克地方與阿羅曼尼也克地方生產的白蘭地尤其著名，一九〇九年法國國內對於康尼雅克及阿曼尼亞的名稱定有嚴格的限制，除了法律所規定的種類外，其他法國生產的葡萄白蘭地都統稱爲Eau de vie或法國白蘭地（French brandy）。

(一)康尼雅克（Cognac）

康尼雅克地方出產的白蘭地其正式名稱爲Eau de vie de vin Cognac（又稱干邑白蘭地）。除了以法國西部康尼雅克市爲中心的夏蘭德（Charente）及夏蘭德・馬利泰姆（Charente Maritimes）這兩個法定的縣市所製的白蘭地之外，其他的一概不許以康尼雅克稱之。製造康尼雅克時，大都採用法定地區出產的聖．米里恩（在本地稱之爲Ugni blanc）葡萄爲原料，等製出酸味高的葡萄酒後再加以蒸餾。蒸餾時必須放入夏蘭德型單式蒸餾器中蒸餾兩次，而儲藏所用的橡木桶材料必須是里摩森（Limousin）或特倫歇（Troncais）森林所出產的橡木，經過長時間緩慢地醞釀後再加以混合、裝瓶，這就是著名的康尼雅克製造過程。

(二)阿曼尼亞（Armagnac）

阿曼尼亞地方出產的白蘭地其正式名稱爲Eau de vie de vin d'Armagnac（即雅邑白蘭地）。和康尼雅克一樣，除了法國西南部的阿曼尼亞、傑魯縣（Gers）全縣，以及蘭多縣（Landes）、羅耶加倫（Lotet Garonne）等法定生產地域外，一概不許冠以阿曼尼亞的名稱。製造這種酒時，大都採用佛爾．白蘭西或聖．米里恩品種的葡萄爲原料，放在獨特的半連續式蒸餾機蒸餾一次（一九七二年以後，使用康尼雅克式單式蒸餾器也在合法之列）。儲藏所用的橡木桶以卡斯可尼出產的黑橡木最佳。和康尼雅克相比，它的香氣較強、味道也較新鮮有勁。

二、水果白蘭地

通常，人們稱呼葡萄白蘭地時僅以白蘭地稱之，所以由葡萄以外的任何水果製成的白蘭地則統稱爲水果白蘭地。

水果白蘭地中以蘋果爲原料的稱爲Calvados、蘋果傑克（Apple Jack）；以櫻桃爲原料的稱爲櫻桃酒（Kirsch、Kirschwasser）；以黃色西洋李爲原料的稱爲Mirabelle Slivovitz；以紫色的紫羅蘭李子爲原料則稱爲Quetsch；以草莓爲原料的稱爲Fraise；以西洋梨製成的稱爲Poires；以樹莓製成的稱爲Framboise；以杏子製成的稱爲Aprikosengeist。

白蘭地酒

在西方，從十八世紀起就已逐漸生產這種水果白蘭地了；而在東歐諸國，有關這方面的發展史還不太清楚。其實，水果白蘭地的製造方法有兩種，一是壓碎原料後再醱酵、蒸餾，二是將原料浸泡在酒精之後再蒸餾。法國將這兩種方法統稱爲Eau de vie，而德國則以商品名稱加以區分，用前項製法製成的烈酒稱爲「沃薩」，用後項製法製成的稱爲「蓋斯特」（Geist）。這種酒雖然也可以放在桶中醞釀，但大多數都是採用蒸餾法，然後放在大槽中儲藏，這種方法製出來的酒呈無色透明狀，而放在桶中醞釀而成的酒則呈淡黃色或琥珀色[3]。

(一)蘋果白蘭地（apple brandy）

使蘋果醱酵後製出蘋果汁（cidre，英文拼爲cider），再加以蒸餾而成的一種酒。它的主要產地在法國北部及英國、美國。在法國，這種酒稱爲Eau de vie de cidre，其主要產地是諾曼地（Normandia），尤其是卡巴多斯（Calvados）的蘋果白蘭地——Eau de vie de cidre de Calvados，在世界上非常著名。英國與法國的製法相同，都是利用單式蒸餾器蒸餾，再放入桶中儲藏，而美國則是使用連續式蒸餾機蒸餾，醞釀的時間也比較短，只有三年左右。美國生產的蘋果白蘭地稱爲蘋果傑克（Apple Jack），而英國的蘋果傑克是用蘋果滓製成的劣等白蘭地，兩者容易混淆要多注意。

(二)櫻桃酒（Kirschwasser）

用櫻桃製成的白蘭地稱為櫻桃酒。在德語中，kirsch這個字乃是櫻桃的意思，而wasser則表示水之意。在法國，它的正式名稱為Eau de vie de cerise，而一般都以櫻桃酒（Kirsch）稱之。它的主要產地在法國的阿爾薩斯（Alsace）、德國的黑森林（Schwarzwald）、瑞士、東歐等地。一九二一年法國政府下令保護「櫻桃酒」這個名稱。

這種酒的原料是櫻桃，它是一種小顆粒狀的植物，具有甜味，呈暗紅色，製造時必須將蒂去除，壓碎果實並加水以使其醱酵。櫻桃酒之所以具有獨特的苦味杏仁（bitter almond）香味，是因為在製造過程中，壓碎的種子和果仁混合成泥狀之故。蒸餾時使用單式蒸餾器，完成後並不裝進木製的桶子裏，而是放入大槽中醞釀。所謂的「櫻桃白蘭地」（cherry brandy）乃是以櫻桃為原料製成的利口酒，這點不要混淆了。

(三)李子白蘭地（plum brandy）

由黃色西洋李醱酵、蒸餾而成的Mirabelle，以及由紫色的紫羅蘭李子製成的Quftsch都稱為李子白蘭地。在東歐，Mirabelle又稱為Slivovitz、Tuica、Rakia等。在日本，為了不致和利口酒類的梅子白蘭地混淆，通常都以Mirabelle、Quetsch稱之。

以白蘭地調製的雞尾酒

白蘭地亞力山大（Alexander）

(一)成分：

1 2/3 oz白蘭地酒　2 2/3 oz深色可可香甜酒　3 2/3 oz奶水

(二)調製方法：搖盪法

(三)裝飾物：荳蔻粉

(四)杯器皿：雞尾酒杯

側車（side car）

(一)成分：

1 3/4 oz白蘭地酒　2 3/4 oz白柑橘香甜酒　3 3/4 oz萊姆汁

(二)調製方法：搖盪法

(三)裝飾物：無

(四)杯器皿：雞尾酒杯

在第一次世界大戰的巴黎，有一位大尉經常喜歡乘坐摩托車式的側車，並且往往要酒保調製一杯由他提供配方的雞尾酒。這位大尉的名字雖然已經無據可考，但是他所創始的雞尾酒，卻榮登世界所有酒店的雞尾酒酒單上。這種雞尾酒起初鮮少人知，直到在巴黎哈里斯酒店的推廣下，它才成爲眾所周知的一種酒。另外，也有人高舉著一雙手說「側車」是由他所創的，他就是英國席羅茲俱樂部（Ciro's Club）的名酒保哈里・麥克弘，據他說，該酒是一九三三年當他還在巴黎的哈里斯・紐約酒店服務時創始的。另外，有的書本亦宣稱該酒是由巴黎利茲（Ritz）的法蘭克（Frank）首創的。除此之外，亦有巴黎將校發明的說法，故事是這樣的，在第一次世界大戰中，法國在德國的猛烈攻擊下終於決定乘側車撤退，在撤退的途中，由於白蘭地所剩無幾，只好用現成的龍舌蘭酒及檸檬汁滲在酒中來增加份量，豈知這種飲料竟贏得不錯的風評，於是戰後便冠以「側車」之名而加以推廣。另一則較特別的說法是，這種酒乃源自德國。根據傳聞，在第一次世界大戰中，那些乘坐側車進駐法國的德軍將校們，在進入民家後，便拿出剩餘的白蘭地及龍舌蘭，然後添加檸檬調成現成的雞尾酒。由於該酒的味道非常醇美，故而命名爲「側車雞尾酒」。自古以來，酒與士兵有著密不可分的關係，這點絕對不會因旗色的不同而有所差異。

蛋酒

(一)成分：

1 1 oz白蘭地酒 2 1/2 oz白色蘭姆酒 3 3 oz鮮奶 4 1/2 oz糖水

5 1個蛋黃

(二)調製方法：搖盪法

(三)裝飾物：荳蔻粉

(四)杯器皿：高飛球杯

床第之間

(一)成分：

1 1/3 oz白蘭地酒 2 1/3 oz白色蘭姆酒 3 2/3 oz君度柑橘酒

4 1 2/3 oz檸檬汁

(二)調製方法：搖盪法

(三)裝飾物：無

(四)杯器皿：雞尾酒杯

側車

白蘭地亞力山大

蛋酒
床第之間

B&B

(一)成分：

❶ 1 oz白蘭地酒　❷ 1/2 oz班尼狄克丁香甜酒

(二)調製方法：直接注入法

(三)裝飾物：無

(四)杯器皿：香甜酒杯

白蘭地薑汁（brandy ginger ale）

(一)成分：

❶ 1 oz白蘭地酒　❷ 八分滿薑汁汽水

(二)調製方法：直接注入法

(三)裝飾物：荳蔻粉

(四)杯器皿：高飛球杯

習題

是非題

( ) 1.水果白蘭地的原料只限於葡萄。

( ) 2.含有蛋黃或乳製品的雞尾酒材料，可用直接注入法來調製。

( ) 3.含有蛋黃或乳製品的雞尾酒材料，可用搖盪法來調製。

( ) 4.紅粉佳人（pink lady）是一種雞尾酒，其基酒是琴酒。

( ) 5.干邑（cognac）酒也是白蘭地（brandy）的一種酒。

( ) 6.無酒精飲料稱爲soft drinks，也可以稱爲virgin drinks。

( ) 7.高杯飲料（tall drinks）又可稱爲長飲飲料（long drinks）。

( ) 8.高杯飲料（tall drinks）的調製，多以水、蘇打飲料、果汁或兩者以上居多。

( ) 9.mocktail是一種不含酒精的雞尾酒總稱，在製作過程中偏重於顏色、口感及裝飾。

( ) 10.cocktails是一種含有酒精的雞尾酒總稱，也是代表一種雞尾酒的型態。

( ) 11.西班牙產的一種不甜雪莉葡萄酒（sherry wine），稱爲菲諾（fino）的是適合飯前飲用，稱爲歐珞羅梭（oloroso）的是適合飯後飲用。

白蘭地薑汁
B & B
SUNTORY
WHISKY

選擇題

(　　) 1.雞尾酒白蘭地亞歷山大（brandy Alexander）調配好後它的裝飾品是 (A)柳丁皮 (B)檸檬皮 (C)荳蔻粉 (D)胡椒粉。

(　　) 2.bar brandy和house brandy在酒吧裏是何種等級的白蘭地酒？ (A)平價品 (B)中級品 (C)高級品 (D)特級品。

(　　)3 .調酒或製作飲料時，加入蛋白主要的目的是 (A)色澤較好看 (B)增加風味 (C)調和雞尾酒的味道 (D)無目的

(　　)4 .調製一杯白蘭地亞歷山大（brandy Alexander）雞尾酒，其調配法是採用 (A)building (B)stirring (C)shaking (D)blending。

(　　) 5.在白蘭地的標籤上所標示的fine champagne是指 (A)大香檳區的葡萄含量在一半以上 (B)小香檳區的葡萄含量在一半以上 (C)大小香檳區各佔一半 (D)全部採用小香檳區的葡萄。

(　　) 6.聖誕節飲用的蛋酒（eggnog）是一種雞尾酒，其基酒是 (A)琴酒(B)蘭姆酒(C)伏特加 (D)威士忌。

(　　) 7.calvados指的是 (A)葡萄渣的白蘭地 (B)蘋果白蘭地 (C)櫻桃白蘭地(D)草莓白蘭地。

(　　) 8.marc指的是？ (A)葡萄渣的白蘭地 (B) 蘋果白蘭地 (C)櫻桃白蘭地(D)草莓白蘭地。

(　　) 9.以下哪一道雞尾酒配方中有用到白蘭地？ (A)亞歷山大（Alexander） (B)曼哈頓（Manhattan） (C)蚱蜢

（grasshopper）(D)愛爾蘭咖啡（Irish coffee）。

(　　) 10. 以下哪一種酒是原料是葡萄？ (A)威士忌 (B)啤酒 (C)蘭姆酒 (D)白蘭地。

(　　) 11. 白蘭地亞歷山大（brandy Alexander）以何種香甜酒調製？ (A)香草酒（Galliano） (B)杏仁酒（amaretto） (C)可可酒（C.D. Cacao） (D)櫻桃白蘭地（cherry brandy）。

(　　) 12. 當顧客點用一杯干邑（cognac）純喝，工作人員應該用何種杯皿盛裝？ (A)brany snifter (B)old fashioned glass (C)collin glass (D)sherry glass。

註釋

1.福西英三，《酒吧經營及調酒師手冊》，香港：飲食天地出版社，頁215。

2..吳克祥，《酒吧操作實務》，遼寧科學技術出版社，頁218。

3. Costas K. & Mary P., *The Bar and Beverage Book* (U.S.A.: John Wiley & Sons Inc., 1991), Second edition. p.32.

第八章　威士忌

第一節　威士忌酒的介紹

第二節　威士忌的語源

第三節　威士忌的種類

第四節　以威士忌調製的雞尾酒

第一節　威士忌酒的介紹

威士忌的語源乃是由蓋爾語（Gaelic）的Uisge-beatha這個字轉變而來的，而Uisge-beatha則是由拉丁語Aqua Vitae直譯而來的，意指「生命之水」。看來，在十五世紀，蘇格蘭人似乎同時使用蓋爾語及拉丁語。「生命之水」這個字乃是鍊金術所使用的語彙，由此看來，威士忌與其他的蒸餾酒一樣，和鍊金術之間有著極深的淵源存在，可是威士忌到底起源於何時、何地，至今還是一團謎。據愛爾蘭的傳說，威士忌的蒸餾技術乃是由基督教的傳教士聖．帕得立克（St. Patric, 373-463）傳授給愛爾蘭人的。至於史書上的記載則是，當一一七二年英格蘭的亨利二世進攻愛爾蘭時，此地的人已經在啜飲從大麥蒸餾而成的酒了。在英格蘭，一四九四年財政部所記錄的蒸餾酒製造資料即是最初出現在公文書上的文獻。該文獻記載著：「修道士約翰．克給製造生命之水所需的發芽大麥。」

一七〇七年，英格蘭與愛爾蘭合併成大英帝國，一七一三年英國政府對愛爾蘭課徵麥芽稅（英格蘭也課稅），愛爾蘭人大爲不滿，於是格拉斯哥及艾連巴拉等地發生了大規模的暴動。另一方面，在英格蘭稅吏無法深入的高地地區，私釀的風氣也極爲猖狂。一八一四年，政府爲了杜絕小規模的製造業者，於是禁止民眾使用五百加侖以下的蒸餾器。由於這項禁令對使用小型蒸餾器的蒸餾業者打擊很大，於是他們紛紛加入高地地區的私釀行列。他們以麥的麥芽及埋在附近的泥炭爲燃料，至於酒桶則挪用雪利酒的空桶。

一八二三年，高地地區的大地主同時也是上議院議員亞歷山大・可侖，爲了消滅私釀威士忌的風氣，於是提出新稅制案，建議對小蒸餾廠課徵低稅金，使其合法釀酒，於是新威士忌法終於正式頒布。此時，第一個取得許可證的是格連利貝德的喬治・史密斯。格連利貝德地方的斯貝川上游溪谷，因爲地理及氣候風土非常好，所以是製造威士忌最適當的地方。據說史密斯取得許可證的時候，在私釀集中地區，那些沒有許可證的蒸餾廠，竟然高達二百家之多。現今，格連利貝德尚以著名釀酒地而名聞遐邇，不過唯有史密斯的「格連利貝德」才可加上定冠詞the。

一八二六年，愛爾蘭的蒸餾業者羅伯特・史坦因（Robert Stein）發明了連續式蒸餾機[1]。

一八三一年，愛爾蘭都柏林的收稅員愛涅亞斯・克菲（Aeneas Coffey）完成了克菲式的連續蒸餾機，並取得專利權。以後，這些連續式蒸餾機經過了多次的改良，羅蘭德地方於是出現了不少製造玉米威士忌的工廠。

一八五〇年，艾連巴拉的威士忌商人，也是格連利貝德代理店的主人安德烈・亞夏將玉米威士忌混合在「格連利貝德」麥芽威士忌中，製成混合蘇格蘭威士忌（Blended Scotch Whisky）正式出售，這種酒在倫敦非常受歡迎。另一方面，許多玉米威士忌的製造業者由於不斷地惡性競爭，導致多家廠商連續倒閉。有鑑於此，一八七七年羅蘭德地方的六家玉米威士忌大盤商聯合成立一家D.C.L.（Distillers Company Limited）股份公司，共同管理玉米威士忌的市場。

一八八〇年，法國葡萄園發生大蟲害，葡萄酒及白蘭地的生產遭到嚴重的打擊，因此葡萄酒及白蘭地無法輸入英國。當時，倫敦的上流階級只喜愛飲用紅葡萄酒及白蘭地，而向來不接近威士忌。溫斯頓・邱吉爾（Winston Churchill, 1874-1965）回憶往事時說：「父親除了到石南叢生的寒冷荒地狩獵外，從來不曾飲過威士忌（玉米），他是在世代飲用白蘭地蘇打水的家庭中長大的。」當時倫敦市場白蘭地極度缺貨，混合威士忌終於抬頭了。爲了和玉米威士忌業者成立的D.C.L.對抗，一八八五年，N.B.D.（North British Distilleries）公司成立。到了一八九〇年，這種酒廣受倫敦市民的歡迎，連喜愛琴酒的人也轉而喜歡這種酒。D.C.L.很快地察覺出此一動向，於是努力收買並建造釀製混合威士忌所必須的麥芽威士忌蒸餾廠。除了南、北美之外，他們也積極地輸往英屬殖民地，於是這種酒終於佔有廣大的市場。被稱爲五大名牌的海格、白牌、約翰走路、白馬牌、黑與白等著名威士忌就是此時崛起的。

一八九八年，快速成長的蘇格蘭里芝鎮之巴達森公司因過度擴充而倒閉，使蘇格蘭威士忌業界陷於恐慌之中。一些弱小的威士忌業者一個接著一個倒閉，而基礎已經穩固的D.C.L.不但能安然地渡過這次風暴，更以極低的價格購入多家蒸餾廠。藉著此次的機會，D.C.L.儼然以大企業的姿態獨佔了蘇格蘭威士忌的市場。一九二五年，也就是第一次世界大戰後，該公司吸收了HAIGHAIG（一八八八年設立的HAIG公司之分公司，專門負責混合與輸出業務）、沃卡（約翰走路）、布加南（黑與白）、得瓦（白牌）等公司，一九二七年又將馬奇公司（白馬牌）收入傘下，自此P.C.L.終於成爲蘇格蘭威士忌界的巨人了。該公司在頂峰時期所生產的酒量佔所有蘇格蘭威士忌的60％，佔全英國酒類的80％。

除了蘇格蘭威士忌的發源地——英國之外，其他的幾個國家像美國、加拿大及日本等，也都生產威士忌。一九二三年，鳥井信治郎爲日本開啓了生產威士忌的序幕。他在爲數不少的預定地中，選中了京都郊外的山崎來建設日本最初的蒸餾酒製造廠。該地除了水質佳之外，清澄的空氣以及由宇治川、木津川、桂川等三條川的水溫差所產生的霧，正適合釀造威士忌，並且離大阪、京都等大都市又近，要使不認識威士忌的日本人接受並喜歡這種蒸餾酒，此地乃是絕佳的場所。

一九二九年，正式的日本威士忌「山多利白牌威士忌」公開出售，一九三〇年出售「山多利紅牌威士忌」，一九三二年出售「山多利陳年牌」，這種牌子後來成爲世界最高級的商標。

當初日本生產威士忌時，評論界都說要在蘇格蘭以外的地區製造眞正的麥芽威士忌實在是荒唐之至，可是由於該酒的品質良好，以及第二次世界大戰後所導致的生活急速洋化，因此該酒遂大幅地擴張。現在，日本製造的威士忌無論在製造、儲藏、混合以及所有領域上都已達到世界最高級的水準，並且消費市場也僅次於美國之後，佔全世界第二位[2]。

第二節　威士忌的語源

威士忌的語源是源自Gaelic（蓋爾語、塞爾特語的一族）——Uisge-beatha，Uisge-beatha這個字演變成Usgebaugh，然後簡化成Usky，再轉爲whisky，最後演變成whiskey。原來的Uisge-beatha等於拉丁語的Aqua Vitae，它的意思是「生命之水」。

現在一般人所使用的威士忌拼音有whisky與whiskey兩種。大體上而言，蘇格蘭威士忌是使用ky，而愛爾蘭威士忌則使用key，日本及其他國家用ky。美國習慣上是ky與key併用，但法律用語則爲ky。據文獻記載，ky與key的不同乃是出自生意上的交易習慣，蘇格蘭威士忌稱爲ky，愛爾蘭威士忌則稱爲key[3]。

第三節　威士忌的種類

威士忌通常都是依據產地來分類，一般說來，共有蘇格蘭威士忌（Scotch whisky）、愛爾蘭威士忌（Irish whisky）、美國威士忌（America whisky）、加拿大威士忌（Canadian whisky）、日本威士忌（Japanese whisky）等五種。這些威士忌不但產地不同，在原料、製法、風味等方面也都有所差異。關於世界五大威士忌的原料、混合法及蒸餾法，請參閱**表8-1**。其實，威士忌的定義極爲困難，大抵上而言，凡是用大麥麥芽來糖化穀類使它醱酵，等糖變爲酒精之後再蒸餾，然後放進橡木製的桶子裏釀成的酒都稱爲威士忌。

表8-1　威士忌的種類

	原料	混合法	蒸餾法	主要的商標
蘇格蘭	大麥麥芽、玉米	麥芽威士忌＋玉米威士忌	單式蒸餾器 連續式蒸餾機	丹布魯、海格等
愛爾蘭	大麥麥芽（不用泥炭）、大麥、玉米、其他	純威士忌＋玉米威士忌	單式蒸餾器（大型） 連續式蒸餾機	塔拉馬留
美國（波本）	玉米、稞麥、大麥、麥芽、其他	玉米威士忌則不混合（指純波本威士忌而言）	連續式蒸餾機	晨光牌、老傑特、I. W. 哈伯、恩吉安德艾治等
加拿大	玉米、稞麥、大麥麥芽、其他	基酒威士忌＋以稞麥爲主的加味威士忌	連續式蒸餾機	加拿大俱樂部等
日本（老牌）	大麥、玉米	玉米威士忌＋麥芽威士忌	單式蒸餾器 連續式蒸餾機	老牌、帝沙普等

一、依威士忌釀造的原料區分

(一)麥芽威士忌（malt whisky）

僅用大麥麥芽（malt）製造的威士忌稱爲麥芽威士忌。這種威士忌的製造過程是，用泥炭（peat）的燻煙來烤乾麥芽，使它具有特殊的燻煙香味，然後將煙燻後的麥芽糖化、醱酵，放在單式蒸餾器內蒸餾。比起玉米威士忌，這種酒蒸餾後所得到的酒精濃度較低，而且含有數百種其他成分，必須放在白橡木的桶子裏，經過長期緩慢醞釀而成。儲存中的麥芽威士忌由於種種的原因，每一桶都有其微妙的獨特性格，這種強烈、新鮮的性格，乃是構成混合威士忌的主幹。

(二)純麥芽威士忌（pure malt whisky）

將兩個以上的蒸餾廠製造出來的麥芽威士忌混合在一起，我們稱之爲混合麥芽威士忌（vatted malt whisky），由一個蒸餾廠所製造出來的則稱爲純粹麥芽威士忌（single malt whisky），兩者統稱爲純麥芽威士忌（pure malt whisky）。美國外銷的純麥芽威士忌都標示有all malt Scotch whisky及unblended Scotch whisky的字樣。

(三)純粹麥芽威士忌（single malt whisky）

用同一個蒸餾廠製造出來的威士忌釀成的威士忌稱爲純粹麥芽威士忌。製造時，通常都將同蒸餾廠所出產的威士忌放在大桶中摻和，但也有逐桶製造的情形。總之，這種酒的特點在於能夠表現出蒸餾廠獨特的個性，在廠牌方面，以有The的「格連利貝德」較爲著名。

(四)玉米威士忌（grain whisky）

指用大麥麥芽使玉米、稞麥、小麥、燕麥等穀類糖化、醱酵，然後放在連續式蒸餾機中蒸餾的威士忌而言，麥芽威士忌的性格強烈，被稱爲loud spirit，而玉米威士忌的風味柔和，故被稱爲silent spirit。另外，它的酒精濃度高，和麥芽威士忌一樣也是放在酒桶中儲存。

十九世紀末葉，以高原地帶爲主的麥芽派和羅蘭德的玉米派之間，對於玉米威士忌是否能列入威士忌之列而引起爭論，該項爭論最後鬧到法庭，一九〇九年路亞魯·克米遜判決玉米威士忌該列入威士忌的行列。

威士忌酒

(五)純威士忌（straight whisky）

它是指沒有經過混合的威士忌（unblended whisky）而言。就愛爾蘭威士忌來說，所謂的純威士忌是指採用沒有燻煙過的大麥麥芽以及大麥、烏麥、小麥、王米等原料，放在大型的單式蒸餾器中蒸餾三次而成的酒。就美國來說，純威士忌是指在連續式蒸餾器中蒸餾出80％以下的酒精，然後將它放在白橡木桶中儲藏兩年以上的威士忌而言。在原料穀物的比例上，威士忌又可分爲波本（玉米51％以上）、玉米（玉米80％以上）、稞麥（稞麥51％以上）、小麥（小麥51％以上）、麥芽（大麥麥芽51％以上）、稞麥·麥芽（稞麥·麥芽51％以上）等六種。除了純威士忌之外，其餘的全放入內側烤焦的白橡木新桶內醞釀。

二、依產地區分

(一)蘇格蘭威士忌（Scotch whisky）

蘇格蘭威士忌只不過是高地人所釀的酒而已，爲什麼能夠成爲世界名酒呢？其起因是，一八五三年「格連利貝德威士忌」的代理店主人安德烈・亞夏（Andrew Usher）將麥芽威士忌與玉米威士忌混合在一起。麥芽威士忌是用泥炭燻過的大麥麥芽爲原料製成的，並不摻雜任何別的原料，將這種酒性強的麥芽威士忌混合酒性溫和的玉米威士忌，則成爲具有柔和風味的混合蘇格蘭威士忌，這種威士忌深受世界各國人士的喜愛。

(二)愛爾蘭威士忌（Irish whisky）

據說愛爾蘭的威士忌歷史比蘇格蘭威士忌還古老。根據記錄顯示，一七七〇年左右就有類似威士忌的蒸餾酒出現。該酒的成長狀況相當順利，可是進入二十世紀初葉，由於混合蘇格蘭威士忌的出現，該酒深受打擊。從一九六六年以後，它脫離了長久以來的面目，換上純威士忌的身分，接著又和玉米威士忌混合，成爲混合威士忌。

純威士忌能夠左右愛爾蘭威士忌的品質，而純威士忌的主要原料則是大麥、烏麥、稞麥、小麥、玉米等，其製造過程是在上述的原料中，加上沒有經過泥炭燻煙的大麥威士忌，放在大型的單式蒸餾器中蒸餾三次。這種酒由於不具泥炭香味，而且反覆蒸餾過三次，所以酒精濃度高，而風味也比蘇格蘭的麥芽威士忌稍淡。這種酒和酒性溫和的麥芽威士忌混合後，酒性極淡，又有一股怡人的香味，嚐起來也不會苦澀，在所有的廠牌中以塔拉馬雷較佳。

(三)加拿大威士忌（Canadian whisky）

加拿大開始蒸餾威士忌是在十八世紀中葉，一七八七年魁北克（Quebec）有三廠蒸餾廠，蒙特婁（Montreal）有一家蒸餾廠，都是屬於專業性的。這種初期的威士忌為稞麥威士忌，它的酒性相當強烈。進入十九世紀後，加拿大從英國引進連續式蒸餾器，開始生產由大量玉米製成的威士忌，這種威士忌的口味較輕淡。二十世紀後，由於美國實施禁酒令，加拿大威士忌因而能蓬勃發展。由於威士忌必須裝在桶中醞釀，所以從蒸餾到完成必須花費一段時間。禁酒法廢除後的數年內，美國的蒸餾業者無法推出品質良好的威士忌，在這段空白的期間，加拿大威士忌便橫掃美國市場。目前擁有龐大酒類企業的加拿大裔商人，即是藉禁酒法起家的。現在，半數的加拿大威士忌都是用基酒威士忌（base whisky）與加味威士忌（flavoring whisky）混合而成的。這種威士忌據說是世界上所有威士忌中口味最輕淡的。代表性的名牌酒是加拿大俱樂部（Canadian club）。

1.基酒威士忌（base whisky）

以玉米為主要原料，再加上少量的大麥麥芽使其糖化、醱酵，然後放入連續蒸餾器中蒸餾，這就是基酒威士忌，也就是所謂的玉米威士忌（grain whisky）的製法。以稞麥為主所製成的加味威士忌如果和玉米威士忌混合，就成為加拿大威士忌。

2.加味威士忌（flavoring whisky）

以稞麥為主要原料，再加上玉米、大麥麥芽等穀類，使其糖化、醱酵，然後放入連續式蒸餾器中蒸餾，即是所謂的加味威士忌。製造加拿大威士忌時就是用這種酒做為原酒，再與基酒威士忌混合而成。混合後，在威士忌的原料比例上，稞麥如果佔15%，就稱爲稞麥威士忌（rye whisky）。

(四)美國威士忌（American whisky）

所有美國出產的威士忌都稱爲美國威士忌。美國威士忌在商業界的習慣上都拼成whiskey，但是法律用語則拼成ky。通常我們所飲用的美國威士忌共有純波本威士忌（straight Bourbon whisky）、純稞麥威士忌（straight rye whisky）、美國混合威士忌（American blended whisky）三種，不過美國國內法對於威士忌酒的定義與製造法有詳細的規定，**表8-2**即是主要的威士忌酒一覽表。

1.純稞麥威士忌（straight rye whisky）

美國國內有關威士忌的最古老記錄是在一七七〇年，該記錄寫著「在匹茲堡製造由穀物蒸餾而成的酒」。根據該項的記錄，

表8-2　美國威士忌的種類

大分類	中分類	細分類
稞麥威士忌 波本威士忌 玉米威士忌 小麥威士忌 麥芽威士忌 稞麥麥芽威士忌	純威士忌	純威士忌混合種（A blend of straight whisky）
	純稞麥威士忌、純波本威士忌、純玉米威士忌、純小麥威士忌、純稞麥麥芽威士忌	純稞麥威士忌混合種、純波本威士忌混合種、純玉米威士忌混合種、純小麥威士忌混合種、純麥芽威士忌混合種、純稞麥麥芽威士忌混合種
	混合威士忌	混合稞麥威士忌（以下則依上述爲準則，如波本、玉米……等）
	美國混合威士忌	
	陳年威士忌	
	烈威士忌	
	淡威士忌	

我們似乎可以斷定新大陸最古老的威士忌是稞麥威士忌。據說美國第一位總統喬治·華盛頓年輕時，亦曾在維吉尼亞州自己的農場上製造稞麥威士忌出售。

製造這種酒時，稞麥佔原料的41％以上，至於其他方面則與波本威士忌相同。蒸餾時，它的酒精濃度必須保持在40％及80％之間，然後放入內側燒焦的白橡木新桶內儲藏兩年以上。

2.純波本威士忌（straight Bourbon whisky）

波本的歷史與美國獨立歷史共同起步。當一七八九年華盛頓就任美國第一任總統時，肯塔基州波本郡的一位浸禮牧師以利亞·克雷克（Elijah Craig）以附近的玉米為原料製出威士忌酒，這種酒即是波本威士忌的先祖。波本威士忌是用51％以上的玉米加上稞麥、大麥麥芽等為原料，然後放進連續式蒸餾器中蒸餾至酒精濃度在40％到80％之間，再裝入內側燒焦的新白橡木桶儲藏兩年以上。這種威士忌會因為玉米量的多寡、醱酵法、蒸餾的酒精度數，以及醞釀的期間等各種因素，而製出風格不同的酒來。由於商標上的差異，這種酒在口味上富有很多變化，有的香味濃郁、酒性輕淡，有的香味濃厚、酒性強烈。代表性的酒是I. W.哈伯（I. W. Harrer）、晨光牌（Early Times）、老傑特（Old Charter）、恩吉安德艾治、J. W. 蘭德等。

純波本威士忌有兩種醱酵法，sweet mash法是在糖化液內加入純粹培養的酵母進行的。sour mash法是J. W. 唐（J. W. Dant）在一八三六年發明的。製造方法是先將少量的培養酵母放進糖化液內，再加入上次的醱酵液（wash）（至少要1/3），當醱酵液經一段時間緩慢地醱酵後，就可釀出香味濃郁的醱酵液了。J. W.唐將第一批用sour mash製造出來的波本冠上自己的名字，這就是波畢拉波本（Popular Bourbon）的傑作「J. W. 唐」誕生的過程。現在，大多數出色的波本都是採用sour mash法釀製的。

3.田納西威士忌（Tennessee whiskey）

有的威士忌在法律用語上稱為純波本威士忌，但私底下卻有另一個名字，那就是田納西威士忌，而「傑克・丹尼爾」（Jack Daniel）即是此酒中的翹楚。一八六六年時，住在田納西州林治巴克村的傑克・丹尼爾，發現一處會湧出清水的石灰岩洞穴，於是便在該泉的附近建造蒸餾廠，這也是第一座正式被美國政府承認的蒸餾廠。該廠在製造的過程中加入了炭層柔化法過濾蒸餾完成的波本威士忌。經過這種獨特的製造程序生產出來的威士忌，便具有其他純波本威士忌所沒有的清香，而味道也不苦澀。所以，「傑克・丹尼爾」被評為── 該酒乃是一種珍貴的酒（sipping whisky），必須一滴一滴慢慢品嚐。

4.美國混合威士忌（American blended whisky）

最受一般美國人歡迎的威士忌就是波本與美國混合威士忌。後者的製造過程是，將20%以上的100 proof（50度）純威士忌和其他威士忌或中性烈威士忌混合，使其酒精度維持在80 proof（40度）以上後裝瓶。這種酒輕淡不苦澀，從禁酒令以後便廣受一般人喜愛。代表性的商標是「雪雷・帝沙普」，它是35%的純波本威士忌混合65%的淡威士忌製成的高級品。

5.陳年威士忌（bonded whisky）

指在保稅倉庫中儲藏並裝瓶的威士忌或政府發行的威士忌而言。依據一八九七年的Bottled in Bond Act法，在該處儲藏的威士忌必須桶存四年以上，同時在裝瓶時須有政府官員在場監督。這項法律不但能使政府確實地課稅，而生產者付稅的期限也可延長。截至一九五八年為止的二十年間，保稅儲藏尚進行得不錯，可是現在幾乎已形同廢文了。這種瓶裝的威士忌在標籤上都印有Bottled in Bond的字樣。

6.美國烈威士忌（spirits whisky）

在美國威士忌的分類上，凡是用5％至20％濃度的純威士忌爲原酒，其餘用威士忌或中性烈威士忌來補足的酒，都可稱爲烈威士忌。

7.美國淡威士忌（light whisky）

在美國威士忌的分類上，凡是用穀類爲原料，在連續式蒸餾機內蒸餾至酒精度爲80％至95％後，放入桶內儲藏的威士忌都稱爲淡威士忌。儲存用的桶子必須是內側不經燒烤的新白橡木桶，或是裝過波本威士忌的舊桶。這種酒通常用來和其他的酒混合，製成美國混合威士忌。另外，在風味上而言，淡威士忌這個名詞具有「輕淡、清爽的威士忌」之意。在醞釀成熟的麥芽威士忌中，淡威士忌往往選擇較輕淡的典型來製造，山多利威士忌即是後者的代表。

(五)日本威士忌（Japanese whisky）

在五大威士忌中，蘇格蘭威士忌和日本威士忌可說是同類型的威士忌，因爲它們都是麥芽威士忌混合玉米威士忌所製成的。不過，依據日本的酒稅法，這種酒由於原酒的混合比例不同，必須分成特級、一級、二級（包括輸入酒在內）。

日本威士忌（山多利威士忌）與蘇格蘭威士忌的差別是在香味與味道上。在香味方面，蘇格蘭威士忌有濃郁的泥炭燻香，而日本威士忌則儘量減少泥炭香味，使自然醞釀的香味能脫穎而出。日本威士忌之所以這麼受歡迎，原因之一是它經常使泥炭燻香與自然醞釀的香味保持在一定的微妙比例。另外，日本威士忌與蘇格蘭威士忌最大的差別是「味道」，日本人重視味道比重視香味更甚。蘇格蘭威士忌在鑑定酒的品質時，重點往往放在香味上面，而山多利在鑑定時，卻是香味、味道雙管齊下。所以，用水來稀釋山多利時，它的香味與味道不但不會走樣，反而更加香郁、可口。

1. 原酒

日本酒稅法上的用語。麥芽威士忌及玉米威士忌都屬於威士忌原酒。在蘇格蘭的法律上，這兩種原料、製造法及酒質上大異其趣的威士忌，並沒有立法加以區分。由於酒稅法上對一級、二級的原酒含有量有所限制，所以麥芽威士忌必須用玉米烈威士忌等來滲和，但是特級的山多利卻完全由原酒構成的。

2. 玉米烈威士忌（grain spirits whisky）

用穀物爲原料，經過糖化、醱酵後放入連續式蒸餾機內蒸餾至酒精濃度爲95％以上，這種酒稱爲玉米烈威士忌。它與中烈性威士忌（neutral spirits whisky）的差別在於它必須使用穀類爲原料；而與玉米威士忌之間的差別在於大麥的使用及蒸餾的酒精濃度不同。一般而言，玉米威士忌的酒精濃度都在95％以下。這種酒除了供混合威士忌使用外，做爲琴酒、伏特加等的基酒也廣受世界人士歡迎。

3. 中性烈威士忌

這種酒必須放在連續式蒸餾機內蒸餾至酒精濃度爲95％以上，它是酒性很溫和（中性）的烈威士忌。這種酒通常是使用製蘭姆用的糖蜜來製造，由於精製純度高，原料的性格完全不會殘留在酒中，故而稱爲中性烈威士忌。

以威士忌調製的雞尾酒

威士忌酸酒（whisky sour）

(一)成分：

❶ 1.5 oz波本威士忌　❷ 3/4 oz檸檬汁　❸ 3/4 oz糖水

(二)調製方法：搖盪法

(三)裝飾物：柳橙片、紅櫻桃

(四)杯器皿：酸酒杯

古典酒（old-fashioned）

(一)成分：

❶ 1 oz波本威士忌　❷ 1塊方糖　❸ 1 dash苦精

(二)調製方法：直接注入法

(三)裝飾物：檸檬皮、柳橙片、紅櫻桃

(四)杯器皿：古典杯

這是一種以威士忌爲基酒的古典式雞尾酒。正因爲它歷史悠遠，所以有許多種變型配方。根據傳說，該雞尾酒是由肯塔基州路易比爾地方的班帝尼斯俱樂部（Pendennis club）之酒保首創的，目的是服務俱樂部的賽馬迷。當初，該酒附有薄荷樹枝，和薄荷茱莉普極相似，在一八○○年代的報紙就曾刊載過：「薄荷茱莉普的調法正如『老式酒』一樣。」一九一四年，它已經開始使用老式酒杯了。據說，由於波本家族（Bourbon Line）的詹姆斯・貝巴上校（Coljames Pepper）其人，該酒才被傳到東海岸。那時候，在配方上面已用上方糖一項了。至於杯底較厚的問題，有人說是爲了船上使用方便，有人說是爲了怕調酒棒在搗碎方糖與薄荷時弄破了杯子，因此才將杯底加厚。那些不太相信這種說

威士忌酸酒
古典酒

法的人們，一旦坐上酒吧檯上，也會互相交換各種故事來源。總之，只要酒喝起來不錯，故事的眞僞倒不太重要。

曼哈頓（Manhattan）

(一)成分：

❶ 1.5 oz波本威士忌 ❷ 3/4 oz甜苦艾酒 ❸ 1 dash苦精

(二)調製方法：攪拌法

(三)裝飾物：紅櫻桃

(四)杯器皿：雞尾酒杯

它和馬丁尼一樣，也是一種議論頗多的雞尾酒。可是，不曉得那個聰明的先生爲曼哈頓下了一個特別的宣言說，完美的曼哈頓必須再加進少許等量的甜苦艾酒及辛辣苦艾酒（這即是所謂的「完美曼哈頓」）。不過，酒保心目中所認爲的完美馬丁尼，其實就是酒單上的完美曼哈頓。美國的東海岸幾乎都以混合威士忌來調製，而西海岸則用波本威士忌來調製。不用說，東海岸有東海岸的故事，西海岸也有西海岸特有的西部情節。首先我們來談談東部典故：據說，該酒乃是英國首相邱吉爾的母親創始的。這位女士出生於美國，本名叫珍妮·傑得姆。她的父親是位銀行家，也就是以創辦美國賽馬俱樂部而名聞遐邇的雷那德·傑得姆（1817-1891）。珍妮在紐約的社交界極爲活躍，一八七六年第十九任美國總統大選時，她爲了支持紐約州長撒母爾·狄爾登（Samuel J. Tilden），於是在紐約的曼哈頓俱樂部舉行宴會，席中所飲的即是「曼哈頓雞尾酒」。此次大選的結果造成史上稀有的混亂，最後狄爾登落敗，拉塞福·B·海斯（Rutherford B. Hayes）登上總統寶座。至於西部的典故是：一八四六年，有位名叫甘曼的人推開馬里蘭州（Maryland）某家酒店的迴旋門時，酒保見他身上負著傷，於是趕緊調製一杯威士忌加糖漿的混合飲料給他提神，該飲

曼哈頓
百萬富翁

料傳到紐約後更添加了苦艾酒，並且冠以「曼哈頓」這個市中心地區的名稱。據說，曼哈頓是一個阿魯肯金族的印地安人(Algonquin Indian)，他曾將自己的土地賣給某個荷蘭人，所得的代價只不過是價值約二十四美元左右的玻璃彈珠。另一個更特別的說法是，當時荷蘭人如果要購買土地，都會設法讓印地安酋長喝得爛醉，然後雙方再簽契約，當酋長清醒後，往往會以「我當時Manhattan（爛醉），所以契約無效」的理由毀約。那些荷蘭人聽不太懂，誤以爲酋長所說的Manhattan是在告訴他土地的所在位置。其實，在阿魯肯金族的語彙中，Manhattan是指爛醉而言。再一種說法是，當時讓酋長喝的酒是用多種酒調成的，而該酒即是曼哈頓雞尾酒的原始配方。

百萬富翁

(一)成分：

❶ 1.5 oz威士忌 ❷ 1/2 oz橙皮香甜酒 ❸ 1/2 oz紅石榴糖漿 ❹ 蛋白一個

(二)調製方法：搖盪法

(三)裝飾物：無

(四)杯器皿：雞尾酒杯

紐約

(一)成分：

❶ 1.5 oz波本威士忌 ❷ 1/2 oz萊姆汁 ❸ 1/4 oz紅石榴糖漿

(二)調製方法：搖盪法

(三)裝飾物：柳橙片

(四)杯器皿：可林杯

教父

(一)成分：

❶ 1 oz蘇格蘭威士忌　❷ 1/2 oz杏仁香甜酒

(二)調製方法：直接注入法

(三)裝飾物：紅櫻桃

(四)杯器皿：古典杯

紐約

習 題

是非題

( ) 1.當客人點whiskey（dry），表示威士忌加奎寧水(tonic water)。

( ) 2.蘇格蘭威士忌（Scotch whisky）有一種特殊的香氣即為炭香。

( ) 3.曼哈頓（Manhattan）是一種雞尾酒，其採用的裝飾物是紅心橄欖。

( ) 4.威士忌是一種蒸餾酒，主要原料是馬鈴薯。

( ) 5.波本威士忌（Bourbon whiskey）所含的玉米原料須在51%以上。

( ) 6.愛爾蘭的威士忌是採用泥煤燻過的原料製成。

( ) 7.點叫一杯蘇格蘭威士忌（Scotch straight），它的調配法是採用直接注入。

( ) 8.古典酒（old-fashioned）的調配方法是用直接注入法法調配。

( ) 9.曼哈頓雞尾酒的調配方法是用攪拌法（stirring）法調配。

( ) 10.蘇格蘭威士忌比白蘭地的味道較辛辣。

( ) 11.波本威士忌在whiskey酒中是較甜的whiskey。

選擇題

( ) 1.波本威士忌是屬於那一國的whiskey？ (A)美國 (B)加拿大 (C)義大利 (D)英國。

( ) 2.一般蒸餾酒酒精度是 (A)30~35度 (B)37~43度

(C)45~55度(D)60~95度。

(　　) 3.英國Scotch whiskey的酒齡如果是十二年，是屬何種等級的whiskey？ (A)標準品(B)加拿大(C)義大利(D)杜松子。

(　　) 4.曼哈頓（Manhattan）是一種雞尾酒，其基酒是(A)琴酒(B) 威士忌(C)白蘭地(D)伏特加。

(　　) 5.威士忌酸酒（whiskey sour）是一種雞尾酒，是採用下列那一種方法調製？ (A)搖盪法（shaking）(B)直接注入法（building）(C)電動攪拌機法（blending）(D)攪拌法（stirring）。

(　　) 6.加冰塊飲用"on the rocks"的飲料是採用下列那一種方法調製？ (A)搖盪法(B)攪拌法(C)直接注入法(D)電動攪拌機法。

(　　) 7.威士忌可樂（whiskey coke）是使用下列那一種杯子盛裝？ (A)馬丁尼杯(B)高飛球杯(C)甜酒杯(D)白蘭地杯。

(　　) 8威士忌剛蒸餾出來是無色的，它的顏色的由來是因爲經過下列何者的陳年儲存？ (A)陶甕(B)玻璃瓶(C)橡木桶(D)鋼桶。

(　　) 9.以下那一種酒的原料有用到玉米？ (A)白蘭酒(B)蘭姆酒(C)雪莉酒(D)波本威士忌。

(　　) 10.下列何者以搖盪法調製雞尾酒？ (A)gin tonic (B)campari soda (C)whiskey sour (D)B&B。

(　　) 11.愛爾蘭威士忌（Irish whisky）的蒸餾次數是 (A)1次(B)2次(C)3次(D)4次。

(　　) 12.蘇格蘭威士忌（Scotch whisky）的法定儲存年限最

少是幾年？ (A)2年 (B)3年 (C)4年 (D)6年。

( ) 13.波本威士忌（Bourbon whiskey）的酒精含量，不得超過 (A)43% (B)50% (C)52.5% (D)62.5%。

( ) 14.英國的穀物威士忌（grain whisky）規定，大麥含量是 (A)10% (B)20% (C)30% (D)40%。

( ) 15.要爲曼哈頓（Manhattan）雞尾酒裝飾，應準備何物？ (A)橄欖 (B)紅櫻桃 (C)小洋蔥 (D)荳蔻粉。

註釋

1.Costas K. & Mary P., *The Bar and Beverage Book* (U.S.A.: John Wiley & Sons Inc., 1991), Second edition. p.32.
2.福西英三，《酒吧經營及調酒師手冊》，香港：飲食天地出版社，頁215。
3.吳克祥，《酒吧操作實務》，遼寧科學技術出版社，頁218。

第九章　琴　酒

第一節　琴酒的起源與語源
第二節　琴酒的種類
第三節　以琴酒調製的雞尾酒

第一節　琴酒的起源與語源

琴酒是荷蘭來登（Leiden）大學的教授西爾培斯（Sylvius）於一六六〇年製造成功的。起初，他製造該酒的目的是爲了替活動於東印度地域的荷蘭籍海員及移民們預防熱帶性疾病，其作法是將杜松漿果浸於酒精中後加以蒸餾而成。西爾培斯教授替自己製成的藥酒取了一個具有杜松漿果之意的法國名字——喬尼威（Genievre），並在來登市內公開販賣，後來這種酒成爲代表荷蘭的一種酒。一六八九年，威廉三世由荷蘭抵英繼承英國王位，於是杜松子酒遂傳入英國，改名爲琴酒，受到空前的歡迎。十八世紀前葉，由於琴酒廣受英國人的喜愛，所以有「琴酒時代」的暱稱，英國琴酒的生產量甚至凌駕了荷蘭。一八三〇年以後，由於連續式蒸餾機急速地進步，於是完美無缺、口味清淡的近代式辛辣琴酒就因應而生了[1]。

琴酒傳入了美國後，由於被廣用在雞尾酒的基酒上，因而更受到一般人的喜愛，它受人歡迎的程度，可以由「荷蘭人製酒，英國人改造，美國人加以發揚光大」這句話看出端倪。

第二節　琴酒的種類

杜松子是屬於松柏類的常綠樹，爲了使琴酒散發出獨特的香味，它的果實（杜松漿果）乃是不可或缺的原料，同時琴酒（gin）的語源也是源自杜松漿果（juniper berry）這個字而來的。

琴酒可分爲荷蘭式琴酒（杜松子酒）及英國式琴酒兩大類。

辛辣琴酒最具有英國式琴酒的風味，另外，帶有甜味的老湯姆琴酒、香味馥郁的普里茅斯琴酒，以及散發水果清香的加味琴酒等，也都屬於英式琴酒之列。在德國，也有一種稱之爲史坦因海卡的琴酒。

一、辛辣琴酒（dry gin）

一般所說的琴酒乃是指辛辣琴酒而言。它是以稞麥、玉米等爲材料，經過糖化、醱酵過程後，放入連續式蒸餾機中蒸餾出純度高的玉米酒精，然後再加入杜松漿果等香味原料，重新放入單式蒸餾器中蒸餾。其實，我們可以說，辛辣琴酒的風格是由玉米酒精決定的，而香味則能添加它的特性。英國J. 巴羅公司出產的「必菲打」及日本山多利出產的辛辣琴酒「專業者」（Professional），無論是在香氣或辛辣感上都有極高的評價，是辛辣琴酒的代表。

二、杜松子酒（geneva）

荷蘭式的琴酒被冠以杜松子酒、Jenever、Dutch Geneva、Hollands、Schiedam等稱呼。它是採用大麥麥芽、玉米、稞麥等爲原料，將之糖化、醱酵後，放入單式蒸餾器中蒸餾，然後再將杜松漿果與其他香草類加入該蒸餾液中，重新用單式蒸餾器蒸餾而成的酒。這種方法製出來的酒除了具有濃郁的香氣外，還帶有麥芽香味。杜松子酒較適合純飲，而不適合做爲雞尾酒的基酒。

三、老湯姆琴酒（old Tom gin）

在辛辣琴酒內加入1％至2％的糖分則可製出老湯姆琴酒來。十八世紀時，倫敦的琴酒販賣店往往在自己的店門口放置一架雄貓形狀的販賣機，只要將硬幣投入雄貓的口中，帶有甜味的琴酒便會出現在雄貓的腳部，這種販賣方式很受大眾的歡迎。由於雄貓的名字為湯姆（Tom cat），所以這種琴酒才稱為老湯姆。另外，據羅德．金諾斯（Lord Kinross）所著的《家族精神》（*The Kindred Spirits*）一書中所述，這種雄貓的裝置乃是由杜德里．布萊德斯特律船長（Captain Dudley Bradstreet）所發明的。書中說，船長在倫敦市內租了一戶房子，並在一樓的窗子上貼上雄貓的商標，然後將鉛製的管子裝在貓的腳下，而管子的另一端則藏在屋內並裝上漏斗，當行人將硬幣投入雄貓口中，並小聲地說「貓咪，請給我一杯琴酒」，則琴酒會從管子流出來[2]。

四、普里茅斯琴酒（Plymouth gin）

十八世紀後，在英格蘭西南部的普里茅斯軍港所出產的香味濃郁的辛辣琴酒，被稱為普里茅斯琴酒。據說，最先製造這種酒的地方是丹尼克派（Dominico）的修道院。

五、史坦因海卡（Steinhager）

在德國製造的荷蘭琴酒系列之琴酒稱為史坦因海卡。在數世紀之前，該酒創始於德國威西法里亞州的史坦因海卡村，故而以此命名。它的製造過程是，將醱酵完成的杜松漿果放入單式蒸餾器中蒸餾後，再加入玉米酒精，重新蒸餾一次。

六、加味琴酒（flavored gin）

這是一種以水果，而不是以杜松漿果來增加香氣的甜味琴酒。在日本及美國，它被視爲香甜酒的一種，可是歐洲諸國大都將它歸屬於琴酒[3]。

以琴酒調製的雞尾酒

新加坡司令（Singapore sling）

(一)成分：

❶ 1 oz琴酒 ❷ 1 oz檸檬汁 ❸ 1/2 oz紅石榴糖漿 ❹ 八分滿蘇打水 ❺ 1/2 oz櫻桃白蘭地酒

(二)調製方法：搖盪法

(三)杯飾：檸檬片、紅櫻桃

(四)杯器皿：可林杯

據說它是由新加坡的拉普魯飯店首創的。拉普魯這個名稱則來自新加坡的建設者湯瑪斯·史坦福·拉福斯（Sir Thomas Stamford Raffles, 1781-1826）其人；史林是由德語Schlingen（嚥下）轉變而來的。「新加坡史林」的原型爲一種稱之爲"The Sling"、"Gin Sling"的飲料，其古老配方是琴酒、水、砂糖及一塊冰塊。在時間緩慢流逝的午後，喝一杯這種酒是最好不過的享受。

粉紅佳人（pink lady）

(一)成分：

❶ 1 oz琴酒 ❷ 1/2 oz蛋白 ❸ 1/2 oz檸檬汁 ❹ 1/4 oz紅石榴糖漿

(二)調製方法：搖盪法

(三)杯飾：無

(四)杯皿：雞尾酒杯

本雞尾酒的名稱來自一九一二年海賽兒·倫所主演的「粉紅佳人」。一九四四年，海倫·海斯（Helen Hayes)在「生日快樂」(Happy Birthday)一片中，即是一面啜飲這種雞尾酒，一面在酒吧檯上翩翩起舞。在日本方面，那些開始接觸酒店的少男、少女，最先愛上的便是這種「粉紅佳人」。

馬丁尼（Martini）

(一)成分：

❶ 1.5 oz琴酒　❷ 3/4 oz不甜苦艾酒

(二)調製方法：攪拌法

(三)杯飾：橄欖（檸檬皮）

(四)杯皿：雞尾酒杯

現在我們來談談馬丁尼。據說，該雞尾酒的原型在十九世紀中葉被稱爲「琴和義大利苦艾酒」(Gin and Italian Vermouth)，現在還有不少人喜歡用「琴和它」(Gin and It) 來稱呼它，由此可見，知道這個典故的人還爲數不少呢。義大利特里諾市 (Torino) 的廠商魯丁尼・羅西公司 (Martini & Rossi) 預先看出該酒的潛力，於是將原有的苦艾酒換成該公司的苦艾酒，然後冠以Martini cocktail的稱呼，並實施擴賣活動。後來，羅西公司的廠長訪美時，發現美國人較喜愛辛辣的口味，於是著手改良「琴和它」，用辛辣苦艾酒代替原本的苦艾酒，這項行動雖然有反對的聲浪，但卻在美國受到廣大民眾的喜愛。據說，馬丁尼是由美國人創始的。起初，該酒名爲「馬魯吉尼斯雞尾酒」(Martinez cocktail)，是由一位名叫傑利・湯瑪斯 (Jerry Thomas) 的舊金山名酒保創始的，它的原始配方是琴酒與甜味苦艾酒各半（即Gin and It)。事情是這樣的，有一天，一位宿醉的酒客出現在湯瑪斯服務的店裏，要求一杯解酒的良藥，於是湯瑪斯便爲他調製了「琴和它」。當那位客人喝下該酒而恢復精神後，湯瑪斯便問他欲往何處，那名客人回答說，要到加利福尼亞州的馬魯吉尼斯 (Martinez)，於是該酒的名稱就這麼決定下來了。另外的一則說法是，該酒乃紐

SPECIAL QUALITY
EST. 1899
SUNTORY
WHISKY
KAKUBIN
SELECTED WHISKIES

新加坡司令

粉紅佳人

SUNTORY
WHISKY
琴湯尼
馬丁尼

約的「紐約荷商飯店」之酒保馬丁尼‧雷‧艾瑪‧塔吉亞(Martini di Arma Taggia)，爲石油大王約翰‧D‧洛克斐勒而特地調配的，他是第一位將辛辣琴酒拿來和辛辣苦艾酒配對的人。不過，馬丁尼的嗜好者卻有許多飲法。例如，海明威所著的《渡過河衝進叢林內》中，就有15對1的特辛辣馬丁尼出現；故英國首相邱吉爾的一面觀賞苦艾酒瓶的喝法，詹姆斯‧龐德的"Shaken, not Stirred"等，也都別樹一格。其中龐德式的搖盪式雖能使材料完全冷卻，但卻往往調出口味變淡的飲料來，因此在一九七六年，約翰‧道格謝得提出著名的"Stirred-Notshaken"(攪拌而不搖盪)的馬丁尼學，以反駁"Shaken, not Stirred"的說法。很多人對馬丁尼的意見都集中在銳利的口味及幾近無色的黃金色澤上面。如果你也有相同的問題，不妨用攪拌的方式調製。至於檸檬皮部分則比較複雜。有的人喜歡用檸檬水代替，有的人卻非新鮮檸檬不可，而且還要用刀子徹底剝去裏面的白皮，有的人喜歡將檸檬皮中的果油全部擰進杯中，但剩餘的果皮卻敬謝不敏，有的人則喜歡將擰過的果皮丟入杯中，甚至將大片的果片直接放入杯中不必擰油。

琴湯尼(Gin Tonic)

(一)成分：

❶ 1.5 oz琴酒　❷ 湯尼汽水加滿

(二)調製方法：攪拌法

(三)杯飾：檸檬片

(四)杯器皿：可林杯

吉普生（Gibson）

(一)成分：

❶ 1.5 oz琴酒 ❷ 3/4不甜苦艾酒

(二)調製方法：攪拌法

(三)杯飾：無

(四)杯器皿：雞尾酒杯

根據一項有力的說法，美國著名的插畫家查理·戴納·吉普生（Charles Dana Gibson）即是該雞尾酒的創始人。他筆下所描繪的吉普遜女孩（Gibson girl）乃是一八九○年典型的美國美女，這些畫中的美女個個氣質高貴，身穿典雅的服飾，手上還捧著一杯雞尾酒，據說該酒即是所謂的「吉普生雞尾酒」。事實上，沈在杯底的那粒白色珍珠洋蔥，的確可以讓人想起女孩子那白得幾乎可以看穿靜脈的肌膚。另外的一種說法是，該酒的創始人叫吉普生，是位美國大使，同時也是位徹底的禁酒主義者。他很討厭被旁人視爲滴酒不沾、不擅交際的人，於是每逢參加宴會時，便交代服務人員在倒滿白開水的酒杯中加入白色的珍珠洋蔥，佯裝自己也在啜飲雞尾酒。有的雞尾酒書籍雖然規定要放兩粒珍珠洋蔥，不過調製這種酒時可以隨自己的喜好丟入一或兩粒珍珠洋蔥。

青鳥

(一)成分：

❶ 1.5 oz琴酒 ❷ 1/2 oz白柑橘香甜酒 ❸ 1/4 oz藍柑橘糖漿 ❹ 1 dash苦精

(二)調製方法：攪拌法

(三)杯飾：檸檬皮

(四)杯器皿：雞尾酒杯

青鳥

吉普生

習　題

是非題

(　　) 1.一般的琴酒不需陳年（aging），但金黃色琴酒須用橡木桶加以陳年。

(　　) 2.長島冰茶（long island ice tea）是一種雞尾酒，其酒精濃度不高且加很多的茶。

(　　) 3.為節省用水，飲用水與非飲用水可用以清洗食品、器具。

(　　) 4.鮮奶有結塊現象是正常的。

(　　) 5.烈酒是一種高熱量、低營養之飲料。

(　　) 6.水果儲存愈久，營養素損失愈多。

(　　) 7.細菌的繁殖和溫度的關係是隨菌種而異。

(　　) 8.金黃色葡萄球菌感染食物時，只要加熱就沒有安全顧慮。

(　　) 9.調製飲料時，應盡量避免添加食用色素。

(　　) 10.飲料食品從業人員只要於新進時，健康檢查合格即可，以後不需再檢查。

(　　) 11.食品用洗潔劑亦是食品衛生管理法管理的對象。

(　　) 12.調製酒類飲料之場所及設施並無任何衛生標準。

(　　) 13.酒類不得含有任何防腐劑。

(　　) 14.吉普生（Gibson）其配方為琴酒（dry gin）、甜苦艾酒（sweet vermouth）及小洋蔥。

選擇題

(　　) 1.琴酒有一種清爽清香的味道是添加了何種香料？

(A)茴香(B)香草(C)薄荷(D)杜松子。

(　　) 2.吉普生（Gibson）是一種雞尾酒，其基酒是 (A)琴酒(B)白蘭地(C)伏特加(D)威士忌。

(　　) 3.一般馬丁尼（Martini）是採用下列何者為裝飾物？(A)櫻桃(B)紅心橄欖(C)小洋蔥珠(D)柳丁片。

(　　) 4.以下那一道雞尾酒配方有用到檸檬汁？ (A)馬丁尼（Martini） (B)曼哈頓（Manhattan） (C)亞歷山大（Alexander） (D)新加坡司令（Singapore sling）。

(　　) 5.下列何者不是新加坡司令的成分之一？ (A)琴酒(B)柳橙汁(C)檸檬汁(D)櫻桃白蘭地。

(　　) 6.罐裝番石榴汁（guava juice）未用完，其庫存方式最好是 (A)繼續存罐內，放入冰箱冷藏(B)加保鮮膜封緊(C)倒入加蓋玻璃器皿，存冰箱冷藏(D)即刻丟掉。

(　　) 7.酒吧人員以那種方式處理每日電氣設備的清潔保養工作最恰當？ (A)按照清潔保養表進行(B)請工程技術人員幫忙(C)找清潔工處理(D)請原供應商處理。

(　　) 8.製冰機如沒按時清潔保養，製造出來的冰塊形狀下列何者居多？ (A)不製冰塊(B)冰塊變霧白色(C)空心冰塊(D)冰塊龜裂。

(　　) 9.酒吧冷藏冰箱溫度應設定在華氏幾度？ (A)40~45度(B)32~36度(C)25~32度(D)0度以下。

(　　) 10.單杯售價的計算方式等於 (A)整瓶酒的進價乘「1加毛利」除杯數(B)整瓶酒的進價除杯數除售價(C)售價減「成本加費用」(D)整瓶酒的進價除以杯

數。

(　　) 11.吧檯補充酒類，「領貨」的最佳時段是 (A)早上 (B)下午 (C)上班前 (D)下班後。

(　　) 12.下列的文件，何者是每一位調酒員都要先熟記的？(A)酒吧營運記錄報告 (B)成本控制表 (C)營業日報表 (D)標準酒譜。

(　　) 13.濺溢軌道（spill rail）是調酒員調製酒的地方，它多久應清潔擦拭一次？ (A)每次使用均擦拭 (B)每日擦拭一次 (C)每月擦拭一次 (D)不必要清潔擦拭。

(　　) 14.快速酒架（speed rack）多久清潔擦拭一次？ (A)每次使用均擦拭 (B)每日擦拭一次 (C)每月擦拭一次 (D)不必要清潔擦拭。

(　　) 15.以下何者通常不屬於酒單上陳列的項目？ (A)配方 (B)價目 (C)酒名 (D)電腦序號。

註釋

1.Costas K. & Mary P., *The Bar and Beverage Book* (U.S.A.: John Wiley & Sons Inc., 1991), Second edition. p.68.
2.福西英三，《酒吧經營及調酒師手冊》，香港：飲食天地出版社，頁189。
3.吳克祥，《酒吧操作實務》，遼寧科學技術出版社，頁221。

第十章　蘭姆酒

第一節　蘭姆酒介紹

第二節　蘭姆酒的語源

第三節　蘭姆酒的種類

第四節　以蘭姆酒調製的雞尾酒

第一節　蘭姆酒介紹

蘭姆酒是一種帶海洋氣息以及男子夢想的酒，它的原產地是被加勒比海包圍著的西印度群島，製酒的原料爲甘蔗，當哥倫布發現新大陸後，這種原料也被引入南歐。據說，在十七世紀初葉移民到巴魯巴德斯島（安基爾群島中的一個小島）的英國人，是最初蒸餾蘭姆的人，不過根據另一種說法是，十六世紀橫渡波多黎各的西班牙探險家旁沙・德・利昂（Ponce de Leon）的探險員中，有人懂得蒸餾技術，於是便利用遍地的甘蔗製出蘭姆酒。不管那一種說法正確，蘭姆酒似乎在十七世紀就已經出現了。

此後，砂糖工業以牙買加島爲中心而發達起來，而蒸餾糖蜜的蒸餾業也跟著興盛、繁榮。進入十八世紀後，由於航海技術的進步及歐洲各國的殖民地政策，蘭姆扮演著極特殊的角色，那就是殖民史上頗有名的「三角貿易」。所謂的「三角貿易」是，首先用船將非洲的黑人載往西印度群島，然後再把糖蜜堆於空船上運往美國的新英格蘭，接著將糖蜜製成的蘭姆搬到船上運回非洲做爲購買黑人的代幣。就這樣，蘭姆在登上世界級酒類的過程中，卻有一段黑人奴隸的辛酸史。另外，十八至十九世紀稱霸世界海洋的英國海軍，往往用蘭姆來鼓舞士兵們的士氣。而下面所提的有關納爾遜（Nelson）提督的小插曲，也爲蘭姆贏得「大兵之酒」的印象[1]。

一八六二年，自西班牙移民到古巴的費肯德・白卡地（Facund Bacardi），首先製出無色、清淡的無色蘭姆（light rum），一九三〇年代，由於全美掀起雞尾酒熱，蘭姆終能以高尚、富有都市風味的烈酒身分，擠進世界級的地位。在日本，從一九七九年掀起的熱帶雞尾酒熱以來，它也成爲年輕一輩所注目的對象了。

納爾遜之血（Nolson 's Blood）：一八〇五年，英國所引以為傲的單眼獨臂大提督納爾遜（Horatio Nelson, 1758-1805）在特拉法加角（Trafalgar）海上戰死。勝利號（Victory）旗艦的士兵們將他的遺骸裝進蘭姆酒的酒桶內，運回本國。為了緬懷戰死的名將，士兵們便將當時極受歡迎的蘭姆稱為「納爾遜之血」。另一種說法是，將提督的屍體浸存於蘭姆酒的酒桶後，船便駛上歸程，可是抵達英國時卻發現，蘭姆酒幾乎被水兵們喝光了。自此，英國便稱蘭姆為「納爾遜之血」。雖然這段插曲聽來有些毛骨悚然，但卻有英國故事的味道。

Grog與Goggy：進入十八世紀後，發源於西印度群島的蘭姆終於輸入英國，並且成為英國海軍所不可欠缺的補給品。一七四二年，愛德華・維能（Edward Vemon, 1684-1742）提督頒佈一道命令——以前每日分配的半品脫蘭姆酒必須減半，不足的用水滲合。士兵們譏稱這種加水的蘭姆為Grog，同時也用這個字做為提督的渾號。另外，愛德華提督老是穿著一件磨破的外套，因此水兵們便為他取了個「老葛羅格」（Old Grog）的渾名。這種滲水的蘭姆酒很容易入口，所以士兵們往往飲到步履蹣跚的地步，Groggy這個字即是從此時開始沿用，意指此一狀態而言[2]。

第二節　蘭姆酒的語源

據一本有關英殖民地巴巴多斯（Barbados）島的古文書中記述道，「一六五一年烈酒誕生了，西印度群島的土著們稱它爲rumbullion，即指興奮、騷動的意思。」這本書乃是最早描述蘭姆的古文獻。在別的文獻上，rumbullion這個字似乎被拼成了rumbustion。

《酒店手冊》（*Pock Par Book*）的作者麥克·麥克森（Michael Jakson）在他的書中寫道：「從英國得文郡（Devonshire）的水夫所使用的方言中，似乎可找出一些蛛絲馬跡，證明蘭姆的語源來自該處，不過我還是認爲法語、西班牙語或具有砂糖之意的拉丁語Saccharum才是rum這個字的起源。」

另一種說法是，十八世紀時，壞血病猖獗於英國的水兵間，某位海軍大將用蘭姆酒給他們喝，因而治癒了這種疾病，於是這位大將博得了「老蘭米」（Old Rummy）的稱呼，而該飲料也改稱爲蘭姆（rum）。在當時的俗語，rum具有very good的意思。由於土著們是生平頭一次飲用蒸餾酒，所以大都喝得醉燻燻的，非常興奮（rumbullion），故而一般人使用rumbullion的開頭幾個字rum做爲該酒的酒名，而現在蘭姆的法語拼音rhum，西班牙拼音ron皆是由英語轉變而來的。

第三節　蘭姆酒的種類

一般而言，蘭姆都是依據風味與色澤來分類，並皆可分成三類。就風味上而言，它分成了清淡蘭姆（light rum）、中性蘭姆（medium rum）及濃蘭姆（heavy rum）等三種；就色澤上而言，可分成無色蘭姆（white rum）、金色蘭姆（gold rum）及黑色蘭姆（dark rum）[3]。

一、清淡蘭姆

蘭姆酒

這種酒味道精美、風味清淡，很受世界人士的歡迎。拿它來和蘇打水、湯尼汽水（tonic）、可樂等清淡飲料或種種香甜酒混合，也不失其獨特的風味與香氣，同時它也是調配雞尾酒時不可欠缺的基酒。一八六二年，白卡帝公司首次生產清淡蘭姆，它的製造過程是，將純培養的酵母和水放入糖蜜中使其醱酵，並在連續式蒸餾機內蒸餾，然後裝進內側不經燒焦的橡木桶中儲藏，一段時間後，再取出來讓它通過活性炭層中過濾。

二、中性蘭姆

它是介於濃蘭姆與清淡蘭姆之間的一種酒。這種酒不但保有蘭姆原有的風味與香味，而且不像濃蘭姆一樣帶有雜味，很適合做雞尾酒的基酒。它的製造過程是，加水在糖蜜上使其醱酵，然後僅取出浮在上面的清澄汁液加以蒸餾、桶存；在蒸餾法方面，舊英屬殖民地通常採用單式蒸餾器，而舊西班牙殖民地採用連續式蒸餾機。一般而言，該酒是以清淡蘭姆與濃蘭姆混合製成的，產地爲圭亞那（Guiana，舊英領殖民地）、馬丁尼克島（Martinique）、多明尼加（Dominica）、牙買加（Jamaica）等。

山多利蘭姆的原酒是輸自牙買加，在日本經過桶存、精製之後便成爲高品質的中性蘭姆。由於這種酒不苦澀，醞釀時間又長，所以很受大眾的歡迎。

三、濃蘭姆（Heavy Rum）

在所有的蘭姆中，這種酒的風味不但十足，色澤亦呈褐色。它的製造過程是，將採自甘蔗的糖蜜放置二至三日使其醱酵，然後再加入前次蒸餾時所留下的殘滓或甘蔗的蔗渣使其醱酵，如此就能使濃蘭姆發出獨特的香氣。爲了加強蘭姆香氣，有的甚至添加針槐（acacia）的樹枝或鳳梨絞出的汁液。這種酒必須放在單式蒸餾器中蒸餾，並裝入內側焦烤過的橡木桶中儲存數年。

該酒就屬牙買加（Jamaica）產的最爲有名，另外像馬丁尼克島（Martiniuqe）、帝美拉拉（Demerara）、新英格蘭（New England）及千里達—托貝哥（Trinidad and Tobago）等也出產此酒[4]。

四、無色蘭姆

指淡色或無色的蘭姆而言，它又稱爲銀色蘭姆（silver rum）。通常，它的製造過程是，讓桶存的蘭姆原酒通過活性炭炭層，以便去除雜味，這種方法製造出來的蘭姆呈無色透明狀。該酒經常被當作雞尾酒的基酒來使用。另外，山多利蘭姆（無色）、白卡地蘭姆（無色）等也都屬於無色蘭姆的一種。

五、金色蘭姆

它的顏色介於黑色蘭姆與無色蘭姆之間，又稱爲紅玉蘭姆(amber rum)，其色調與威士忌、白蘭地相近，山多利蘭姆（金色)、白卡地蘭姆（金色）等也都屬於金色蘭姆的一種。

六、黑色蘭姆

呈濃褐色，多產自牙買加，通常使用在烘製點心上，山多利蘭姆（黑色）屬黑色蘭姆的一種。

邁泰
黛克瑞

以蘭姆酒調製的雞尾酒

黛克瑞（Daiquiri）

(一)成分：

❶ 1 oz蘭姆酒 ❷ 1 oz檸檬汁 ❸ 1 oz糖漿

(二)調製方法：搖盪法

(三)裝飾物：無

(四)杯器皿：雞尾酒杯

黛克瑞爲礦山的名字，位於古巴的聖加哥市郊，它之所以會冠上黛克瑞這個名字，大概是因爲該山的附近有座名爲黛克瑞的村落之故。這座礦山到底是銅山、鎳山，還是鐵山，眾說紛紜，沒有一個正確的答案，於是雞尾酒研究家史坦・瓊斯（Stan Jones）親自到現場察看後，便推翻了一八九〇年到一九〇〇年的各種說法，斷言該座山爲銅山。根據一項說法，黛克瑞雞尾酒誕生於一八九六年，是一位在該座銅山工作的礦山技師傑尼克・寇克斯（Jennings Cox）爲了招待來訪的友人而調成的。另一種說法是，該酒的創始人爲在礦山工作的一群人，傑尼克・寇克斯只不過是名義上的創始人罷了。支持這種論調的人說，一八九八年，古巴脫離西班牙的長期統治後，美國立刻派遣許多技術團到達本地。其中有一些人被送到這座礦山來工作。不耐炎熱而汗流浹背的工作人員爲了解渴，於是將輕易就可弄到手的古巴特產蘭姆酒加上砂糖、萊姆果汁調勻，創出一種清新可口的飲料來。由於該團中有一位名叫傑尼克・寇克斯的人，故而說該酒是他創始的。這種以蘭姆酒、砂糖、萊姆汁調成的雞尾酒與熱帶島嶼非常相稱，故而在海明威所著的《溪流灣中的島嶼》中頻頻出現。這種飲料如果用「冰凍型」來調製，必須多加些砂糖，否則就會覺得甜度不

藍色夏威夷
白卡地

加州賓治

一千零一夜

夠。有鑑於此，山多利的配方中，往往添加白色柑香酒來調味，相信「爸爸」（海明威的暱稱）也會同意才對。

邁泰（Mai Tai）

(一)成分：

❶ 1 oz淡色蘭姆酒 ❷ 1 oz深色蘭姆酒 ❸ 1/2 oz柑橘酒 ❹ 2 oz鳳梨汁 ❺ 2 oz柳橙汁 ❻ 1/2 oz檸檬汁 ❼ 1/4 oz紅石榴糖漿

(二)調製方法：用果汁機加碎冰打

(三)裝飾物：鳳梨角、紅櫻桃

(四)杯器皿：高球杯

藍色夏威夷

(一)成分：

❶ 1/2 oz淡色蘭姆酒 ❷ 3/4 oz藍色柑橘酒 ❸ 1/2 oz椰子香甜酒 ❹ 2 oz鳳梨汁

(二)調製方法：用果汁機加碎冰打

(三)裝飾物：鳳梨片

(四)杯器皿：高球杯

白卡地（Bacardi）

(一)成分：

❶ 1.5 oz Bacardi蘭姆酒 ❷ 1 oz檸檬汁 ❸ 1 Tsp砂糖

(二)調製方法：搖盪法

(三)裝飾物：無

(四)杯器皿：雞尾酒杯

一九三六年四月二十八日，紐約州的最高法院判決，所有的雞尾酒一律都得用白卡地配製。所謂的「白卡地」，即是指白卡地蘭姆而言。而白卡地蘭姆亦稱爲清淡白卡地，是由法肯德・白卡地（Facund Bacardi）在一八六二年公諸於世的（起初該酒只供自己及知己親友飲用）。創業時，廠址設在一間屋頂蓋有馬口鐵的小陋屋，屋內還有一群水果蝙蝠（Fruit Bat）居住其中。在歐美各國，蝙蝠象徵著幸運，於是白卡地爲了向這些原住民表示敬意，同時也爲了祈求企業順利、昌隆，於是便以蝙蝠做爲該酒的商標。除了蝙蝠外，該酒亦採用西班牙皇室的徽章做商標。其來由是，一八九二年，西班牙的皇太子阿豐索十三世（Alfonso XⅢ）因感冒而病倒在馬德里郊外的別墅，皇太子的隨身御醫倒了一些白卡地蘭姆給他服用，皇太子舒適地睡了一覺後，病情竟然不藥而癒，西班牙皇帝大喜之餘，便允許白卡地公司採用皇室的徽章爲商標。

一千零一夜

(一)成分：

❶ 1/3 oz淡色蘭姆酒　❷ 1/3 oz鮮奶油　❸ 1/3 oz可可酒

(二)調製方法：搖盪法

(三)裝飾物：荳蔻粉

(四)杯器皿：雞尾酒杯

加州賓治

(一)成分：

❶ 1 oz蘭姆酒　❷ 3 oz柳橙汁　❸ 八分滿蘇打水

(二)調製方法：直接注入法

(三)裝飾物：柳橙片、紅櫻桃

(四)杯器皿：高飛球杯

習　題

是非題

(　　) 1.調酒員在營業前要查對酒量，所以清潔工作可請別人代理。

(　　) 2.每日在酒吧打烊時應做好如拔掉電器插頭、關掉水龍頭……等安全檢查工作，才能離開。

(　　) 3.吧檯內的工作機具在打烊時應做好清潔、消毒工作。

(　　) 4.為了節省成本，消耗物品像牙籤、吸管等可以回收洗淨再使用。

(　　) 5.吧檯內的工作機具在操作前不必注意操作說明。

(　　) 6.破損的玻璃、陶磁……等危險物品應與其他垃圾分開處理。

(　　) 7.酒吧內的酒類、飲料和配料，每天下班前必須盤點。

(　　) 8.一般酒吧於每天打烊前十五分鐘，應告知顧客last order及作最後的點叫。

(　　) 9.為方便下一班工作人員的使用，打烊後的生啤酒機、咖啡機等仍需維持正常運作，不必關閉電源和清理。

(　　) 10.為了新鮮度，每天剩餘的水果，於打烊後必須全部丟棄。

選擇題

(　　) 1.客人點長島冰茶（long island tea），以下材料何者不需準備？ (A)葡萄酒 (B)琴酒 (C)伏特加 (D)深色蘭姆酒。

( ) 2.成本的計算公式以下何者爲正確？ (A)成本／售價＝進貨成本 (B)成本×售價＝成本率 (C)售價／成本＝成本率 (D)售價×成本率＝成本。

( ) 3.作帳盤存的程序是 (A)今日進貨－前日存貨＝今日盤存 (B)今日銷售＋前日存貨＝今日盤存 (C)今日進貨＋前日存貨＋今日銷售＝今日盤存 (D)今日進貨＋前日存貨－今日銷售＝今日盤存。

( ) 4.營業吧檯裏，會將先行製作完成之裝飾物品安全儲存何處？ (A)工作檯砧板正前方 (B)近水槽處 (C)冷藏冰箱內 (D)冷凍冰箱中。

( ) 5.調酒員（bartender）每天上班後，營業前首要任務是 (A)核視採購報表 (B)檢視營業月報表 (C)檢視庫存月報表 (D)檢視營業日報表。

( ) 6.雞尾酒裝飾品、杯飾以何種材料最適宜？ (A)蔬菜、水果 (B)花、草 (C)藥草 (D)豆類穀物。

( ) 7.下列何者非酒會常用之基酒？ (A)琴酒（gin） (B)蘭姆酒（rum） (C)伏特加（vodka） (D)蘋果酒（calvados）。

( ) 8.下列何者較不適用在雞尾酒之裝飾品？ (A)櫻桃 (B)檸檬 (C)小黃瓜 (D)橄欖。

( ) 9.雞尾酒調製完成前，雞尾酒杯（cocktail glass）要冰涼，其英文稱爲 (A)chill a glass (B)bloody Mary (C)frozen a glass (D)cool a glass。

( ) 10.seltzer water是一種碳酸水，如果用完了，可由下列何種代替？ (A)ginger ale (B)7-up (C)tonic water (D)club soda。

註釋

1福西英三，《酒吧經營及調酒師手冊》，香港：飲食天地出版社，頁50。

2.Costas K. & Mary P., *The Bar and Beverage Book* (U.S.A.: John Wiley & Sons Inc., 1991), Second edition. p.46.

3.吳克祥，《酒吧操作實務》，遼寧科學技術出版社，頁118。

4.同註1，頁237。

第十一章　伏特加

第一節　伏特加的介紹

據說，在十二世紀時，就已發現有關伏特加的最初記錄，但詳細的情況則不清楚。關於其發祥地有兩種說法，一是說它發源於俄國，一是說它發源於波蘭。當時，該地方根本不可能有產自新大陸的玉米或馬鈴薯，所以據推測，這種酒大概是從稞麥製成的啤酒或蜂蜜酒蒸餾而成的[1]。

在連續式蒸餾機尚未出現之前，這種酒是放在簡陋的罐子裏蒸餾的，所以雜味很多，需要放些香草增添香味。

伏特加開始在俄國以外的地方製造、販賣，是一九一七年俄國革命之後的事。從俄國逃亡到國外的白種俄國人，往往在其定居的國家製造伏特加酒，當一九三三年美國取消禁酒令之後，美國國內也開始生產伏特加。從一九三九年起，以果汁混合伏特加的長飲料（long drinks）開始在加利福尼亞州盛行，進入一九五○年代後，由於調製雞尾酒時經常使用它，所以受一般人士的歡迎，成為銷路很好的酒類。

在日本，由於一九七八年山多利淡味伏特加「樹冰」的上市，伏特加市場才開始快速地拓展。

第二節　伏特加的語源

它的古名叫瑞茲沮尼亞．沃特，它的意思是「生命之水」。據說在十六世紀伊凡．提姆（Ivan Temible）時代，沃特（Voda，水之意）這個字才被轉為Vodka（伏特加）。

伏特加酒

威士忌、伏特加、白蘭地這三種酒的語源都具有「生命之水」的意思。這是爲什麼呢？根據最可信的說法是，一些保有埃及、阿拉伯等古老傳統的鍊金師們，流浪於歐洲各國，這些將漢密士視爲守護神的鍊金師們，將各地土產的酒放入自製的蒸餾裝置中，製出蒸餾酒來，然後提供當地的居民飲用。於是，在南歐則產生了葡萄酒的蒸餾酒，在愛爾蘭則出現大麥酒製成的蒸餾酒，而俄國及北歐則產出了伏特加的前身酒。當時，這些鍊金師們都是屬於知識分子，於是便用拉丁語將這種蒸餾酒稱爲"Aqua Vitae"，也就是生命之水的意思。這句話被翻譯成各國語言，法語是"Eau de vie"；愛爾蘭及蘇格蘭原先稱"Uisge-beatha"，之後再轉爲「白蘭地」(brandy)；而俄國則是從「瑞茲沮尼亞‧沃特」轉變成「伏特加」(vodka)；在北歐它則稱爲"Aqua Vitae"。

第三節　伏特加的製法

將麥芽放入稞麥、大麥、小麥、玉米等穀物或馬鈴薯中，使其糖化後，再放入連續式蒸餾機中蒸餾，製出酒精度在75％以上的蒸餾酒來，之後，再讓蒸餾酒緩慢地通過白樺木炭層，如此一來，製出的成品不但幾乎達到無味、無臭的境界，其顏色也會呈無色透明狀，這種酒是所有酒類中最無雜味的酒。不但如此，在製造的過程中，只要原料、蒸餾裝置的構造、運轉條件、炭層的品質及炭層的層數，甚至通過炭層時的速度等有些微的差池，就會影響到品質的好壞。

第四節　伏特加的種類

它可分爲兩大類，一是無色透明、無味、無臭的上等伏特加，一是加入種種香味的加味伏特加（flavored vodka）[2]。

一、上等伏特加

上等伏特加更可依據酒精度的高低而分成山多利伏特加（100 proof）、山多利伏特加（80 proof）等種類，而山多利淡味伏特加（樹冰）的酒精度在35至20度之間，是一種酒性不強的伏特加酒。

以往，世界人士所飲用的上等伏特加，其酒精度通常在40至50度之間，而「樹冰」的酒精度則比它更低些。這些酒因爲具有輕淡的風味，很適合女性飲用，所以日本的伏特加市場一下子便熱絡起來。它不但適合當做雞尾酒的基酒，也可以純飲或加冰塊飲用。一九八三年，酒精度20度的「山多利淡味伏特加樹冰」開始公開出售。

二、加味伏特加

蘇俄及波羅的海（Balt）沿岸所製造的伏特加往往添加許多香料，故而稱之爲加味伏特加。其中，添加Zubronka香草的稱爲「盧伯加」（Zubrowka）；與烏克蘭（Ukraink）出產的藥酒混合而成的稱爲「薩培肯卡」（Zapekenka）；將各式各樣的水果放入伏特加中浸泡的稱爲「拿里沃卡」（Naliuka）；浸泡梣的紅果實使酒呈粉紅色澤的稱爲「亞傑畢克」（Jazebiak）；浸泡克里米亞（Crimea）產的梨、蘋果葉，並加入少量白蘭地的稱爲「史大卡」（Starka）；添加檸檬香味的檸檬伏特加稱爲「檸檬那亞」（Limonnaya）；以紅辣椒及辣椒子（paprika）來增加風味的辣椒伏特加稱爲「培茲伏卡」（Pertsovka）；另外，添加薑汁、丁香等香味，以柳橙與檸檬皮增加苦味的香甜酒式伏特加則稱爲「鄂霍特尼加」（Okhotonichya）。

以伏特加調製的雞尾酒

血腥瑪莉（bloody Mary）

(一)成分：

❶ 1.5 oz伏特加酒　❷ 3 oz番茄汁　❸ 1/3 oz檸檬汁　❹ 1 dash辣醬油　❺ 1 dash酸辣油　❻ 適量的鹽與胡椒

(二)調製方法：直接注入法

(三)裝飾物：芹菜棒、檸檬角

(四)杯器皿：高飛球杯

這裏所說的瑪莉是指英格蘭女王瑪莉都澤（Mary Tudor），她因爲迫害國內的新教徒，所以被稱爲「血腥瑪莉」。據說，她是目睹瑪莉白蘭地誕生的證人。故事是這樣的，某天夜裏，喬治・喬瑟爾（George Jessel）進入Palm Spsrings的一家小酒店裏，可是酒店裏面空無一人，於是喬治便自己溜進吧檯內，調製一杯提神振氣的酒。當他心情愉快地將手邊的伏特加、番茄汁等混合在一起，調出一杯新式飲料時，眼前突然出現一位女性，她就是頂頂大名的瑪莉。「一起喝一杯如何？」說著，喬治將那杯新的雞尾酒潑在瑪莉身上，並且又加了一句「Aren't you bloody, Mary?」（啊，妳的身上沾血了，瑪莉）。bloody這個字除了表示血之外，也有生理期間的意思。喬治的本意是說：「妳是生理期間的瑪莉。」血腥瑪莉的創始人中除了喬治較爲著名外，巴黎市哈里斯・紐約酒店的彼得・貝帝德（Pete Petiot）以及紐約市聖徒・雷斯酒店的費魯南・布德也都相當出名。據說，以琴酒混合番茄汁所調成的血腥撒母耳（bloody Sam）是創始於禁酒時代的美國。當時，人們只要啜飲這種飲料就不怕取締人員找碴，因爲他們可以理直氣壯地欺騙取締人員說手上的飲料是番茄汁。一九四○年

血腥瑪莉
螺絲起子

左右，「血腥撒母耳」中的琴酒開始以伏特加來代替，由於馬丁尼喝起來較輕柔，故而冠以女性化的名字，稱爲「血腥瑪莉」。另外一則風格迥異的說法是，有一家名爲「烏拉底米爾」(Vladimir's) 的餐館，以販賣這種雞尾酒聞名，由於這種酒喝多了口齒都會含糊不清，所以Vladimir's這個名字便被說成Vladimiry，最後更說成Bladima，Bladima的發音與bloody Mary極相似，故而該酒才稱爲「血腥瑪莉」。

螺絲起子 (screwdriver)

(一)成分：

1 1 oz伏特加酒　2 八分滿柳橙汁

(二)調製方法：直接注入法

(三)裝飾物：無

(四)杯器皿：高飛球杯

鹽狗 (salty dog)

(一)成分：

1 1 oz伏特加酒　2 八分滿葡萄柚汁

(二)調製方法：直接注入法

(三)裝飾物：鹽口杯

(四)杯器皿：高飛球杯

在一九七九年創辦的山多利熱帶雞尾酒大賽中，它佔有相當重要的地位。材料一樣但酒杯的邊緣不沾鹽的稱爲無尾狗(tailless dog，沒有尾巴的狗)、牡狗 (Bull Dog，沒有尾巴) 或靈提 (Greyhound)。靈提之所以和無尾狗相提並論，是因爲靈提在跑步時往往習慣性地將尾巴提在兩腳之間，看來宛若沒有尾巴似的。有人認爲該酒乃是一種源自西海岸的新式雞尾酒，事實上它的歷史相當悠久，在一九四六年的書籍裏，就曾介紹一種用琴酒、萊姆汁加上一匙鹽巴搖盪而成的「鹹狗卡林」。另外，這種酒似乎也可以倒在雞尾酒中用純飲的方式啜飲。

黑色俄羅斯

(一)成分：

❶ 1 oz伏特加酒　❷ 2/3 oz咖啡香甜酒

(二)調製方法：搖盪法

(三)裝飾物：無

(四)杯器皿：雞尾酒杯

長島冰茶

(一)成分：

❶ 1 oz琴酒　❷ 1 oz伏特加酒　❸ 1 oz蘭姆酒　❹ 1 oz威士忌酒　❺ 1 oz君度柑橘酒　❻ 2 oz檸檬汁　❼ 可樂加入八分滿

(二)調製方法：直接注入法

(三)裝飾物：檸檬片

(四)杯器皿：高飛球杯

飛天蚱蜢

(一)成分：

❶ 1 oz伏特加酒　❷ 1/2 oz綠薄荷香甜酒　❸ 1/2 oz白可可香甜酒

(二)調製方法：搖盪法

(三)裝飾物：無

(四)杯器皿：雞尾酒杯

鹽狗
黑色俄羅斯

長島冰茶
飛天蚱蜢

習　題

是非題

(　　) 1.伏特加（vodka）酒是一種高酒精度的蒸餾酒，其酒精度可高達95度。

(　　) 2.每個酒吧都有一套標準酒譜，調酒員不得私自更改。

(　　) 3.標準酒譜的內容包括酒名、材料、數量及調配方法。

(　　) 4.一本好的雞尾酒目錄（cocktail list），除了印刷精美，掌握潮流及消費心理外，還需經市場調查分析。

(　　) 5.每瓶酒容量減消耗量除每分的容量等於應銷售分數。

(　　) 6.就衛生而言，調酒棒（stirrer）使用後，回收清洗擦乾還可以使用。

選擇題

(　　) 1.下列何者不是盤存的目的？ (A)防止失竊 (B)確定存貨出入的流動率 (C)瞭解常客的名字 (D)查明銷售流量不高的酒類以便處理。

(　　) 2.酒類之儲存應 (A)分類分開且採用不同溫度儲存 (B)全部一起儲存 (C)採用同一溫度 (D)視營業情況而定。

(　　) 3.黑色俄羅斯（black Russian）是一種雞尾酒，其基酒是 (A)琴酒 (B)蘭姆酒 (C)伏特加 (D)威士忌。

(　　) 4.馬丁尼（Martini）是一種雞尾酒，其基酒是 (A)琴酒 (B) 威士忌 (C)白蘭地 (D)伏特加。

(　　) 5.以下那一種酒是屬於蒸餾酒？ (A)葡萄酒 (B)啤酒 (C)伏特加 (D)雪莉酒。

(　　) 6.調製血腥瑪莉（bloody Mary）應準備之物，下述何者不當？ (A)麻油 (B)鹽／胡椒 (C)高飛球杯 (D)芹菜棒。

( ) 7.鹹狗（salty dog）、血腥瑪莉（bloody Mary）、瑪格麗特（Margarita），以下何者是此三種雞尾酒之相同用料？ (A)葡萄柚汁 (B)伏特加酒 (C)番茄汁 (D)鹽。

( ) 8.馬丁尼（dry Martini）通常是在何時飲用？(A)飯前 (B)飯後 (C)飯中 (D)不限制。

( ) 9.通常用搖盪法製做雞尾酒時使用的器皿爲？ (A)調酒匙（bar spoon） (B)雪克杯（shaker） (C)刻度調酒杯（mixing glass） (D)調酒棒（stirrer）。

( ) 10.有酒精飲料稱爲hard drinks，下列那一項是有酒精飲料？ (A)virgin Mary (B)lemon squash (C)bloody Mary (D)Shirley temple。

( ) 11.雞尾酒調製完成前，雞尾酒杯（cocktail glass）要冰涼，其英文稱爲 (A)chill a glass (B)bloody Mary (C)frozen a glass (D)cool a glass。

( ) 12.seltzer water是一種碳酸水，如果用完了，由下列何種可代替？ (A)ginger ale (B)7-up (C)tonic water (D)club soda。

( ) 13.酒吧工作手冊是酒吧工作人員的書面作業指導，其英文稱之爲？ (A)bar menu (B)requisition form (C)bar manual (D)inventory sheet。

( ) 14.neat在專有名詞的慣例稱一杯純飲的酒，也稱爲(A)standard (B)dry drink (C)shot drink (D)straight up。

( ) 15.酒吧專業術語中fill up中文之意爲 (A)不加冰 (B)加滿 (C)一半分量 (D)不加客人指示之酒水。

註釋

1. 吳克祥，《酒吧操作實務》，遼寧科學技術出版社，頁221。
2. Costas K. & Mary P., *The Bar and Beverage Book* (U.S.A.: John Wiley & Sons Inc., 1991), Second edition. p.132.

第十二章　龍舌蘭酒

第一節　龍舌蘭酒的介紹

十八世紀中葉，Tequila村附近的阿馬奇塔略（Amatitalla）地方發生嚴重的火燒山，當大火過後，地面躺滿了焦枯的龍舌蘭，而空氣也洋溢著怡人的香草味，於是村民將焦枯的龍舌蘭用力一踩，發現裏面竟流出巧克力色澤的汁液來，放入口中嚐試後，才知道這種植物帶有極佳的甜味。原來，經過大火的熱度，龍舌蘭的殘株便產生糖分來。西班人有鑑於此，於是將這種汁液絞榨後經過醱酵、蒸餾等過程，製出無色的烈酒來。之後，蒸餾工廠爲了尋求上等的龍舌蘭而來到Tequila村，於是此地就成了龍舌蘭的主要產地[1]。

據說，龍舌蘭步上近代化的蒸餾術是在一七七五年之後的事，而據課稅上的記錄，一八七三年時，三桶梅斯卡爾葡萄酒（Mescal wine）從Tequila村送到新墨西哥（New Mexico），這是該酒第一次越過墨西哥國境。一八九三年，它以「梅斯卡爾白蘭地」（Mescal brandy）的名義參加在芝加哥舉行的世界展覽會；一九一○年，它以「龍舌蘭葡萄酒」（Tequial wine）的名義參加在聖安東尼（San Antonia）舉行的酒類展覽會，並且獲得獎賞。可是，直到以「瑪格麗特」（Margherita）的名義出現後，龍舌蘭才從墨西哥的當地酒升格爲世界風行的飲料，並在雞尾酒的酒店櫃子上佔有一席之地。不但如此，它還挾著「一九八○年代的烈酒」之魅力，朝二十一世紀邁進。

龍舌蘭與梅斯卡爾：由agave tequila（龍舌蘭的一種）醱酵、蒸餾而成的酒，在墨西哥，這種酒通常都稱爲梅斯卡爾（Mezcal）。墨西哥法律規定，利用哈里士可州Tequila爲中心所栽培出來的agave tequila爲原料，在特定地域蒸餾而成的酒才可稱爲龍舌蘭（Tequila），這種情形和白蘭地與康尼雅克之間的關係都是一樣的。總之，只有產自墨西哥西部三州——那亞里德州（Nayarit）、哈里斯克州（Jalisco）及米契阿肯州（Michoacan）之一部分的梅斯卡爾才能稱爲龍舌蘭。用在山多利龍舌蘭中的龍舌蘭原酒是從哈里斯克州的數所蒸餾廠中遴選出後輸入日本的，經過混合別的原料後，則成爲眞正的龍舌蘭酒[2]。

第二節　龍舌蘭的語源

位於馬德雷山脈（Sierra Madre）北側的哈里斯克州之Tequila村乃是龍舌蘭語源的發祥地。Tequila村原來的名字叫米奇拉（Miquila），後來才改名爲Tequila。米奇拉乃是阿斯提卡族的一支，當西班牙人可提斯（Cortes）帶兵入侵時，他們逃到這兒建立村落，於是該村落就稱爲米奇拉村。人人都知道，墨西哥哈里斯克州的人民個個都很活潑、爽朗，只要手上有吉他、小提琴等樂器，就能唱出熱情洋溢的音樂來，據說，墨西哥的旅行演唱隊的發祥地，即是哈里斯克州的首都爪達拉哈納（Guadalajara）。活潑爽朗、富有野性的人能夠創下活潑、富有野性的音樂及酒來，「酒即文化」這句話可以在此得到印證[3]。

第三節　龍舌蘭的製法

它的原料是Agave Tequilana，爲龍舌蘭的一種，成長期間約八至十年。將直徑七十至八十公分，重量在三十至四十公斤之間的球莖用斧頭敲開，放入大的蒸氣鍋中蒸餾（以前是放入石室中用蒸氣蒸），如此一來莖中所含的菊糖成分就會分解成醱酵性的糖分。自鍋中取出的Agave Tequlana之莖，由於糖化的關係呈褐色色澤，若將它放進滾轉機內壓碎、絞榨，再澆上溫水，則能充分地絞出殘留的糖分。以前，在製造這種酒時，須先將原料放在石臼上讓驢子推磨，然後連同壓碎的渣滓一起醱酵，但現在的製法是，僅取出糖汁然後放入槽中連同酒母一起醱酵，並放在單式蒸餾器中蒸餾兩次。大多數的龍舌蘭並不需經過儲藏手續就能裝瓶，不過還是有裝在桶中醞釀而成的龍舌蘭。

龍舌蘭：它是石蒜科的常綠多年草，容易與仙人掌類的植物混淆，英語名稱為龍舌蘭（agave）。據傳說，這種植物一百年才會開花一次，所以它有一個別號叫「世紀植物」（Century Plant）。在墨西哥，它被稱為Agave或Maguey。Agave Atrovirens是Agave的一種，普魯克（Pulque）就是由它釀成的；Tequila種的Agave Tequila被稱為梅斯卡爾・阿斯爾（Mezcal Azul），龍舌蘭及梅斯卡爾就是由它釀造的。墨西哥中部哈里斯克州的Tequila附近所採收的Agave Tequila，乃是製造龍舌蘭的最佳原料。

Gusano de maguey：直譯的意思是「龍舌蘭之蟲」。這種昆蟲所分泌的尿液在烈日的照射下會蒸發到僅剩鹽分，很多老一輩的人都認為真正的龍舌蘭喝法是，用指尖沾這種鹽放在口中淺嚐，再咬一口萊姆，然後一口氣飲下龍舌蘭。另外，以雪糖杯型（show style）的方式啜飲「瑪格麗特」也不錯。有機會的話各位不妨試試一種方式，那就是將龍舌蘭之蟲下鍋炸一下後配著龍舌蘭飲用。

龍舌蘭酒

第四節　龍舌蘭的種類

蒸餾後的龍舌蘭依儲藏、有無醞釀及醞釀時間的長短而分成三大類：

一、無色龍舌蘭（white tequila）

又稱爲銀色龍舌蘭（silver tequila）、龍舌蘭布蘭克（tequila blanco），是一種無色透明的酒，具有強烈的香味，它乃是最像龍舌蘭的一種龍舌蘭。本來，龍舌蘭完全不必醞釀，不過有很多的龍舌蘭製法是，原酒經過三個禮拜左右的桶存後，再通過活性炭層，使其成爲無色、清淡的精製品。一般而言，後者通常都當做雞尾酒的基酒來使用。

二、金色龍舌蘭（gold tequila）

又稱爲雷波得龍舌蘭（Tequila Reposado）。由於蒸餾後放在桶中儲藏、醞釀，所以呈黃色，且含淡淡水材香味，須儲藏兩個月以上。

三、龍舌蘭阿尼荷（tequila Anejo）

依規定要桶存一年以上，它是一種口味清淡的酒。

以龍舌蘭調製的雞尾酒

瑪格麗特（Margarita）

(一)成分：

❶ 1.5 oz龍舌蘭酒　❷ 1/2 oz白柑橘香甜酒　❸ 1/2 oz萊姆汁

(二)調製方法：搖盪法

(三)裝飾物：鹽口杯

(四)杯器皿：雞尾酒杯

瑪格麗特的西班牙拼音爲Margherita，是指女性的名字而言，英文拼成Margarita。關於該酒的創始人有幾種傳說，其中最值得信賴的是，該酒由洛杉磯一家名叫“Tail-O-Cock”餐館的酒保簡・雷德沙在一九四九年創始的。就在同一年，它參加全美雞尾酒比賽獲得入選。據說，瑪格麗特是雷德沙初戀的情人，一九二六年，兩人一起到內華達州的維吉尼亞市狩獵，很不幸的是，瑪格麗特卻被流彈擊中，死在雷德沙的懷抱中。後來，雷德沙便將自己精心創始的雞尾酒，冠上始終無法忘懷的初戀情人的名字，參加雞尾酒比賽。另一項頗有意思的故事是：卡爾西・克里斯波飯店（Hotel Garci Crespo）的丹尼爾・尼格列特（Daniel Negrete）爲了他的女友，所以才創出這種雞尾酒來。事情是這樣的，這位女孩無論喝什麼飲料都喜歡沾著鹽喝，但是又不肯將手伸到盛有鹽巴的盤子裏去，於是尼格列特就特地爲她創出一種杯子沾滿鹽巴的雞尾酒，而這種酒理所當然的用那個女孩子的名字瑪格麗特來命名。該酒和龍舌龍的古老喝法——墨西哥渴望（Mexican Itch）有很深的淵源。飲法是，將食鹽放在手指甲上，然後用舌頭去舔它，接著擠一些萊姆汁在龍舌蘭上面，並大口地喝下去。哦，對了，經常出現在西部電影的那種喝法，應該就是最原始的啜飲方式了。

瑪格麗特
墨西哥日出
SUNTORY
WHISKY
KAKUBIN

紅磨坊

猛牛

墨西哥日出

(一)成分：

❶ 1 oz龍舌蘭酒　❷ 柳橙汁八分滿　❸ 1/3 oz紅石榴糖漿

(二)調製方法：直接注入法

(三)裝飾物：柳橙片

(四)杯器皿：可林杯

紅磨坊

(一)成分：

❶ 1.5 oz龍舌蘭酒　❷ 1 oz多寶力（dubonney）　❸ 1/3 oz檸檬汁　❹ 1/3 oz紅石榴糖漿

(二)調製方法：搖盪法

(三)裝飾物：鹽口杯、櫻桃

(四)杯器皿：雞尾酒杯

猛牛

(一)成分：

❶ 1 oz龍舌蘭酒　❷ 1 oz咖啡香甜酒

(二)調製方法：Stir

(三)裝飾物：泡狀鮮奶油

(四)杯器皿：老式酒杯

西班牙蒼蠅

(一)成分：

❶ 1.5 oz龍舌蘭酒　❷ 3/4 oz杏仁香甜酒

模仿鳥
西班牙蒼蠅

(二)調製方法：Stir

(三)裝飾物：檸檬角

(四)杯器皿：老式酒杯

模仿鳥

(一)成分

❶ 1/2 oz龍舌蘭酒 ❷ 1/4 oz薄荷香甜酒 ❸ 1/4 oz萊姆汁

(二)調製方法：搖盪法

(三)裝飾物：鹽口杯

(四)杯器皿：雞尾酒杯

習題

是非題

(　　) 1.瑪格麗特是一種雞尾酒，其杯口要沾鹽巴，口感較好。

(　　) 2.食品或與食品接觸之餐具不得以非食品用洗潔劑洗滌。

(　　) 3.穀類酒與水果酒使用食品添加物亞硫酸鉀之用途相同，所以其二氧化硫的殘留限量也一樣。

(　　) 4.有些糖醇如山梨醇、甘露醇爲食品添加物，可添加於飲料中，其限量爲視需要適量使用。

(　　) 5.香料使用於食品時，一般均爲視實際需要適量使用，惟有些特殊成分如蘆薈素（aloin）、黃樟素（safrole）等用於飲料時，均有限量規定。

(　　) 6.酒類毛利是指酒類銷售的價格。

(　　) 7.酒類成本是指飲料調製成品供給客人飲用時所產生的費用。

(　　) 8.酒類成本百分比是指出售酒類的成本在飲料的銷售額中所佔的百分比。

(　　) 9.酒吧爲避免造成酒類的浪費，每日調酒員務必切實填寫日報表。

(　　) 10.一般常用的酒吧日報表共有飲料銷售日報、庫存日報表、飲料銷售。

選擇題

(　　) 1.下列裝飾物中，何者不屬於garnishes？ (A)櫻桃 (B)小洋蔥 (C)牙籤 (D)檸檬塊。

(　　) 2.標準的調酒配方，下列何者不包括其中？ (A)杯子 (B)分量(C)裝飾物(D)人員。

(　　) 3.酒吧的營運成本控制應始於 (A)採購(B)驗收(C)儲存(D)銷售。

(　　) 4.酒窖記錄中的損耗破裂記錄表，損耗指的是 (A)瓶子破裂(B)飲料裝瓶不滿(C)客人跑單(D)員工偷喝飲料。

(　　) 5.採用龍舌蘭（agave）做主要原料的是何種蒸餾酒？ (A)vodka (B)run (C)whiskey (D)tequila。

(　　) 6.下列何者不是調雞尾酒常用的基酒？ (A)伏特加 (B)白蘭地(C)咖啡酒(D)琴酒。

(　　) 7.下列何者不是調雞尾酒常用的基酒？ (A)伏特加 (B)特吉拉(C)蘭姆酒(D)蛋黃酒。

(　　) 9.以下那一種酒是墨西哥的特產？ (A)威士忌(B)白蘭地(C)琴酒(D)龍舌蘭酒。

(　　) 10.以下那一種雞尾酒通常是用攪拌法（stirring）製作？ (A)曼哈頓（Manhattan）(B)瑪格麗特（Margarita）(C)紐約（New York）(D)粉紅佳人（pink lady）。

(　　) 11.下列何者是有酒精飲料？ (A)椰林風情（virgin pina colada）(B)雪莉登波（Shirley temple）(C)純眞瑪莉（virgin Mary）(D)龍舌蘭日出（tequila sunrise）。

(　　) 12.瓶裝檸檬汁、萊姆汁、紅石榴糖漿在打烊時沒用完應存放於 (A)冷凍於冰箱(B)存放於製冰機內(C)放回倉庫內儲存(D)蓋上蓋子存放於快速架上。

註釋

1.福西英三，《酒吧經營及調酒師手冊》，香港：飲食天地出版社，頁72。

2.Costas K. & Mary P., *The Bar and Beverage Book* (U.S.A.: John Wiley & Sons Inc., 1991), Second edition. p.111.

3.吳克祥，《酒吧操作實務》，遼寧科學技術出版社，頁238。

第十三章　香甜酒

第一節　香甜酒的介紹
第二節　香甜酒的語源與稱法
第三節　香甜酒的製法
第四節　香甜酒的種類
第五節　以香甜酒調製的雞尾酒

第一節　香甜酒的介紹

據說，古希臘的醫聖希波克拉底（Hippokrates, 460-375 B.C.）即是香甜酒的發明人，他將藥草浸泡在葡萄酒中而製出一種藥酒，這就是香甜酒的起源。不過，現在所說香甜酒主要是指在烈酒（蒸餾酒）中加入水果或草根、樹皮的香味及甜味製成的混合酒而言，那些以葡萄酒（釀造酒）爲原酒製成的混合酒則稱爲苦艾酒（Vermouth）、Sangria。以烈酒爲原酒所製成的混合酒（即香甜酒）是由西班牙籍醫生、鍊金師阿諾・得・斐奴布（Arnaud de Villeneuve, 1235-1312年左右，他也是白蘭地的創始人）與拉曼・勒里（Ramon Luu, 1236-1316）製造成功的。據說這種酒的製法是，在烈酒中加入香料及檸檬、柳橙等花卉所抽出的成分。

十四世紀黑死病侵襲歐洲時，以植物性香油或強壯劑製成的香甜酒便成爲貴重的藥材而被視如珍寶。進入十五世紀後，義大利儼然成爲製造香甜酒的翹楚，並擔負著指導的任務。就義大利而言，香甜酒的始祖是一位住在北義大利巴多巴地的醫生。據說，這位醫生曾勸告某位體弱多病的婦人飲用烈酒，可是該名婦女不肯聽勸，於是他只好在烈酒中添加薔薇花香，豈知這種酒不但立刻爲該名婦女所接受，連巴多巴地方的民眾也爭相飲用。該名醫師爲這薔薇香甜酒取名Rosolio（太陽之露），從此義大利生產的香甜酒皆稱爲Roxolio。香甜酒之所以由義大利傳至法國，並步入全盛時代，乃是因爲佛羅倫斯（Firenze）的望族——麥第奇家的女兒凱撒琳・麥第奇（Catherine de Medicis, 1519-1589）遠嫁給法國的享利二世（Henri II, 1519-1559）的緣故。據說，凱撒琳的侍從中有不少人是香甜酒的專家及製造香水的名人。因此之故，香甜酒挾著甜味酒及愉悅的媚藥之聲威橫掃法國宮庭，同時，滲入毒藥之後的香甜酒也成爲毒斃政敵的殺人道具。

凱撒琳王妃時代在法國宮廷紮根的香甜酒，到了太陽王路易十四世（Louis XIV, 1638-1715）時代更加蓬勃發展，深受歐洲上流階級的婦女們所喜愛。這些貴婦們往往配合身上的寶石及衣服顏色來選擇香甜酒，所以製造香甜酒的公司便爭相開發色彩艷麗的香甜酒，曾幾何時，這種華麗的酒便獲得「液體寶石」的暱稱。

第二節　香甜酒的語源與稱法

香甜酒又名利口酒（liqueur）這個稱呼似乎是由拉丁語Liquefacere（溶化）或Liquor（液體）轉變而來的。法國稱它爲Liqueur，德國稱它爲Likor，英國及美國稱它爲cordial，cordial這個字含有提起精神、使心情愉快的意思。不過，在英國國內，不加酒精的果子露（syrup）往往也稱爲cordial，這點要小心些。

另外，有很多種香甜酒都冠以Creme de的稱法。Creme是英語cream的法語拼音。本來，法國公司生產的高級香甜酒都冠以這個稱呼，現在這個字則指糖度高、風味強烈的香甜酒而言。另外，法國將酒精度在15％以上、香精分在20％以上的酒稱爲香甜酒，而香精分在40％以上的則冠以Creme的稱呼。Creme de的一部分是原料名稱用的。所以說，冠以Creme這個名稱並不表示該酒中含有奶油，或該酒呈奶油狀。

第三節　香甜酒的製法

香甜酒是一種將果實、花、草根、樹皮等香味放入烈酒中使其具有甜味、色澤的酒。由於製法上的差異，它可分成蒸餾法、浸泡法、香精法（essence）三大類。

一、蒸餾法

又可分爲兩種方法，一是將原料浸泡在烈酒中，然後一起蒸餾；一是取出原料，僅用蒸餾浸泡過的汁液。不管那一種方法，蒸餾後都須添加甜味與色澤。這種方法主要是用在香草類、柑橘類的乾皮等原料上，由於必須加熱，故又稱爲加熱法。

二、浸泡法

將原料浸泡在烈酒或加糖的烈酒後，抽出其香精的一種方法。這種方法主要是用在蒸餾後有可能變質的果實上，由於不必加熱，故又稱爲冷卻法。

三、香精法

將天然或合成的香料精油加入烈酒中，以增加其甜味與色澤的一種方法。

因爲香甜酒是由貴族、諸侯、修道院的僧人等製造，並傳下來的，所以它的製法都不公開。現在的香甜酒製法往往是從三種基本製法演變而來的，所以不同公司所製出的產品都會有些差異。

第四節　香甜酒的種類

要將香甜酒分類實在是一件很困難的事。以原酒這點而言，香甜酒使用的原酒包含很廣，有白蘭地、櫻桃酒、蘭姆、威士忌、伏特加、琴酒、中性烈酒等；在香味與口味上，它使用的材料種類可說是千奇百怪、包羅萬象，如香草、果實、草根、樹皮、種子、花、堅果類、咖啡、蜂蜜、砂糖等。由於香甜酒的前身是貴族、豪族及修道院等製出的秘酒，所以其製法通常都不公開，就同一種香甜酒而言，它的材料、製法不一定相同。現在，我們暫且將它分成香草·藥草系列、果實·種子系列、苦藥系列、其他系列（蛋、奶油、人參）等。

一、香草·藥草系列的香甜酒

(一)苦艾酒（absinthe）

法國將它唸成阿布桑德，英國唸成阿布琴斯，日本則唸成阿布山。它是一種利用烈酒抽出苦艾（wormwood）成分的香甜酒。absinthe這個名字即是由苦艾的學名Artemisia Absinthium而來的。

進入二十世紀後，苦艾被視爲有礙健康的一種植物，因此全世界的香甜酒都改用大茴香（aniseed）爲主要原料。

苦艾酒是由法國的皮爾・歐尼爾博士（Dr. Pierre Ordinaire, ?-1793）在十八世紀末期，也就是一七九〇年左右發明的。在法國革命時，他由法國逃亡到瑞士的可培（Couvet）定居，由於當地的醫生都是各自調配藥劑，所以他也入境隨俗，用苦艾製出萬靈藥（Elixir，用鍊金術製成的藥酒），並以該藥的色澤與效用來爲它取個「綠色妖精」（The Green Fairy）的名字。後來，博士將苦艾酒的處方遺贈給女管家安麗兒女士（Mrne. Henriot），於是安麗兒繼續將這種酒放在原來那家小店販賣。有一天，亨利・路易・培諾（Henri Louis Pernod）路過此地，便向安麗兒女士購買權利，並在瑞士的可培興建世界第一座苦艾酒工廠。

由於這種綠色的秘酒能使海明威文思泉湧；使狄加（Dagas）、士魯斯・勞垂克（Toulouse-Lautrec）、畢加索的彩筆氣韻生動，所以又稱爲「綠之詩神」（Green Muse）；也由於它具有催淫作用，所以又稱爲「綠之女神」（Green Goddess）。

由於苦艾及大茴香所抽出的油精不易溶於水，較易溶於酒精，所以加水的苦艾酒才會呈白濁狀。

(二)綠薄荷酒（green peppermint）、白薄荷酒（white peppermint）

以薄荷葉爲主要香料的清爽香甜酒。它的法國名稱爲Creme de Menthe。將薄荷葉內所含的薄荷香精放入水蒸氣中一起蒸餾，等取到薄荷油精後，再加入烈酒及甜味，這就是白薄荷酒的製造過程。在白薄荷酒中添加綠薄荷的色澤，就成爲綠薄荷酒了。由於薄荷香精能提神、幫助消化，所以很多人在大魚大肉後都喜歡用它做爲餐後酒。漢密士綠薄荷酒、漢密士白薄荷酒都是屬於這類酒。

(三)紫羅蘭酒（violet）

利用紫羅蘭花的色澤與香氣所製成的香甜酒帶有美麗的紫色色彩。它的製造過程是，將紫羅蘭的花卉浸泡在烈酒中，抽出其色澤與香氣，再加上甜味。由於它的香味與色澤，有的人也稱之爲「可飲用的香水」。它是爲了頌揚十九世紀末期的一位法國名伶依培德·西魯貝而製成的。漢密士紫羅蘭酒的紫色色澤不是人工合成的，而是採用天然的色素製成的。

(四)綠茶香甜酒（green tea）

它是產自日本的香甜酒，美國稱之爲green tea liqueur；法國稱之爲Creme de The Vert。漢密士綠茶香甜酒是採用宇治的良質玉露茶及抹茶爲原料，放在上等烈酒中浸泡後，再添加白蘭地及甜味製成的高級品。上等綠茶加上白蘭地所釀出的酒風味極佳，非常受到海外人士的歡迎，而這種製造技術也吸引了世界的香甜酒製造商的注目。

(五)班尼狄克汀（Bene Dictine）

據說這種酒是在一五一〇年，由法國北部的班尼狄克汀派的修道士所製造的。現在眾人所飲用的班尼狄克汀乃是一八六三年步入企業化後所生產的成品。據說，這種酒是取自紅茶、杜松漿果、西洋薄荷、白芷、肉桂、丁香、荳蔻、香草、蜂蜜等二十七種材料，以蒸餾法製成的。

(六)夏特魯士（Chatreuse）

自古以來，歐洲的一些僧道院都採用極秘密的處方製造香甜酒，因此這些酒便稱爲修道士香甜酒（monk liqueur）。據說，夏特魯士是從十六世紀開始製造的，不過現代市售的處方乃是由修道士安東尼在一七六四年調配成功的，並由夏特魯士修道院負責製造。如今由民間企業製造的夏特魯士都是以多種的藥草類爲原料，放入葡萄烈酒中蒸餾，並桶存數年之久才上市。夏特魯士有綠色、黃色、橙色（一九七二年出售）、草綠色四種，如果雞尾酒書上沒有特別指定，通常都採用黃色夏特魯士。

(七)丹布旖（Drambuie）

著名的洋酒研究家彼得·A·郝格丁（Peter A. Hallgarten）形容這種酒爲"The oldest and most famous whisky liqueur"。它的原酒除了採用桶存十五年左右的高地玉米威士忌外，還混合了約六十種的蘇格蘭威士忌，並加入石南蜂蜜（取自石南花的蜂蜜）與各種草木的香味。這種酒的標籤上之所以印有"Prince Charles Edward's Liqueur"字樣，其實是有一段掌故的。據說，一七四五年查理·愛德華（1720-1788）爲了爭奪英國王位的繼承權，於是舉兵攻打蘇打蘭，在他兵敗逃到法國時，當地的望族麥奇濃（Mackinnon）曾給他種種幫助，爲了報答這份恩情，愛德華便將這種酒的秘方交給麥奇濃家族。時至今日，丹布旖依然是麥奇濃家族的傳家秘方，絕不外傳。另外，Drambuie是由蓋爾語"An dram buidheach"轉變而來的，它的意思是「一種令人滿意的酒」。

(八)加里安諾（Galliano）

該酒以一八九〇年衣索匹亞（Ethiopia）戰爭中的英雄古塞普·加里安諾（Guiseppe Galliano）的名字命名的。它產自義大利，二十世紀初葉才開始問市。在製造過程方面，先將大部分的藥草、香草浸泡於烈酒中，而小部分則用蒸餾的方式處理，最後將浸泡過的烈酒與蒸餾完成的蒸餾液混合，並添加大茴香、香草、藥草等香料，如此一來黃色並帶甜味的香甜酒就完成了。

(九)愛爾蘭之霧（Irish mist）

它是以愛爾蘭威士忌——塔拉馬留為基酒，並加上石南蜂蜜及種種草木香精製成的。據說這種酒是依照一千年前愛爾蘭戰士們所飲用的石南葡萄酒製成的。「愛爾蘭之霧」於第二次世界大戰後才開始開發，是威士忌香甜酒的一種[1]。

二、果實、種子系列的香甜酒

(一)無色柑香酒（white curaçao）、藍色柑香酒（blue curaçao）、橙色柑香酒（orange curaçao）

柑香酒是一種以柑橘的果皮來增添風味的香甜酒。據說，在十七世紀的時候，荷蘭人從荷屬的古拉索島帶回苦橙子（bitter orange）的果皮，將它放入烈酒中蒸餾，並添加甜味，完成後則借用古拉索島的島名替它取了個curaçao的名字，於是柑香酒就正式問世了。現在，古拉索島並不栽種柑橘，它的原料乃是從世界各地運來的。藍色柑香酒是由無色柑香酒添加色彩製成的，橙色柑香酒是在烈酒中浸泡果皮，並添加白蘭地等材料，經過繁雜的過程而製成的。漢密士無色柑香酒、漢密士藍色柑香酒、漢密士橙色柑香酒、卡魯貝柳橙（Cavet orange）等都屬於柑香酒系列。

(二)茴香酒（anisette）

它是一種以大茴香來增添風味的甜香甜酒。由於這種酒通常都呈無色透明狀，所以別名稱爲無色苦艾酒（white absinthe）。有的茴香酒加水後會和苦艾酒一樣呈白濁狀，故而也有人稱它爲AnisAnise。

(三)杏仁白蘭地（apricot brandy）

各種香甜酒

它的製法是將杏仁浸泡在烈酒中，抽出其中的杏仁精，然後加上白蘭地及糖分。有的杏仁白蘭地在製造時是用果核中所含的杏仁香來加味；也有的是將果核壓碎，連同果肉一起放入醱酵、蒸餾，然後再加入糖分。至於漢密士杏仁白蘭地是採用著名的信州高級杏仁爲原料製成的，它是一種香味極濃的琥珀色香甜酒。

(四)桃子白蘭地（peach brandy）

又稱爲桃子香甜酒（peach liqueur）。它的製法是將桃子浸泡在烈酒中，使其產生桃子的香氣與味道，然後再加入白蘭地等混合而成。日本出產的桃子在世界上可說是首屈一指，而漢密士桃子白蘭地則是採用日本桃子中的翹楚——水蜜桃爲原料，然後再加進白蘭地製成的。這種香甜酒因具有桃子白蘭地特有的苦扁桃（bitter almond）香，所以很受歡迎。在香甜酒中，美國出產的「南方的安逸」（Southem Comfort）以濃郁的桃子香而聞名。

南方的安逸是一種以桃子來添加香味的香甜酒。製法是在醞釀完成的波本酒中加入桃子，以及數種水果香精。據說，這種酒起源於十九世紀初葉的紐奧爾良附近。當時，以紐奧爾良為中心的一些地域，非常流行一種所謂的貴族式社交活動，每個人對於遠道拜訪的客人都很熱忱款待，南部獨特的款待法「南方的慇懃」（Southrn Hospitality）於焉產生。據說，用來款待佳賓的「南部之歡樂」香甜酒原本是福勒家宴客的一種酒，它的傳家秘方長達幾百頁，時至今日，「南方的安逸」還是依照它的配方來調製。另外的一種說法是，這種酒的創始人乃是住在紐奧爾良南方巴拉答利亞海岸（Baratarian coast）著名的海盜傑恩·拉菲特（Jean Lafitte）。據說，在一八一二年英美戰爭之際，他捕獲了一艘英國的帆船，船內正好有一位法國貴族在座，而這位貴族所攜帶的酒樽內正是黃金色的香甜酒——「南方的慰藉」（Consoler du Sun）。傑恩·拉菲特搶下了該酒，並問出歷經百年絕不外傳的配酒秘方。終戰後，他改名為拉菲林（Lafflin），移居於路易海岸（St. Louise），於是名為「南方的安逸」的香甜酒才開始在孟斐斯（Memphis）及路易海岸流傳開來。不管那一種說法才是正確，總之它乃是美國最古老、最好的香甜酒之一。

(五)櫻桃白蘭地（cherry brandy）

它是以櫻桃製成的香甜酒，又稱為櫻桃香甜酒（cherry liqueur）。製法是將櫻桃浸泡於烈酒中，如此一來類似杏仁味道的香味便會從種子內溶出，使酒中帶有新鮮的芳香味，將這種液體取出，經過長期間的儲藏後，再加進白蘭地與甜分，則風味絕佳的櫻桃白蘭地就誕生了。在這種酒中，漢密士櫻桃白蘭地、彼得·西潤（Peter Heering）等都相當有名氣。

彼得·西潤產自丹麥，乃是世界上最著名的櫻桃香甜酒，它是由彼得·F·西潤在一八一八年發明的。隨著事業的擴大，他在哥本哈根南郊開墾了一座農園，種植十三株櫻桃樹，以供應自己的製酒廠。這種櫻桃酒的全部製法雖不對外公開，但是大致上的製造過程不外乎是，用水壓法將櫻桃榨出汁來，使其醱酵，然後放入槲木製的大桶中儲存。它的風味清淡，甜味也很適中。

(六)紅醋栗香甜酒（Creme de Cassis）

Cassis是法語。在英國及日本，這種酒稱爲黑醋栗（black currant）。cassis是落葉灌木的一種，屬虎耳科，紅醋栗香甜酒即是由這種黑醋栗的果實製成的暗紅色香甜酒，它又稱爲黑醋栗香甜酒（black currant liqueur）、黑醋栗白蘭地（black currant brandy）。法國雷瓊出產的紅醋栗香甜酒乃是此類中的佼佼者，代表性的商標是「路傑・卡西斯」（Lejay Cassis）。通常，它是採用冷卻法，也就是說將紅醋栗的果汁與渣滓分開，等渣滓蒸餾過後，才將果汁、甜分與其他香精加進去。

(七)野莓琴酒（sloe gin）

這是一種將野莓漿果（野李樹的一種）浸泡在烈酒之中，抽出其色澤與香味後，再添加甜分的粉紅色香甜酒。它原本是農家以野莓槳果浸泡在劣等琴酒中所製成的一種飲料，專供家庭用。據說，當紳士或淑女們前往郊外狩獵狐狸時，都喜歡飲用這種酒。野莓琴酒有時也被歸類在加味琴酒（flavored gin）之內。

(八)草莓香甜酒（strawberry liqueur）

它是一種將草莓浸泡在烈酒中，然後抽出其色澤與香味的粉紅色香甜酒，這種酒又稱爲草莓白蘭地（strawberry brandy）、佛雷茲香甜酒（liqueur de Fraise）、Creme be Frasise。Fraise乃是法語，它專指草莓而言。漢密士草莓酒即是草莓香甜酒的一種。

(九)瓜類香甜酒（melon liqueur）

它是一種以日本特產的甜瓜（musk melon）爲原料所製成的綠色香甜酒。雖然國外也生產這種酒，不過漢密士瓜類香甜酒才是這種酒的鼻祖。該酒是採用山多利開發的特殊製造法，將甜瓜的色彩與香味移到烈酒之中所調成的高級酒。這種酒是以“Midori”的名義進軍美國，絕大多數的人都認爲，它是所有日本香甜酒中最出色的一種。在全美雞尾酒競賽中，以“Midori”調製成的獨特雞尾酒幾乎每次都能入圍，並且獲得高的評價。

(十)香蕉香甜酒（banana liqueur）

它是一種將香蕉的香味溶入烈酒中所製成的淡黃色香甜酒，又稱爲香蕉白蘭地（banana brandy）。由於酒中的甘甜香氣與芳醇的風味能讓人勾起南國的情懷，所以極受歡迎。值得一提的是，這種酒因爲是調製熱帶雞尾酒所不可缺的香甜酒，所以近年來很受到一般人的注目。漢密士香蕉香甜酒即是屬於這種酒。

(十一)可可酒（cacao）

日本人稱cacao爲可可，稱砂糖加可可奶油（cacao butter）調製的點心爲巧克力，而法國則稱這種酒爲可可香甜酒（Cre be cacao）。它的製造過程是，將可可豆浸泡在烈酒中，等抽出其風味與成分後再添加白蘭地及甜分，使它成爲色香俱全的香甜酒。漢密士可可酒即是屬於這種酒。

(十二)無色可可酒（white cacao）

這是一種無色透明的香甜酒。製法是將可可豆浸泡在烈酒中，等抽出香味與成分後再加以蒸餾，最後添加甜分並裝瓶。由於它不需和其他酒類混合，所以具有濃郁的可可味道。漢密士無色可可酒即是屬於這種酒。

(十三)摩卡咖啡酒（reme de Moka）

它亦可拼成mokka，而法國則拼成mocha。這是一種以咖啡豆爲原料製成的咖啡香甜酒。法國稱它爲咖啡香甜酒或摩卡香甜酒。世界各地雖然都生產這種酒，但是由於所使用的咖啡豆種類、煎焙技巧，以及做爲基酒的烈酒有所不同，所以成品往往會有些微差異。這種酒的一般製法是，將烘焙過的咖啡豆浸泡在烈酒中，然後再添加白蘭地與甜分，使其具有色澤與香味。著名的卡魯瓦（Kahlua）咖啡香甜酒是採用墨西哥高原地方的阿拉比卡種咖啡豆製成的，由彼得．西潤公司負責發行。另外，日本出產的漢密士摩卡咖啡酒是一種能兼顧摩卡咖啡的香醇與白蘭地風味的酒，而「愛爾蘭天鵝絨」（Irish velvet）乃是以愛爾蘭威士忌、塔拉馬留爲基酒所製成的咖啡香甜酒。

(十四)安摩拉多．帝．撒柔娜（Amaretto di Saronno）

製法是將杏仁的果核浸泡在白蘭地中，等抽出其中的成分後，再混進數種香草精，讓它緩慢地醞釀，這種酒的特色是帶有杏仁味道，美國人非常喜歡這種香甜酒。

這種酒誕生於一五二五年，又名「愛的香甜酒」。根據傳說，這種酒的起源是這樣的，有位名叫伯納第尼．盧艾內（Bemadino Luini）的畫家，因替教會繪製壁畫而認識了他所寄宿的客棧女主人，並以這位金髮美女爲模特兒，在禮拜堂的牆壁上完成聖母瑪利亞的畫像。這幅「基督降生圖」至今還保存在山達．瑪利亞教會內。

說話耶誕節將近時，該名女主人爲了感謝畫家以她爲模特兒作畫的恩情，於是將杏仁的果核放入蒸餾酒浸泡，製出香味絕佳的香甜酒來，由於該杏仁香味和眾人熟知的杏仁蛋糕味非常酷似，於是便稱這種香甜酒爲安摩拉多・帝・撤柔娜（Amaretto di Saronno）。一八〇〇年左右，某家大藥廠（兼做香甜酒）的負責人卡羅・多明尼可・雷那（Carlo Dominico Reina）買下該香甜酒的配方，開始生產出售。在他及他的子孫推廣下，義大利撤柔娜村的香甜酒終於成爲世界第一級的香甜酒。

(十五)果核香甜酒（Crème de Noyau）

該種香甜酒是以桃子、杏子等果實的種子（核、仁）爲原料製成的，具杏仁風味，分成無色與粉紅色兩種。Yau乃是法語，指「植物的核、有核的果實」而言[2]。

三、苦藥系列的香甜酒

(一)肯巴利（Campari）

據說即使不懂得義大利語的人也聽過Campari這個字，由此可知它是一種國際性的飯前酒。一八六〇年，義大利米蘭市的市民卡斯巴雷・肯巴利（Gaspare Campari）發明了這種酒，起初他爲該酒命名爲「荷蘭風味的苦味酒」，等他的兒子接掌時便改名爲肯巴利。據說，它的製造過程是將龍膽根、小荳蔻、胡荽、小茴香、苦橙子陳皮等浸泡在葡萄烈酒之類的酒類中製成的，不過詳細的調製情形卻不對外公開。

(二)香味苦汁（Aromatic bitters）

這是一種將安哥史杜拉（Angostura）的樹皮（主要原料）

以及十幾種草根樹皮的香精，浸泡在烈酒中所製成的芳香苦味酒。香味苦汁的原產地爲南美委內瑞拉中部的安哥史杜拉鎮（現在的Ciudad Bolivar）。安哥史杜拉苦汁（Angostura bitters）是商品名稱。在日本，漢密士安哥史杜拉乃是此酒中的佼佼者。

(三)橘子苦汁（orange bitters）

它是以苦橙子的皮爲主要原料，並添加十幾種草根樹皮的香精，放入烈酒中浸泡而成的，它能使雞尾酒的風味更上一層樓，漢密士橘子苦汁即是屬於這種酒。

(四)阿美爾．皮肯（Amer Picon）

它是採用柑橘的皮、龍膽根、奎寧等原料製成的一種稍帶苦味的香甜酒。Amer乃是法語，指「苦澀」而言。

四、其他（蛋、奶油、人參）系列的香甜酒

(一)白蘭地蛋酒（egg brandy）

大部分的香甜酒都是以草根、樹皮、果實等植物類的香味來熬製，但也有小部分是利用動物性的成分製成的，如白蘭地蛋酒即是。原產國荷蘭稱這種在白蘭地中加進蛋和砂糖的酒爲律師（Adovocaat），它的作用似乎是用來提神的。這種香甜酒爲什麼稱爲「律師」呢？據說它有幾個小插曲。一是初嚐該酒的荷蘭船夫們將這種酒和西印度群島的鱷梨（avocado）果汁混淆了。二是喝了這種酒則能和律師一樣，成爲一位雄辯家。三是律師喜愛該酒。四是律師及年老的婦人在工作前飲用……。該種酒雖是由粗魯的荷蘭人調製出來的，但其酒性卻很細緻，爲了要使成品保

持在安定的狀態，製造時必須具備非常巧妙的技術。以漢密士白蘭地蛋酒而言，它是採用上等、新鮮的蛋，放在火中緩慢地加熱而成的，在加熱的過程，加熱溫度、冷卻的方法對酒的風格、口味等都有決定性的影響。該酒的原料爲烈酒、蛋黃、蜂蜜、白蘭地等[3]。

(二)法國奶油香甜酒（French cream liqueur）

這種香甜酒的製法是將香草、巧克力、咖啡的香味，移到以白蘭地爲基酒所製成的鮮奶油香甜酒（cream liqueur）中。近年來，歐洲人士逐漸地喜歡上這種酒，代表性的商標是戴波（Deveaux）。

(三)高麗人參酒（Korean Ginseng Ju）

這是一種代表大韓民國的香甜酒。高麗人參乃是五加科的植物，從古至今一直以漢方醫藥而受到大家的珍視。它的製法是將高麗人參浸泡在烈酒中，抽出其成分後再加以醞釀。它之所以受人歡迎，乃是酒中會散發出獨特的香氣之故。代表性的商標是「秘苑」。

天使之吻
綠色蚱蜢

環遊世界
金色夢幻

以香甜酒調製的雞尾酒

綠色蚱蜢

(一)成分：

❶ 3/4 oz綠色薄荷酒　❷ 3/4 oz白色可可香甜酒　❸ 3/4 oz鮮奶油

(二)調製方法：搖盪法

(三)裝飾物：紅櫻桃

(四)杯器皿：雞尾酒杯

天使之吻

(一)成分：

❶ 3/4 oz深色可可香甜酒　❷ 1/4 oz奶水

(二)調製方法：直接注入法

(三)裝飾物：紅櫻桃

(四)杯器皿：香甜酒杯

環遊世界

(一)成分：

❶ 1 oz琴酒　❷ 1 oz伏特加酒　❸ 1 oz蘭姆酒　❹ 1 oz威士忌酒　❺ 1 oz柑橘香甜酒　❻ 3 oz柳橙汁　❼ 3 oz鳳梨汁　❽ 1/2 oz檸檬汁　❾ 1/2 oz糖水　❿ 1/2 oz紅石榴糖漿

(二)調製方法：搖盪法

(三)裝飾物：吸管、花

(四)杯器皿：poco grandy杯

金色夢幻

(一)成分：

❶ 1/2 oz加利安香甜酒 ❷ 3/4 oz柑橘香甜酒 ❸ 3/4 oz柳橙汁 ❹ 3/4 oz鮮奶油

(二)調製方法：搖盪法

(三)裝飾物：紅櫻桃

(四)杯器皿：雞尾酒杯

B-52轟炸機

(一)成分：

❶ 1/3 oz咖啡香甜酒 ❷ 1/3 oz愛爾蘭奶酒 ❸ 1/3 oz伏特加

(二)調製方法：直接注入法

(三)裝飾物：無

(四)杯器皿：香甜酒杯

墨西哥牛奶

(一)成分：

❶ 1 oz咖啡香甜酒 ❷ 2 oz牛奶

(二)調製方法：直接注入法

(三)裝飾物：無

(四)杯器皿：古典酒杯

B52轟炸機

墨西哥牛奶

習　題

是非題

(　　) 1.香甜酒（liqueur）多是以各種水果、蜜糖、植物香料等原料混合蒸餾酒調製而成。

(　　)2.加里安諾酒（Galliano）是義大利所產的草藥酒。

(　　) 3.吧檯的杯子最好送到廚房的洗碗機一起清洗。

(　　) 4.吧檯砧板消毒洗淨後，應以側立方式存放。

(　　) 5.酒會結束後，剩餘冰塊可做食品冷藏，下次使用時再清洗即可。

(　　) 6.酒吧檯的清洗設備應設置三格水槽，分別是洗刷、沖洗和消毒槽三格。

(　　) 7.一般營業單位會將葡萄酒單（wine list）和飲料單（drink list）分開設置。

(　　) 8.常用雞尾酒（cocktails）的組合及調製，大都以單人分爲基準。

(　　) 9.通常喝剩下的葡萄酒可以作炒菜及醃牛排用，紅酒最好醃紅肉，白酒最好醃海鮮，食物風味更佳。

(　　) 10.爲了節省成本，杯緣有點小缺口仍然可以使用。

(　　) 11.調酒員隨時注意吧檯之人、事、物，如有可疑，立即向當班主管報備。

選擇題

(　　) 1.liqueur香甜酒的標籤上印有三個英文字母D.O.M是何種香甜酒？ (A)galliano (B)campari (C)sambaca (D)benedictine。

( )2.下列何者不屬於柑橙酒？ (A)triple sec (B)grand marnier (C)fraise (D)cointreau。

( )3.poire willams是屬於下列那一種香甜酒？ (A)梨子 (B)桃子(C)蘋果(D)草莓。

( )4.混合酒（mixed drink）也可稱爲何種飲料？ (A)soft drink (B)highball drink (C)cold drink (D)sweet drink。

( )5.彩虹雞尾酒的分層比重原理是因爲 (A)色素與酒精 (B)色素與糖(C)糖與酒精(D)色素與水。

( )6.下列何者非咖啡口味之香甜酒？ (A)kahlua (B)crème de café (C)southern comfort (D)tia-maria。

( )7.香甜酒（liqueur）的含糖量不得低於 (A)2.5% (B)5% (C)10% (D)12.5%。

( )8.香甜酒（liqueur）的酒精含量最低不得低於 (A)14% (B)16% (C)18% (D)20%。

( )9.下列何者非柑橘口味之香甜？ (A)curacao (B)grand marnier (C)baileys (D)triple sec。

( )10.下列何者爲茴香口味之香甜酒？ (A)maraschino (B)parfait amour (C)sambuca (D)southern comfort。

( )11.下列那一種酒不屬於香甜酒（liqueur）？ (A)覆盆子（framboise） (B)野莓酒（sloe gin） (C)白蘭地（brandy） (D)紫羅蘭（parfait-amour）。

( )12.卡魯哇咖啡（Kahlua）酒是以那一種蒸餾酒再製而成？ (A)琴酒 (B)白蘭地 (C)伏特加酒 (D)蘭姆酒。

( )13.牙買加的咖啡酒（tia maria）是以那一種蒸餾酒再

製而成？ (A)蘭姆酒 (B)伏特加酒 (C)白蘭地 (D)威士忌。

( ) 14.蜂蜜酒（drambuie）主要是以那一種蒸餾酒再製而成？ (A)伏特加 (B)威士忌 (C)白蘭地 (D)蘭姆酒。

( ) 15.下列那一種酒是以葡萄酒再製而成？ (A)白櫻桃酒（kirsch） (B)柑桔酒（cointreau） (C)夏多思（chartreuse） (D)多寶力補酒（dubonnet）。

註釋

1.Costas K. & Mary P., *The Bar and Beverage Book* (U.S.A.: John Wiley & Sons Inc., 1991), Second edition. p.61.

2.福西英三，《酒吧經營及調酒師手冊》，香港：飲食天地出版社，頁171。

3.吳克祥，《酒吧操作實務》，遼寧科學技術出版社，頁321。

第十四章　葡萄酒

第一節　葡萄酒的歷史和起源

第二節　釀酒葡萄的種植條件與地理分佈

第三節　葡萄酒的釀造

第四節　世界主要典型葡萄品種

第五節　欣賞葡萄酒

第六節　葡萄酒的香味

第七節　菜餚與葡萄酒的搭配

第八節　葡萄酒正式服務方式

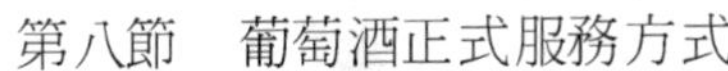

第一節　葡萄酒的歷史和起源

一、葡萄酒的歷史

人類究竟在何時、何地開始接觸葡萄酒的，我們不太清楚，不過大致的情形應該是，古代人無意中嚐到壓壞並且自然醱酵的液體後，才開始和葡萄酒結下不解之緣的。就記錄而言，古東方最古老的文學作品——《巴比倫尼亞英雄敘事詩》乃是第一本述說有關葡萄酒的書籍。該書主要在描寫紀元前四千至五千年之間所發生的事情，書中就提到紅葡萄、白葡萄酒，可見在《巴比倫尼亞英雄敘事詩》時代，就已經有紅葡萄酒及白葡萄酒了。其實，該項記錄不但是有關葡萄酒的最早文獻，同時在人類的酒史上，葡萄酒可說是最古老的酒類了。巴比倫尼亞、古埃及時代似乎非常盛行釀製葡萄酒，因爲在金字塔的內壁上，可以見到描繪當時栽培葡萄及釀造葡萄酒的情景。葡萄酒由巴比倫尼亞、古埃及傳至希臘、羅馬，進入五世紀時代，法國及德國等地也都開始與它接觸。時至中世紀，由於基督教的普及，葡萄酒便廣傳至歐洲各地，到了十七世紀末葉，它才開始使用軟木栓，這項改革對往後葡萄酒的發展具有更重大的影響。

二、葡萄酒的起源

葡萄酒在近二、三十年來才於世界各地被廣泛注意和研究。然而，早在古羅馬時期，歐洲便開始大量種植葡萄樹和釀製不同的葡萄酒。但直至我們的上一代，大部分的葡萄酒仍是區域性的產品，主要供應鄰近地區民眾飲用而已，他們並不會像現今我們要某一產區或年份的品種酒如卡本內·蘇維翁（Cabernet Sauvignon）紅酒或夏多內（Chardonnay）白酒，他們一般只會要一瓶紅酒，偶爾一瓶白酒或有時來一瓶氣泡酒。那個時間的葡萄酒大部分都是酒質拙劣、毫無釀造技術可言，不值得回憶也不值得一提的紅酒居多[1]。

五十年前，法國便已雄霸了整個葡萄酒王國，波爾多和勃根地兩大產區的葡萄酒始終是兩大樑柱，代表了兩個主要不同類型的高級葡萄酒：波爾多的厚實和勃根地的優雅，吸引著千萬的目光。然而這兩大產區受法國農業部和區域部門監督，產量有限，並不能滿足全世界所需。

從七○年代開始，聰明的酒商便開始在全世界找尋適合的土壤、相同的氣候，種植法國、德國的優質葡萄品種，採用相同的釀造技術，使整個世界葡萄酒事業興旺起來。尤以美國、義大利採用現代科技、市場開發技巧，開創了今天多彩多姿的葡萄酒世界潮流，也讓我們深深體會葡萄酒的藝術。

葡萄適應環境的能力很強，要釀造葡萄酒也很容易，早在史前時代就已經有葡萄酒存在了，但是有關葡萄的種植和釀造的技術卻非常多元、繁複。十九世紀巴斯德就開創了現代釀酒學，雖然百年來各種釀造法推陳出新，但許多傳統的釀造技術仍然被完整地保留下來，有些方法至今依舊是製造佳釀的不二法門。縱觀全球，很難再找到其他產品像葡萄酒的生產這般複雜多變且古今雜陳。

決定葡萄酒特性和品質的三大因素分別是自然條件、人為種植與釀造技術，和葡萄的品種，三者缺一不可。

第二節　釀酒葡萄的種植條件與地理分佈

一、葡萄酒的主要種植區

歐洲擁有全球三分之二的葡萄園，以氣候溫和的環地中海區爲最主要產地。在法國東南部、伊比利半島、義大利半島和巴爾幹半島上，葡萄園幾乎隨處可見。同屬地中海沿岸的中東和北非也種植不少葡萄，但由於氣候和宗教的因素，並不如北岸普遍，以生產葡萄乾和新鮮葡萄爲主。法國除了沿地中海地區外，南部各省氣候溫和，種植普遍，北部地區由於氣候較冷，僅有少數條件特殊的產地。氣候寒冷的德國，產地完全集中在南部的萊茵河流域。中歐多山地，種植區多限於向陽斜坡，產量不大。東歐各國中，前南斯拉夫、保加利亞、羅馬尼亞和匈牙利是主要生產國。

前蘇聯的葡萄酒產區主要集中在黑海沿岸。

北美的葡萄園幾乎全集中在美國的加州，產量約占90%，西北部、紐約州及墨西哥北部的Sonora也有種植。

亞洲葡萄酒的生產以中國大陸最爲重要，葡萄最大種植區在新疆吐魯番，但以生產葡萄乾和新鮮葡萄爲主，釀酒葡萄則集中在北部山東、河北兩省。日本、土耳其（葡萄乾生產大國）和黎巴嫩都有少量的生產。

南半球葡萄的種植是歐洲移民抵達之後才開始的，在南美洲以智利和阿根廷境內、安地列斯山脈兩側爲主要產區。此外巴西南部也有大規模的種植。

醞釀美酒的葡萄園

除了地中海沿岸的北非產區外，非洲大陸的葡萄種植主要集中在南非的開普敦省。在大洋洲部分以澳洲新南威爾斯南部和南澳大利亞西南部爲主。另外紐西蘭北島和南島北端也大量種植。

二、葡萄樹生長的天然條件

葡萄樹適應環境的能力很強，生長容易，但是要種出品質佳且有獨特風味的釀酒葡萄卻需要多種自然條件的配合。葡萄像一具同時具有觀測氣候和地質分析功能的機器，收集種植環境的氣候和土質的特性，然後用釀成的葡萄酒記錄下來。同一個葡萄品種因爲種植環境不同，產出來的葡萄酒風味也絕不相同。所以品嚐葡萄酒的過程除了是感官的饗宴，同時也是對產地風土的解碼。

全世界各種作物的研究大概沒有任何一種像葡萄種植的研究一樣深入和廣泛，可惜即使如此，我們對各種不同葡萄酒之間的關係所知道的仍然非常有限。

三、適合葡萄樹生長的氣候

一般而言，葡萄樹適合溫和的溫帶氣候，因爲在寒帶氣候葡萄樹不僅無法達到應有的成熟度，而且很難經得起酷寒的嚴冬；相反地，熱帶氣候則經常過於炎熱潮濕，易遭病蟲害的侵襲，而且過於炎熱的天氣葡萄成熟快速，釀成的酒常平淡無味，所以全球大部分的葡萄園都集中於南北緯三十八度至五十三度之間的溫帶區。影響葡萄成長的氣候因素有很多，但以陽光、溫度和水最爲重要，它們對各種不同葡萄品種的影響也不相同[2]。

(一)陽光

葡萄需要充足的陽光，透過陽光、二氧化碳和水三者的光合作用所產生的碳水化合物，提供了葡萄成長所需要的養分，同時也是葡萄中糖分的來源。不過葡萄樹並不需要強烈的陽光，較微弱的光線反而較適合光合作用的進行。除了光線外，陽光還可提高葡萄樹和表土的溫度，使葡萄容易成熟，特別是深色的表土和黑色的葡萄效果最佳。另外，經陽光照射的黑葡萄可使顏色加深並提高口味和品質。

(二)溫度

適宜的溫度是葡萄成長的重要因素，從發芽開始，須有10℃以上的氣溫，葡萄樹的葉苞才能發芽，發芽之後，低於0℃以下的春霜即可凍死初生的嫩芽。枝葉的成長也須有充足的溫度，以22℃至25℃之間最佳，嚴寒和炙熱的高溫都會讓葡萄成長的速度變慢。在葡萄成熟的季節，溫度愈高則不僅葡萄的甜度愈高，酸度也會跟著降低。日夜溫差對葡萄的影響也很重要，收成後，溫度的影響較不重要，只需防止低溫凍死葡萄葉苞和樹根即可。

(三)水

水對葡萄的影響相當多元，它是光合作用的主要因素，同時也是葡萄根自土中吸取礦物質的媒介。葡萄樹的耐旱性不錯，在其他作物無法生長的乾燥、貧瘠土地都能長得很好，一般而言，在葡萄枝葉成長的階段需要較多的水分，成熟期則需要較乾燥的天氣。水和雨量有關，但地下土層的排水性也會影響葡萄樹對水的攝取。

(四)土質

葡萄園的土質對葡萄酒的產地特色及品質有非常重要的影響。一般葡萄樹並不需要太多的養分，所以貧瘠的土地特別適合葡萄的種植。太過肥沃的土地徒使葡萄樹枝葉茂盛，反而生產不出優質的葡萄。除此之外，土質的排水性、酸度、地下土層的深度及土中所含礦物質的種類，甚至表土的顏色等等，也都深深地影響葡萄酒品質和特色的形成。

尚未熟成的葡萄

有關不同土質對葡萄酒的影響相當複雜，有時還不免摻雜著傳奇色彩。特別是像法國這樣古老的產酒國格外注意土質的重要性，有許多葡萄園的分級系統都是依照土質結構而來的。不過這樣的觀點並沒有完全被新大陸的葡萄農接受，例如在澳洲和美國等地，就認爲區域性氣候的影響大過土質的重要性。以下將介紹幾種在葡萄園中常見的土質：

1.花崗岩土

此種土質多呈砂粒或細石狀，排水性佳，屬酸性土，非常適合種植麗絲玲和希哈等品種，法國隆河谷地北部的著名產地羅第丘的薄酒來特級產區等都以此類土質爲主。

2.沉積岩土

各類不同的沉積岩土皆含有大量的石灰質，其中屬侏羅紀的泥灰岩、石灰黏土和石灰土以勃根地的金丘縣和夏布利兩個產區最具代表性，特別適合夏多內和黑度諾品種的生長。而屬白聖紀的白聖土則以出產氣泡酒的香檳區最具代表。

3.礫石及卵石地

屬沖積地形，養分少，排水性高，易吸收日光，提高溫度非常適合葡萄生長。礫石土質以波爾多的梅多（Medoc）產區最爲著名；卵石土質則以上河谷地的教皇新城最具代表性。

第三節　葡萄酒的釀造

製造葡萄酒似乎非常容易，不需人類的操作，只要過熟的葡萄掉落在地上，內含於葡萄的酵母就能將葡萄變成葡萄酒。但是經過數千年經驗的累積，現今葡萄酒的種類不僅繁多，且釀造過程複雜，有各種不同的繁瑣細節。

一、醱酵前的準備

(一)篩選

採收後的葡萄有時挾帶未熟或腐爛的葡萄，特別是不好的年份，比較認眞的酒廠會在釀造時做篩選。

(二)破皮

由於葡萄皮含有單寧、紅色素及香味物質等重要成分，所以在醱酵之前，特別是紅葡萄酒，必須破皮擠出葡萄果肉，讓葡萄汁和葡萄皮接觸，以便讓這些物質溶解到酒中。破皮的程度必須適中，以避免釋出葡萄梗和葡萄籽中的油脂和劣質單寧，影響葡萄酒的品質。

(三)去梗

葡萄梗中的單寧收斂性較強，不完全成熟時常帶刺鼻草味，必須全部或部分去除。

(四)榨汁

所有的白葡萄酒都在醱酵前即進行榨汁（紅酒的榨汁則在醱酵後），有時不需要經過破皮、去梗的過程而直接壓榨。榨汁的過程必須特別注意壓力不能太大，以避免苦味和葡萄梗味。傳統採用垂直式的壓榨機，氣囊式壓榨機壓力和緩，效果佳。

(五)去泥沙

壓榨後的白葡萄汁通常還混雜有葡萄碎屑、泥沙等異物，容易引發白酒的變質，醱酵前需用沉澱的方式去除，由於葡萄汁中的酵母隨時會開始酒精醱酵，所以沉澱的過程需在低溫下進行。紅酒因浸皮與醱酵同時進行，並不需要這個程序。

(六)醱酵前低溫浸皮

這個程序是新近發明還未被普遍採用。其功能在增進白葡萄酒的水果香並使味道較濃郁，已有紅酒開始採用這種方法釀造。此法需在醱酵前低溫進行。

二、酒精醱酵

葡萄的酒精醱酵是釀造過程中最重要的轉變，其原理可簡化成以下的形式：

葡萄中的糖分＋酵母菌＋酒精（乙醇）＋二氧化碳＋熱量

通常葡萄本身就含有酵母菌，酵母菌必須處在10℃至32℃間的環境下才能正常運作，溫度太低，酵母活動變慢甚至停止，溫度過高，則會殺死酵母菌，使酒精醱酵完全中止。由於醱酵的過程會使溫度升高，所以溫度的控制非常的重要。一般白酒和紅酒的酒精醱酵會持續到所有糖分（2公克／公升以下）皆轉化成酒精為止，至於甜酒的製造則是在醱酵的中途加入二氧化碳停止醱酵，以保留部分糖分在酒中。酒精濃度超過15％以上也會中止酵母的運作，酒精強化葡萄酒即是運用此原理，於醱酵半途加入酒精，停止醱酵，以保留酒中的糖分。

酒精醱酵除了製造出酒精外，還會產出其他副產品：

(1)甘油：一般葡萄酒每公升大約含有五到八公克左右，貴腐白酒則可高達二十五公克，甘油可使酒的口感變得圓潤甘甜，更易入口。

(2)酯類：酵母菌中含有可生產酯類的醣，醱酵的過程會同時製造出各種不同的酯類物質。酯類物質是構成葡萄酒香味的主要因素之一。酒精和酸作用後也會產生其他種酯類物質，影響酒香的變化。

三、醱酵後的培養與成熟

(一)乳酸醱酵

完成酒精醱酵的葡萄酒經過一個冬天的儲存，到了隔年的春天溫度升高時（特別是20℃至25℃）會開始乳酸醱酵，其原理如下：

蘋果酸＋乳酸菌＋乳酸＋二氧化碳

由於乳酸的酸味比蘋果酸低很多，同時穩定性高，所以乳酸醱酵可使葡萄酒酸度降低且更穩定不易變質。並非所有葡萄酒都會進行乳酸醱酵，特別是適合年輕時飲用的白酒，常特意保留高酸度的蘋果酸。

(二)橡木桶中的培養與成熟

葡萄酒醱酵完成後，裝入橡木桶使葡萄酒成熟。

四、澄清

(一)換桶

每隔幾個月儲存於桶中的葡萄酒必須抽換到另一個乾淨的桶中，以去除沉澱於桶底的沉積物，這個程序同時還可讓酒稍微接觸空氣，以避免難聞的還原氣味。這個方法是最不會影響葡萄酒的澄清法。

(二)黏合過濾法

基本原理是利用陰陽電子產生的結合作用，產生過濾沉澱的效果。通常在酒中添加含陽電子的物質，如蛋白、明膠等，與葡萄酒中含陰電子的懸浮雜質黏合，然後沉澱達到澄清的效果。此種方法會輕微地減少紅酒中的單寧。

(三)過濾

經過過濾的葡萄酒會變得穩定清澈，但過濾的過程多少會減少葡萄酒的濃度和特殊風味。

(四)酒石酸的穩定

酒中的酒石酸遇冷（-1℃）會形成結晶狀的酒石酸化鹽，雖無關酒的品質，但有些酒廠爲了美觀因素，還是會在裝瓶前用-4℃的低溫處理去除[3]。

第四節　世界主要典型葡萄品種

一、慕司卡（Muscat）

慕司卡白酒的香與味頗具特色，容易辨認，其獨特之香味來自葡萄本身之果糖，如其糖分在醱酵時全部轉換為酒精，其香味也隨之消失，是故大部分慕司卡白酒都故意釀成甜酒，以保留其芳香氣味。

由於慕司卡白酒酒精含量不高，芳香甜潤，故適合純飲或用餐前酒，宜選用淺酒齡之慕司卡，以享用其清新香味。

全世界的產區都有種植慕司卡，值得一提的是法國隆河區（Rhone）之Muscat de Beaumes-de-Venise法定產區是允許添加葡萄烈酒以提高其酒精濃度，而又能保留其蜂蜜香甜、水梨果香，但同樣適合選用淺酒齡者飲用。

二、麗絲玲（Riesling）

麗絲玲是十大典型葡萄品種之一，原產自德國，也是德國酒之代名詞，在世界各較寒冷產區都有種植，但各產區甚至酒廠所釀製的風格都不一樣。我們一般所熟識之麗絲玲白酒都是泛指帶甜味在餐前或餐後所喝之白酒，但因為其與甜味常連在一起，所以未能受所有飲家之偏愛。

我們在市面上常看到的約翰尼斯堡麗絲玲與南非聯邦之約翰尼斯堡全無關係，雖然南非也有釀造麗絲玲，但此為德國村莊所生產釀製，清爽可口，適中的酸度，故甜而不膩，享有盛名，在世界各地都有生產釀造。

然而在德國部分酒廠及法國阿爾薩斯所釀造之麗絲玲白酒則是以甘性、果香細緻聞名。

三、蘇維翁・白朗（Sauvignon Blanc）

又名福美，原產自法國Loire，是Sancere和Pouilly-Fume產區的唯一法定白葡萄品種；Fume的意思就是煙燻（smoky）味，毫無疑問的，一瓶好的蘇維翁．白朗白酒會帶有煙燻的香味，這種香味令人聯想到剛烤熟的吐司和咖啡豆香，不過離開了Loire，煙燻味也離開了。

蘇維翁．白朗另有一種青草和果仁香味，然而並不是每個人都喜歡其香草味，所以形成兩極化，喜歡的人很喜歡，不喜歡的人可能以後會放棄它，不過這是英皇亨利四世和法皇路易十六的最愛。

蘇維翁．白朗的酸度較高，故其果香味特殊，爲享受其新鮮果香味，建議飲用淺酒齡（二至三年內）的蘇維翁．白朗白酒。蘇維翁．白朗會因產地、釀製方法不同而口味各異。純蘇維翁．白朗品種的酒會因橡木桶儲藏或陳年而得益很多，通常都會混配瑟美戎（Semillon）以增加其口感。加州蒙岱維酒廠（Robert Mondavi Winery）則在裝瓶前以全新的橡木桶釀藏處理而呈現較柔順，其多了一些橡木桶的香草味，也減低了其青草味，其改變有異於加州傳統略甜的蘇維翁．白朗白酒，並命名爲福美白酒（Fume Blanc），現正風行全美國，其他酒廠也先後跟進。

四、夏多內（Chardonnay）

如果卡本內·蘇維翁是葡萄酒之皇，那夏多內一定是葡萄酒之后。全世界的葡萄酒產區很少沒有釀造夏多內白酒的（管制生產國家例外），因其對各類土壤、氣候適應力都很強，而又容易釀造。對它不存在而感到高興的，大概只有波爾多（Bordeaux）的酒廠吧！

有數個原因令夏多內這樣受全世界各業者和消費者歡迎：首先是在行銷上，只要有Chardonnay的字在標籤上，就是銷售的保證。不同氣候的產區和不同酒齡的夏多內，都有不同風格，加上橡木桶的醞藏搭配，讓Chardonnay如魚得水般倍添風味，它可以在濃淡不同類型中表現其優點。

最後它可以單獨釀製，也能與其他品種互相搭配，如在Loire用來柔和Chenin Blanc以增其韻味。在澳洲的Semillon都會加夏多內，另一個更具體表現則來自香檳，香檳產區所生產的夏多內，味道較澀，口感單薄，但以香檳製造法的汽泡酒型態出現，則神奇地變成優雅和複雜口感。

夏多內是少數可儲藏的白葡萄品種，酒勁有力，淺酒齡時顏色淺黃中帶綠，果香濃郁而爽口，隨著酒齡層增加，顏色轉變爲黃色或金黃色，新鮮的水果味漸漸消失而變爲多彩多姿的複雜口味，後韻更明顯地增強。

夏多內是勃根地區唯一種植的白葡萄品酒，以Chablis的清新口感、蜂蜜香味而普及消費市場。

五、甘美（Gamay）

甘美品種釀造的酒，單寧含量低，果味尤以草莓的果香特別濃郁，口感非常柔順，顏色紫紅並在酒杯中呈現紫蘿蘭的豔麗顏色。

甘美品種葡萄酒是屬於簡單型的紅酒，沒有多層次複雜的口感，故無儲藏陳年價值，而且為求其新鮮果味，應選用年份淺者，釀酒裝瓶後兩年內的甘美紅酒最佳。

甘美紅酒於15℃左右飲用最能表現其清新果味，故可在飲用前稍加冷凍，可當餐酒或純飲之用。

法國薄酒來（Beaujolais）產區全部種植甘美品種，是法國最暢銷的紅酒之一。由於法國人很留意每年在薄酒來區甘美品種的品質，故每年秋收後便以獨特的釀製方法，生產薄酒來新酒（Beaujolais Nouveau），於每年十一月的第三個星期四，推出這種Nouveau新酒，讓大家先品嚐當年的薄酒來，現已成為流行風氣，全世界都以先飲為快。

六、碧諾瓦（Pinot Noir）

碧諾瓦是法國勃根地紅酒所採用的唯一紅葡萄品種，尤以金山麓區特級葡萄園所釀造之紅酒，遠自中世紀開始便名聞各地。一瓶出色的碧諾瓦，會讓其他產區或葡萄品種酒黯然失色，是所有酒農的希望和挑戰。

碧諾瓦發芽和收成較早，適合於微冷的天氣，其果實生長非常不規則，並容易超越產量所需，故要定時修剪以避免產量過多及葡萄過密而破損。其葡萄果皮特別細薄而容易受天氣影響，是故在整個生長過程中都要倍加謹慎照顧。其次，在釀造時亦同樣困難，在醱酵時需高溫運行以求動人的香味，但稍微溫度過高則酒香帶有悶焦味，溫度保守而不夠時則香味平庸，而缺乏其魅力。

碧諾瓦因其果皮細薄故單寧量不高，甚至幾乎可說果酸比其單寧還高。所有碧諾瓦紅酒都是單一葡萄品種釀造，顏色豔麗迷人，口感柔滑而同樣呈多層次香與味。

碧諾瓦也是釀造香檳酒之主要葡萄品種之一，在更寒冷之香檳產區所生產之碧諾瓦顏色較淡，但可讓香檳酒結構上更加完美；博多區以外所生產的碧諾瓦也大部分用於釀造氣泡酒。

碧諾瓦可說是勃根地區的代名詞，在世界各地都略有種植，但以加州那帕山谷最爲成功。紐西蘭的氣候也非常適合種植，但這些新興國家有如美國奧勒岡州一樣，在種植了差不多二十年之後，才開始發現出現難題，是故一瓶高品質之碧諾瓦紅酒，價錢雖然昂貴，仍然是非常值得的。

七、梅洛（Merlot）

梅洛以前常活在卡本內．蘇維翁之陰影下，其主要功能用作調配卡本內．蘇維翁，以柔和卡本內．蘇維翁之高單寧，其酒勁也增強卡本內．蘇維翁之整體結構美。但自從Chateau Petrus（採用差不多全部梅洛釀造）名聞四海後，梅洛開始備受注目，加州酒廠從七〇年代開始也生產單一品種之梅洛葡萄酒，而且相信這酒最少可在瓶中存活超過五十年。

梅洛葡萄果粒比卡本內．蘇維翁粗大而皮薄，故其品種酒單寧量不高，但酒精感豐富而甜潤，顏色轉變速度快速，是法國博多St-Emilion和Pomerol主要品種之一。

八、卡本內・蘇維翁（Cabernet Sauvignon）

卡本內・蘇維翁可能是目前世界上最有名、評價最高的葡萄品種酒，其原產地爲法國波爾多區之菩勒（Pauillac）。因其對各種天氣和土壤都能適應良好，故各地產區都普遍種植和釀造卡本內・蘇維翁葡萄酒（英、德、盧森堡和葡萄牙例外），其中以法國波爾多區的卡本內・蘇維翁葡萄酒更是各地酒廠爭相摹倣之對象。

卡本內・蘇維翁最理想的生長條件爲排水良好的土壤（以碎石土層爲最佳），溫度適中，海洋的影響也頗重要，涼爽的夜晚和充足的陽光讓葡萄均衡生長和完全成熟。

卡本內・蘇維翁的葡萄果粒細小而皮厚，故釀造出來的酒，顏色深紫和單寧含量特高（口感粗糙）而需較長的陳年期讓其單寧柔和，而卡本內・蘇維翁本身亦具備豐富多變的特質，透過橡木桶的孕育，更能增加其深度和內涵。

大部分的卡本內・蘇維翁酒都是以卡本內・蘇維翁品種爲主體，再混合其他品種如弗朗（Cabernet Franc）和梅洛以增加其芳香和柔順感。不同比例的調配會造成不同的風格和口味；卡本內・蘇維翁以其初期的黑加侖子果香最爲明顯。而隨後因釀造方法及陳年時間不同而逐漸演變，黑加侖子的果香也慢慢消失而形成更多的香與味，如青椒、莓類、咖啡、鄉土、香草等等不同的芳香，其發展出來的多層次口感，是其他品種所不能比擬的。

卡本內・蘇維翁酒雖然味道強勁，但大體上來說並不算是酒精度很高的酒，至少博多區的卡本內・蘇維翁是這樣。

卡本內・蘇維翁的魅力來自時間的培養，選自上好產區和年份的卡本內・蘇維翁，最佳飲用期爲產後十年左右，故應在年輕時選購，小心儲藏，以待其增值及挑選適合時機享用。

九、希哈

法國隆河谷地產區北部是其原產地，也是最佳產地（傳說自伊朗傳入）。希哈適合溫和的氣候，於火成岩斜坡表現最佳。酒色深紅近黑，酒香濃郁，豐富多變，年輕時以紫羅蘭花香和黑色漿果爲主，隨著陳年慢慢發展成胡椒、焦油及皮革等成熟香。口感結構緊密豐厚，單寧含量驚人，抗氧化性強，非常適合久存陳年，飲用時須經長期橡木桶及瓶中培養。

法國以外以澳洲所產最爲重要，在其原產地以羅第丘及文水達吉最爲著名，是全球最優產地，可媲美最高級的波爾多紅酒。希哈在此是唯一的黑色品種，法國環地中海各產區種植普遍，經常混合其他品種如格那希和佳麗濃等。

十、蘇維翁（Sauvignon）

原產自法國波爾多區，適合溫和的氣候，土質以石灰土最佳，主要用來製造適合年輕時飲用的白酒，或混和瑟美戎以製造貴腐白酒。

蘇維翁所產葡萄酒酸味強，辛辣口味重，酒香濃郁、風味獨具，非常容易辨認。青蘋果及醋栗果香混合植物性青草香和黑茶藨子樹芽香最常見，在石灰土質則常有火石味和白色水果香，過熟時常會出現貓尿味。但比起其他優良品種，則顯得簡單，不夠豐富多變。

十一、瑟美戎（Semillon）

原產自法國波爾多區，但以智利種植面積最廣，法國居次，主要種植於波爾多區。雖非流行品種，但在世界各地都有生產。適合溫和型氣候，產量大，所產葡萄粒小，糖分高，容易氧化。

比起其他重要品種，瑟美戎所產白酒品種特性不明顯，酒香淡，口感厚實，酸度經常不足。所以經常混合蘇維翁以補其不足，適合年輕時飲用。部分產區經橡木桶醱酵培養，可豐富其酒香，較耐久存，如貝沙克—雷奧良等。

瑟美戎以生產貴腐白酒著名，葡萄皮適合霉菌的生長，此霉菌不僅吸取葡萄中的水分，增高瑟美戎糖分含量，且因其於葡萄皮上所產生的化學變化，提高酒石酸度，並產生如蜂蜜及糖漬水果等特殊豐富的香味。其酒可經數十年的陳年，口感厚實香醇，甜而不膩，以索甸和巴薩克所產最佳。

十二、卡本內·弗朗（Cabernet Franc）

原產自法國波爾多區，比卡本內·蘇維翁還早熟，適合較冷的氣候，單寧和酸度含量較低。年輕時經常有覆盆子或紫羅蘭的香味，有時也帶有鉛筆心的味道。肉質豐厚是它口感上主要的特色。在波爾多主要用來和卡本內·蘇維翁和美露混合，其中以聖文美濃所產最佳。羅亞爾河谷也有大量種植，以希濃最爲著名。義大利東北部是法國以外最大產區。

十三、金芬黛

十九世紀由義大利傳入加州，目前爲當地種植面積最大的品種，主要用來生產一般餐酒和半甜型白酒，甚至氣泡酒。具有豐富的花果香，陳年後常有各類的香料味。乾溪谷、亞歷山大谷爲最佳產區。

十四、白梢楠

原產自法國羅亞爾河谷的安茹，適合溫和的海洋性氣候及石灰和矽石土質，所產葡萄酒常有具蜂蜜香、口味濃、酸度強的特色。其白酒和氣泡酒品質不錯，大多適合於年輕時飲用，較優者也可陳年。另外白梢楠也適合釀製貴腐甜白酒。在法國安茹和都蘭是主要產區。南非開普敦和加州也相當普遍，但常用來製造較無特性的一般餐酒。

十五、米勒—圖高（Muller Thurgau）

全球最著名且種植最廣的人工配種葡萄，一八八二年由米勒博士在瑞士圖高用麗絲玲和希爾瓦那配成。不僅成熟快，產量高，且耐多種病蟲害。可惜其酸度、品質及耐久性都遠不及麗絲玲。此種葡萄直至二次大戰後才開始受到重視，是目前德國種植最廣的品種，此外在奧地利、匈牙利、紐西蘭及義大利北部也很常見。由於香味不足且不夠細緻，酸度又常太低，一般僅用來釀製普通的日常餐酒。

第五節　欣賞葡萄酒

酒的顏色和葡萄的品種、釀造法、年份有關，而且還會隨著酒的年齡改變。僅是透過葡萄酒的顏色，我們就已經可以掌握許多葡萄酒的特性。品酒的時候，無需急著試酒味，也不用急著聞酒香，得先把酒的「面貌」仔細地看個清楚。

除了顏色之外，透過視覺，我們還可以觀察出許多葡萄酒的特質。

一、澄清

年輕的葡萄酒都很澄清，但這不見得和品質有關，陳年的紅酒就經常會在瓶中留下酒渣。這些沉積物是酒中的單寧和紅色素聚合沉澱所造成，不會影響酒的品質。但是要特別注意，酒如果變得混濁或出現長條狀及霧狀的痕跡時，表示酒可能已經變質了。葡萄酒在儲存的過程遇到零下的低溫時，酒中的酒石酸會形成結晶狀的酒石酸鹽，沉在瓶底或依附在瓶壁上。這種沉澱不會改變酒的味道，酒廠在裝瓶前經過一段時間的冷卻處理就可以避免。要分辨酒的澄清度，只要將酒杯置於眼睛和光源之間即可清楚地觀察。

二、氣泡

氣泡酒的氣泡和酒的品質有關，高品質的氣泡酒氣泡通常比較細小。香檳等在瓶中二次醱酵的高級氣泡酒，氣泡通常比在酒槽中二次醱酵的氣泡酒還要細緻。此外，氣泡的產生還必須講究是否夠快、夠持久。酒杯的形式和乾淨程度會影響氣泡的形成，最好選用乾淨的長型鬱金香酒杯。除了氣泡酒之外，有一部分清淡且果香重的白酒，爲了讓酒的口感更清新，會特意在酒中留微量的二氧化碳，品酒時可以在杯壁上看見細微的小氣泡。

三、濃稠度

搖晃酒杯之後，杯中的酒會在杯壁上留下一條條的酒痕，品酒者把它叫作「酒的眼淚」。這種現象常被用來評估酒的濃稠性，酒愈濃稠，酒痕留得愈久。這種說法雖然詩意，而且流通廣泛，但是事實上只是和酒精濃度有關，乃表面張力和毛吸管原理造成，和酒的品質並不一定有關。

四、顏色

觀察葡萄酒可以從顏色的濃度和色調的差別兩方面著眼。依據顏色來分，葡萄酒可以分成紅、白、玫瑰紅三大類。

(一)白葡萄酒

白酒的顏色可以從無色、黃綠色、金黃色一直變化到琥珀色，甚至棕色。白酒的顏色通常比較淺，年輕時常帶綠色反光，呈淡黃色，而且隨著酒齡逐漸加深。橡木桶培養的白酒因爲經過適度氧化的緣故，顏色比較深，多爲金黃色。甜白酒也常呈金黃色或麥桿色，陳年後可能變爲晦金色和琥珀色。至於酒精強化葡萄酒的顏色，則視橡木桶培養的時間長短而定。以蜜思嘉甜白酒的淡金黃色最淡，西班牙雪莉酒中的陳年顏色則可以深如棕色。

(二)紅葡萄酒

紅酒之間顏色的差別更大，從黑紫色到各種紅色都有，甚至有些紅酒顏色還會褪成琥珀色。一般而言，當紅酒年輕時，顏色愈深濃，酒的味道愈濃郁，單寧的含量通常也愈高。因爲紅酒的顏色和單寧主要來自醱酵時浸皮的過程，所以通常葡萄皮的顏色愈深，浸皮的時間愈長，酒的顏色也就愈深。卡本內·蘇維翁、希哈、內比歐露等品種以顏色深黑著名，它們酒中單寧的含量通常也非常高。葡萄成熟度愈高，往往葡萄的顏色愈深。不好的年份葡萄的成熟度不足時，酒顏色會跟著變淡。

(三)玫瑰紅酒

顏色介於紅酒和白酒的玫瑰紅酒在口味上與白酒比較接近。粉紅、鮭魚紅、橘紅、淡芍藥紅等都是常見的顏色。其中用紅葡萄直接榨汁的玫瑰紅酒顏色比較淡，味道和白酒很接近。而採用短暫浸皮的方式製成的玫瑰紅酒，顏色比較深，口味也比較重一點。一般玫瑰紅酒都只適合年輕時即飲用，很少久存。當太過年老時，酒色常會變成如洋蔥皮的土黃色。

第六節　葡萄酒的香味

葡萄酒香的豐富變化是葡萄酒最吸引人的地方。葡萄酒的香味和葡萄品種、釀造法、酒齡、年份、土質以及儲存時間的長短等等都有關聯。葡萄酒香味的品嚐可以從香味的濃度、品質以及種類三方面來看。香味引人的佳釀除了香味濃郁之外，是否細緻優雅，是否豐富多樣，都是欣賞酒香的重點。

開瓶之後，隨著時間及氧化的不同程度，葡萄酒會循序散發出不同的香味。為了感受變化，可以先聞靜止時的酒香，再開始圈狀地晃動酒杯，促進酒與空氣的接觸，以感受香味的變化。每隔一段時間，因不同的氧化程度，香味會變化出多樣風貌。上等的葡萄酒不僅香氣要豐富、有特色，而且更要有層次感，能夠變化多端。

葡萄酒的香味多半用生活中常有的香味作為描述的依據，酒友們可以拿自己記憶中熟識的香味來形容聞到的香味。在辨識時可先找出主香味，再慢慢找出其他附屬香味；先找出是屬於那一大類的香味，再細分出是那一種。較常在葡萄酒中聞到的味道可以略分為八大項，在此依類別分析各種香味的特性，作為欣賞酒香時的參考。

一、花香

屬於年輕葡萄酒比較常有的香味，久存之後會逐漸變淡而消失。

(一)白色花

聞起來相當淡雅的清香，清淡細緻，例如洋槐花、水仙等，常出現在年輕的白酒和香檳中。

(二)紅色花

較為濃重的花香，年輕紅酒或白酒中都常聞得到，有此類花香的白酒口味通常比較濃厚，例如蜜思嘉種的玫瑰花香、希哈種和維歐尼耶種的紫羅蘭等都很常見。

(三)柑橘花類

經常具有讓酒香清新的功能，比較常出現在白酒和優質的甜白酒中。例如檸檬花和柳橙花的清涼香味，可以平衡甜酒通常過於濃膩的味道。

(四)天竺葵

不是很好聞的味道，而且出現此種氣味的葡萄酒可能品質上有問題。山梨酸添加不當也會發生。

二、水果香

這是新鮮的葡萄酒最常有的香味，隨著儲存的時間增加，新鮮水果香會逐漸變爲較濃重的成熟果香。

(一)漿果類

非常舒服的香味，如覆盆子等紅色漿果，常出現在一般年輕的紅酒中。適合久存的紅酒在年輕時也常有此類香味。屬黑色漿果的黑醋栗不僅常出現在色深香濃的年輕紅酒中，在少數白酒如蘇維翁種葡萄酒中也可找到。

(二)黃色水果類

屬優質白酒特有的香味，如水蜜桃和杏桃等，濃郁口味重的白酒裏最常出現。甜白酒中常出現柳橙類的優雅香味，如檸檬、柳橙等。酒精強化葡萄酒中也常有此種香味。偶爾白酒也會有較清淡的檸檬味。

(三)熱帶水果類

蜜思嘉等香味特殊的白酒品種常有荔枝、鳳梨和芒果等香甜濃厚的香味。甜白酒以及經過一段時期培養、口味厚實的白酒也常會出現鳳梨等偏酸甜的濃重香味。

(四)蘋果香

青蘋果是適合年輕時飲用的白酒經常有的香味。但若是過熟的蘋果香味，則可能是酒過度氧化的徵兆，也是長期橡木桶培養的酒精強化葡萄酒所常有。

(五)香蕉味

此種香味來自戊醇的揮發，太重時會出現指甲油味。味道簡單、欠特性，在清淡的新酒以及大量製造的廉價紅酒、玫瑰酒中非常容易碰到。

三、乾果香

經過一段時期的培養，新鮮的水果香會慢慢轉變成果醬或糖漬水果的香味，甚至趨近於水果酒或乾果等較厚重濃膩的香味，是甜酒類常有的香味。

(一)糖漬水果

屬於濃重甜膩的香味，最常出現在各式的甜葡萄酒中，例如貴腐白酒陳年後常有糖漬柳橙的香味。

(二)水果酒

酒味濃郁的葡萄酒常出現蒸餾水果酒的香味，此外黑皮諾種也常有櫻桃酒的香味。

(三)水果乾

紅白酒精強化酒、甜白酒、貴腐白酒、風乾葡萄製成的麥桿酒等類型的葡萄酒，常有此類型的香味。葡萄乾味是常有的普通香味，無花果乾味則可在紅酒精強化酒中聞到，一些成年的高級紅酒中也偶會出現。此外，必須特別注意李子乾的味道，屬陳年的老紅酒特有的味道，但也有可能是酒保存不當而過度氧化後造成的。

(四)乾果

杏仁、核桃、榛果等乾果香味多半出現在非常成熟的白葡萄酒中，通常以口味濃重的陳年白酒和陳年貴腐白酒爲主。許多酒精強化葡萄酒中也很常見[4]。

第七節　菜餚與葡萄酒的搭配

中西式的餐飲文化中，最常被用來佐餐的飲料除了水之外，便要屬葡萄酒了。全球各地葡萄酒的種類之多，不可勝數，各類美食佳餚更是不勝枚舉，如何做恰當的選擇，實在令人費神。比較正式的歐式餐廳常會有專業的點酒師爲顧客提供建議，不過若是要配合個人口味以及荷包預算，還是得先有個譜才好。如果是家中宴客，可以做酒配菜或依菜配酒作最佳的選擇和搭配。葡萄酒佐菜的目的在於讓用餐時的口感、味道更和諧，讓酒與菜互相陪襯，爲彼此增色，互添美味。口味濃重的菜，相配的酒自然也要豐厚，才能與之相應，清淡的菜則必然要清淡的酒，免得破壞細膩的味道。只要掌握主要原則，要做恰當的選擇並不太難。若能大膽嘗試探索葡萄酒與美食臨界交集的空間，說不定還能發明創意搭配，成爲味覺叢林的探險家。選擇葡萄酒的考慮因素如下：

一、產地

許多產酒區同時也是美食區，美酒配佳餚，自然非當地特產莫屬了。如果要搭配具地方風味的菜，不妨先從同產區的葡萄酒找起，比如法國阿爾薩斯的酸菜配醃燻豬，搭配當地的麗絲玲白酒，瑞士乳酪（choucroutegami）搭配年輕的波爾多紅酒及新鮮的森林野生漿果，香味和口感都是完美的組合；火鍋配Fendant白酒亦是很好的選擇。

二、顏色

白酒配白肉、海鮮，紅酒配紅肉，其他不知道怎麼配就擺一瓶玫瑰紅。這樣的通則雖然不夠詳盡，但確也是最基本的通則。所謂的白肉除了魚肉和雞肉外，豬和牛肉也包括在內。紅肉則以牛羊和野味爲主，鴨肉因爲肉質硬、味道重，通常被列爲紅肉。

味道重的紅肉或野味配上濃重的配料醬汁，若配白酒，味道往往全被蓋過去，如飲白水。相反的，紅酒中的單寧很難和魚肉及海鮮配起來，常會留下金屬味。通則雖如此但也並非全無例外，例如有些用紅酒混煮的魚還非得用紅酒配不可。而一些陳年的白香檳，香氣和口味十分厚重，反而是搭配野味的上選。

三、香味

葡萄酒與菜餚香味的協調也可作爲選擇時的考慮。比如水果派最好搭配年輕、富有新鮮果香的甜酒。如果是乾果類做成的蛋糕，和陳年有核桃與檬檸香的甜酒就非常的協調。若要吃生蠔，配上帶點海潮味以及檸檬香的白酒不是挺有創意的嗎？

四、酸度

酸度高的食物常常會破壞葡萄酒口味上的平衡，不太容易搭配。特別是經常加了醋做佐醬的各式沙拉，選擇普通較無特性的葡萄酒，比如一般的玫瑰紅酒，就可以了，以免浪費好酒。至於酸度高的白酒則是海鮮如蚌殼類或蟹類的好搭檔。

五、甜度

甜酒配甜食是一般的習慣，所以一般甜點主要搭配酒精強化葡萄酒、貴腐白酒等甜酒。但是甜酒濃厚圓潤的口感，也適合用來搭配濃稠且香滑圓潤的菜餚，鵝肝醬和藍黴乳酪就是最好的例子。酒精或甘油含量高的白酒或紅酒即使不含糖分，也有甘甜濃厚的口感，可以配合含有些微甜分的鹹食。

六、單寧

紅酒中特有的單寧雖然在口中會產生乾澀的感覺，卻可以柔化肉類的纖維，讓肉質細嫩。此外單寧撐起紅酒的骨架，以搭配咬感較堅韌的肉類。單寧遇到鹹味或甜味時會產生些微的苦味，必須注意。不過含單寧的酒精強化甜紅酒，卻很適合和以巧克力爲材料作成的甜點一起食用。

七、豐富性

家常的簡單食物搭配普通簡單的葡萄酒就可以了，若是口味精緻豐富的菜餚，則不妨採用口感細膩、味道多變、多層次的葡萄酒，讓食物和酒能相映生輝。更重要的是，不要使兩者的重要性失衡，讓酒或菜餚的一方淪落成扮演跑龍套的角色。一般燒烤類的食物口味較接近原味，選擇簡單點的酒就夠了。若是加淋醬的主菜，味道比較複雜，佐餐酒就適合選擇陳年豐富的葡萄酒。

第八節　葡萄酒正式服務方式

葡萄酒由於有許多不同的種類和風味，所以能夠配合各種不同狀況的需要，搭配日常餐點，增加食物的美味，款待貴賓，慶祝節日或紀念日上增添宴會的氣氛，甚至刺激食慾，除此之外，葡萄酒也是宗教儀式中不可缺少的重要角色。

一、驗酒

當客人要葡萄酒時，服務生或酒吧侍者將葡萄酒拿著給客人過目，標籤要向著客人，主人便有機會看一看服務生所拿的酒，是不是他所點的酒。給客人驗酒（過目）是飲酒服務中一個非常重要的禮節，絕不能忽視及馬虎，這種驗酒的動作是一種對客人的尊敬，不管客人對酒是否認識，應確實做到，如此會增加用餐的高尚氣氛。

二、酒杯

餐廳裏需要三種型態的酒杯，以因應佐餐酒、泡沫酒和飯後酒之用。

對佐餐酒用的酒杯而言，大小比形狀更爲重要，一般來說，容量約爲九盎司或稍大，因此在注入六盎司的酒之後，還留有一些空間供酒香凝聚其上。太小的酒杯不適用於佐餐酒，容量太小的杯子對用餐者來說是很掃興的，因爲它無法提供顧客綜合視覺、嗅覺和味覺的滿足感，因而無法增進用餐的情趣。

三、酒杯佈置

在餐桌上擺酒杯最簡單的原則如下：所有的酒杯都放在開水杯的右方。如果有兩個以上的酒杯，則依使用的順序自右至左排列。這樣的排列方式可方便侍者將酒倒進最近的酒杯，也便於當顧客用完配酒的菜時將酒杯收走。

實際的擺放情形如下（自右至左）：

(1)泡沫酒杯、佐餐酒杯、飯後酒杯、開水杯。

(2)泡沫酒杯、白葡萄酒杯、紅葡萄酒杯、開水杯。

(3)白葡萄酒杯、紅葡萄酒杯、飯後酒杯、開水杯。

四、品酒的方法

將酒杯端起，對準燈光，查看顏色是否正常。紅酒應該清澈，呈紅或暗紅色，白酒應該呈琥珀白，玫瑰紅應該呈現淡玫瑰紅色，然後輕搖杯中酒，一面聞其味道是否正常，一面觀察其體質（body）。喝入口中，在口中輕啜，不得一口嚥下，應用舌尖分辨甜度（**圖14-1**）。

五、接受點酒

葡萄酒服務員之職位，在現在的餐廳中真的是很少見。但它仍是烹調藝術中不可輕忽的一部分。無論在何處，人們變得更加注意到葡萄酒及其對食物及娛樂的烘托效果。巧妙的供酒服務不僅帶來再度光臨的生意，還可以啓發客人的知識及增加慶祝的氣氛。

不論由葡萄酒服務員或服務生來實行，酒單以優雅及謙恭的方式送到顧客手上。當趨近餐桌時，酒單應放置在右手上，不是在手臂之下。除非之前已確認某人是這一餐的主人，否則應將酒

圖14-1　品酒的方式

單陳示給整桌客人。

握持白酒酒杯，每一個杯子被握在前一個杯子之下。鬆開杯子時則以相反的順序。

(1) 步驟一：在食指及中指間握第一個杯子的底部。
(2) 步驟二：將第二個杯子滑入第一個杯子之下，以小指及無名指握住。
(3) 步驟三：將第三個杯子滑入前一個杯子之下，以中指及無名指握住。
(4) 步驟四：第四個杯子握在大拇指及食指之間。
(5) 步驟五：第五個杯子握在食指及中指之間。
(6) 步驟六：第六個杯子握在第一個杯子之前，小指及無名指之間。

六、供應葡萄酒

點完酒之後，還必須決定何時開酒、供酒。如果主人不曾給予指示，則依照以下準則：除非有要求與主菜一起，否則白酒和玫瑰紅酒應在第一道菜上桌時開酒及供酒；紅酒在陳示給主人後，立即在餐桌旁打開並保持在室溫下。紅酒應儘可能保持在開著的狀態，理想上最好能在供應前一小時即打開。這個氧化的過程可以使葡萄酒呼吸。氧化之後，就在主菜送上餐桌之前供應紅酒。

如果不同的菜要供應不同的酒，並且每一次供應須配置不同的杯子，則可用手握住杯腳，或用托盤，或用葡萄酒的手推車來搬運杯子至餐桌上。由客人的右方以右手將新的杯子放在前一次杯子的左方餐桌上，然後移走前一次的杯子。如果舊杯中還有酒，而客人還想留著再喝，就不要動它。當這前一次的酒一喝完，就應該立刻移走杯子，除非客人有其他的指示。在某些情況下，比如說當一道菜結束或者點了另一種酒時，不論是否還有酒，移走舊的杯子是正當的。

在供應前要確定葡萄酒是在適當的溫度下：

(1)白酒：45°F至55°F（7.2℃至12.8℃）；理想溫度是48°F（8.9℃）。
(2)紅酒：60°F至75°F（15.6℃至23.9℃）；理想溫度是68°F（20℃）。
(3)香檳酒：38°F至42°F（3.3℃至5.5℃）；理想溫度是40°F（4.4℃）。

這些溫度的建議可以進一步細加區分：就紅酒而言，愈新的紅酒，供應溫度應愈低；愈陳的酒，供應溫度應愈高。白酒及醇厚的甜酒應該要比精緻而淡的酒更冰一點來供應。有時薄酒來紅酒要低溫供應。當然，沒有葡萄酒是應該加熱後供應的。

七、供應紅酒

供應紅酒時請依照這些步驟：

(1)自主人的右方向主人陳示瓶子以求認可。如果被認可了，則繼續進行下一步；如果不被認可，則作適當的修正。
(2)在餐桌上或餐桌旁的手推車上開酒。
(3)如果需要，則將酒傾斜。
(4)倒出足夠的葡萄酒（1oz）在主人的杯中以供鑑賞。當傾倒時，將標籤朝外，以使客人易於看到標籤。快倒完時，旋轉瓶子以使標籤朝向主人。旋轉的動作亦可以防止葡萄酒從瓶子的邊緣滴下。

(5)將葡萄酒放在桌子中央使之氧化。

(6)沿著桌子，順時鐘方向供應葡萄酒給客人。傳統上，先供應給女士，然後才是男士。如果流行較不拘禮的態度或風格，則依其座位的順序順時鐘方向即可。倒入杯中約三分之一滿或二至三盎司。在倒酒時應握住瓶子，如此每一位客人都可以看到標籤。最後才供應給主人。

(7)把酒平均分給所有的客人。時時補充杯中的酒，只要瓶中還有酒，就不該有杯子空著。

(8)將酒瓶留置在餐桌上，直到客人離開或供應新的酒。

(9)不要完全倒空一個瓶子，以免倒出沉澱物。

(10)建議再開第二瓶。

八、白酒及玫瑰紅酒

白酒及玫瑰紅酒在供應前應被冷藏過。如前述，供應這些酒的溫度區間是自45°F至55°F（7.2℃至12.8℃）。過冷將會減少葡萄酒的芳香。

(一)開葡萄酒前

將葡萄酒的冰桶填入四分之三滿的冰塊及水。在冷卻器（cooler）中，十五分鐘時間將能充分地冷卻白酒或玫瑰紅酒。供應白酒或玫瑰紅酒時，依照這些步驟：

(1)將葡萄酒冰桶放置在主人的右方。

(2)自主人的右方陳示葡萄酒以請求認可。

(3)將葡萄酒放回冰桶中。

(4)打開葡萄酒。

(5)倒出足夠的葡萄酒於主人的杯中讓其品嚐。

(6)除了白酒及玫瑰紅酒是保存在冷卻器中以代替放置在桌上外，其餘的分配及供應方式皆與紅酒相同。

供應冷卻過的葡萄酒時，在每一次倒酒時要把冰過的瓶子外的水擦掉。握冰過的瓶子時，手和瓶子間要隔著一條餐巾，這樣可以避免你的手使冰過的葡萄酒溫度升高。

(二)打開葡萄酒

下列打開葡萄酒的方法，需要使用到服務生的開酒器。欲打開葡萄酒需：

(1)在瓶子的端緣之下切開箔片。

(2)取走箔片。

(3)擦拭瓶口。

(4)用手指稍微把軟木塞向下推，以弄破軟木塞與瓶子之間的封蠟。

(5)以小角度插入開酒器，並以一個有力的旋轉將之弄正。

(6)旋轉開酒器直到螺旋物之刻痕只剩二個被留在軟木塞之外。

(7)將開酒器的槓桿放置在瓶子的端緣上。

(8)以左手握住開酒器的適當位置，垂直拉起開酒器弄鬆軟木塞。

(9)解開槓桿，旋轉開酒器。

(10)慢慢地拉出軟木塞。

(11)聞聞軟木塞是否有任何醋味（如果有粗劣的味道則立刻拿另一瓶來）。

(12)將軟木塞自開酒器上取下，並放置在主人的杯子之右方。

(13)擦拭酒瓶的端緣及開口。

九、香檳酒的服務方法

氣泡的香檳酒，無論在任何場合都是葡萄酒的王牌。香檳酒無論在任何一餐（早、午或晚餐）都可以飲用，香檳酒必須加以冷卻，酒所含有的二氧化碳發生作用，使其呈現一種前導的氣味及冒氣泡。

(一)開香檳酒前

把冷卻過的香檳酒端進餐廳，並放進小冰桶後，置於客人右邊的小圓桌上面或冰桶，其處理方法與白葡萄酒完全相同，其次，把未開過的香檳酒，給客人過目，然後再度放進小冰桶裏冷卻，把冷卻過的香檳酒杯擺在桌上，使客人們期待飲酒之樂趣。

(二)開香檳酒時

因為瓶內有氣壓，故軟木塞的外面有鐵絲帽，預防軟木塞被彈出去，這個保護軟木塞的鐵絲及錫箔紙必須剝除，先把瓶頸外面的小鐵絲圈扭彎，一直到鐵絲帽裂開為止，然後把鐵絲及錫箔剝掉，當你在剝除鐵絲帽時，以四十五度的角度拿著酒瓶，並用大拇指壓著軟木塞。

用餐巾包著酒瓶，並保持四十五度的傾斜角度，用左手緊握軟木塞，將酒瓶扭轉，使瓶內的氣壓很優雅地將軟木塞拔出來，繼續數秒，保持四十五度的角度拿酒瓶，防止酒從酒瓶中衝出來，開酒時扭轉瓶子而非軟木塞的原因，是防止扭斷軟木塞，扭斷了軟木塞，就很難拔掉，開酒時，如手不控制，而讓軟木塞彈出去，會令客人討厭又容易發生危險，要注意瓶塞的彈出，並且絕對不可把酒瓶口向著客人。

(三)開香檳酒的步驟

1.開瓶的步驟

(1)割破錫箔（在瓶口用刀往下割）。

(2)把瓶口擦拭乾淨。

(3)拔軟木塞。

(4)再度把瓶口擦拭乾淨。

2.開香檳酒的步驟

(1)把瓶口的鐵絲及錫箔剝掉。

(2)以四十五度的角度拿著酒瓶，拇指壓緊軟木塞並將酒瓶扭轉一下，使軟木塞鬆開。

(3)一俟瓶內的氣壓彈出軟木塞後，繼續壓緊軟木塞並繼續以四十五度的角度拿酒瓶。

(4)倒酒要分二次，先倒三分之一，俟氣泡消失後，再倒滿三分之二。

(四)倒酒

先把餐巾拿掉，這條餐巾是當你在開酒瓶的時候，預防酒濺到你的身上，並使你手握容易，然後倒給主人少許請其嚐嚐，經主人認可後，開始倒酒，動作分爲兩次，先倒大約酒杯容量的三分之一，俟氣泡消失後，再倒滿三分之二至四分之三，其餘的服侍工作與白葡萄酒一樣。

習　題

是非題

(　　) 1.葡萄酒不可橫置，以免導致瓶塞過溼而發霉。

(　　) 2.品嚐葡萄酒可分「觀其色，聞其香，品其味」等步驟。

(　　) 3.開香檳時，最好將酒瓶傾斜四十五度較為適當。

(　　) 4.紅葡萄酒一般飲用時的溫度是8℃最適宜。

(　　) 5.一般葡萄酒的醒酒時間是三十分鐘到兩小時最好。

(　　) 6.紅葡萄酒釀造的葡萄一定要完全使用黑葡萄品種的葡萄，不可混合白葡萄品種的葡萄。

(　　) 7.開啓葡萄酒時，軟木塞上的酒漬高低不平，酒漬的色澤深淺不一，表示是儲存不當的葡萄酒。

(　　) 8.葡萄酒瓶上的商標字體中，若有出現酒莊（chateau）這個字體時，則表示一定是法國的葡萄酒。

(　　) 9.法國的「夏伯力」(chablis）主要是以生產不甜白葡萄酒為主。

(　　) 10.酒瓶上標示eiswein是指在德國生產，以貴腐菌釀成的甜白酒。

(　　) 11.葡萄酒愈陳愈香，所以儲存的期限是無限期。

(　　) 12.選購葡萄酒時，若發現軟木塞已突出瓶口，則表示這是一瓶儲存不當的葡萄酒。

(　　) 13.陳年的白葡萄酒都必須要經過換瓶（decant）的手續，以便保持酒的品質。

(　　) 14.將葡萄酒倒入醒酒器，以便沈澱雜物和酒液分離的過程稱之為“decanting”。

(　　) 15.所有的氣泡酒都可稱爲香檳酒。

選擇題

(　　) 1.葡萄酒是由下列那一種原料釀造而成？ (A)小麥 (B)大麥 (C)葡萄 (D)玉米。

(　　) 2.table wine指的是 (A)佐餐酒 (B)汽泡酒 (C)烈酒 (D)香檳酒。

(　　) 3.紅葡萄酒的顏色是來自 (A)葡萄籽 (B)葡萄皮 (C)可食用色素 (D)葡萄葉子。

(　　) 4.飲料儲存管理是採 (A)先進後出 (B)先進先出 (C)後進先出 (D)隨心所欲。

(　　) 5.葡萄本身那一部分沒有含單寧酸？ (A)籽 (B)皮 (C)梗 (D)果肉。

(　　) 6.品嚐葡萄酒的第一個動作是 (A)看酒的顏色或外觀 (B)聞酒的香氣 (C)品嚐酒的味道 (D)看酒瓶的形狀。

(　　) 7.玫瑰紅葡萄酒的製作原料是 (A)白葡萄 (B)白葡萄及紅葡萄 (C)白葡萄汁 (D)紅葡萄汁。

(　　) 8.人的舌頭味覺分佈是 (A)舌尖苦，兩邊甜，舌根酸 (B)舌尖甜，兩邊苦，舌根酸 (C)舌尖甜，兩邊酸、鹹，舌根苦 (D)舌尖酸，兩邊甜，舌根苦。

(　　) 9.一般葡萄酒的上酒程序是 (A)紅酒在白酒之前 (B)濃味在淡味之前 (C)白酒在紅酒之前 (D)甜味在不甜之前。

(　　) 10.以下那一種不是製作白葡萄酒的原料？ (A)白葡萄汁 (B)紅葡萄汁果肉及果皮 (C)白葡萄汁及紅葡萄汁 (D)紅葡萄汁。

(　　) 11.世界上第一個使用環保軟木塞的國家是　(A)美國 (B)法國(C)澳州(D)德國。

(　　) 12.德國的葡萄酒規定，商標上標示的葡萄品種使用比率至少要含　(A)75% (B)80% (C)85% (D)90%。

(　　) 13.法國的阿爾薩斯（Alsace）葡萄酒規定，商標上標示的葡萄品種，使用比率最少要含　(A)85% (B)90% (C)95% (D)100%。

(　　) 14.葡萄酒瓶上標示vin de pays d'oc是表示生產於何地區之酒？　(A)聖艾美農區（Saint Emilion）(B)葛富區（Graves）(C)龐馬魯區（Pomerol）(D)梅多克區（M'edoc）。

(　　) 15.法國薄酒萊新酒（Beaujolais nouveau）是於每年十一月分的第幾個星期四全球同步銷售？　(A)1 (B)2 (C)3 (D)4。

(　　) 16.德國的莫塞爾區（Mosel）的葡萄酒瓶顏色都是 (A)藍色(B)棕色(C)黃色(D)綠色。

(　　) 17.美國的葡萄酒規定商標上標示的葡萄品種使用比率最少要含　(A)65% (B)75% (C)85% (D)95%。

(　　) 18.下列何者是舌尖對葡萄酒的體質（body）品飲時最敏感的味覺　(A)甜度(B)酸度(C)澀度(D)苦度。

(　　) 19.下列何者不屬於保存未開過的葡萄酒時應注意的要點？　(A)溫度(B)光線(C)土壤(D)橫放。

(　　) 20.在波爾多，"chateau"稱爲　(A)市中心(B)裝瓶(C)葡萄品種(D)城堡／酒莊。

(　　) 21.下列何種酒可搭配各種菜餚？　(A)白葡萄酒(B)紅葡萄酒(C)香檳(D)雪莉酒。

( ) 22.“still wine”是指 (A)氣泡葡萄酒 (B)強化的葡萄酒 (C)不起泡的葡萄酒 (D)起泡之香檳酒。

( ) 23.法國葡萄酒最高等級爲 (A)A.O.C (B)VIN DE PYS (C)V.D.Q.S (D)VIN DE TABLE。

( ) 24.當今全世界生產葡萄酒較爲出名的國家很多，首推那三個國家？ (A)加拿大、日本及南非 (B)法國、德國及義大利 (C)西班牙、葡萄牙及奧地利 (D)美國、澳洲及智利。

( ) 25.義大利人稱spumante，西班牙人稱espumosa，德國人稱sekt是代表 (A)氣泡葡萄酒 (B)紅葡萄酒 (C)強化酒精葡萄酒 (D)白葡萄酒。

( ) 26.法國東北角有一處專生產白葡萄酒的區域稱 (A)夏保區（Chablis） (B)蘇丹區（Sauternes） (C)阿爾薩斯區（Alsace） (D)羅瓦爾河區（Loire valley）。

( ) 27.世界上知名度最高的強化酒精葡萄酒（fortified wine）、雪莉酒（sherry）及波特酒（port），它原產於那個國家？ (A)西班牙及葡萄牙 (B)法國及義大利 (C)德國及瑞士 (D)南非及加拿大。

( ) 28.香檳中的氣泡源自於 (A)一次醱酵 (B)二次醱酵 (C)三次醱酵 (D)醱酵後再加入二氧化碳。

( ) 29.下列何者是氣泡酒（sparkling wine）？ (A)波特酒（port） (B)雅詩提酒（asti） (C)雪莉酒（sherry） (D)苦艾酒（vermouth）。

( ) 30.葡萄酒侍酒師英文稱謂 (A)sommelier (B)bartender (C)recieptionist (D)waiter。

註釋

1.林裕森，《葡萄酒全書》，台北，宏觀文化，頁2。
2.同註1，頁5。
3.同註1，頁12。
4.Sylvia Meyer, Edy Schmid, & Christel Spuhler, *Professional Table Service* (New York: VNR,.1990), p.26.

第十五章　啤　酒

第一節　啤酒的介紹

在所有與啤酒有關的記錄中，就數倫敦大英博物館內那塊被稱爲「藍色紀念碑」的板碑最古老。這塊板碑乃是紀元前三〇〇〇年前後，住在美索不達米亞地方的幼發拉底人留下來的文字板，從板中的內容，我們可以推斷啤酒已經走進他們的日常生活之中，並且極受歡迎。另外，在紀元前一七〇〇年左右制定的《漢摩拉比（Hammurabi）法典》中，也可找到和啤酒有關的條項，由此可知，在當時的巴比倫，啤酒已經佔有很重要的地位了。往後，也就是紀元六〇〇年前後，新巴比倫王國已有啤酒釀造業的同業組織，並且開始在酒中添加啤酒花。

另一方面，古埃及也和幼發拉底人一樣，生產大量的啤酒飲用。紀元前三〇〇〇年左右所著的《死者之書》裏，就曾提到啤酒這件事，而金字塔的壁畫上也處處可看到大麥的栽培風景及啤酒的釀造情景[1]。

在歐洲方面，由石器時代初期的出土物品，我們可以推測，現在的德國附近曾經有過釀造啤酒的文化。但是，當時的啤酒和現在的啤酒卻大異其趣。據說，當時的啤酒是用未經烘烤的麵包浸水，讓它自然醱酵而成的。

這種初期的醱酵飲料一直沿用古法製造，直到最近才有了重大的改變。製造啤酒時，如果要讓它正確且快速地醱酵，只要在釀造過程中添加含有酵母的泡泡就行了，但是要將本來混濁的啤酒變得清澄且帶有一些苦味，卻得花費相當大的苦心。本來，啤酒是用杜松的果實、槲橡或山毛櫸的樹皮，以及鼠尾草等爲材料，到了七世紀左右，有些人才開始添加啤酒花，進入十五至十六世紀後，啤酒花已普遍地用在啤酒上面了。到了中世紀，由於有了一種「啤酒乃是液體麵包」、「麵包爲基督之肉」的觀念，導致教會及修道院都盛行釀造啤酒的風氣。在十五世紀末葉，以慕尼黑爲中心的巴伐利亞地方之部分修道院，開始用下述的醱酵法釀製啤酒。進入十六世紀，德國發佈一道「純啤酒令」，規定啤酒只可用大麥、啤酒花及水來釀造。於是，從此之後啤酒花成爲啤酒所不可或缺的原料了。十六世紀對啤酒而言是個光輝時期，德國的啤酒釀造業在十六世紀步上全盛時期，而十六世紀後半，一些移民到美國的人士也開始栽培啤酒花及釀造啤酒。進入十九世紀後，由於路易・巴斯德（Louis Pasteur, 1822-1895）解開了啤酒的釀造與醱酵現象，以及冷凍機的發明帶動啤酒採用下面醱酵法釀造等各種近代科學技術的推動，使得啤酒釀造業藉著近代工業的幫助而扶搖直上。

第二節　啤酒的製法

先將大麥麥芽磨成粉末，然後與玉蜀黍、澱粉等一起進行糖化作用。之後，將糖化完成的碎麥芽過濾成麥汁，再添些啤酒花進去煮沸，如此不但可以減少啤酒的混濁現象，更能讓它產生一種獨特的苦味及芳香。接著，先讓它冷卻，然後將除去渣滓的清澄麥汁移到醱酵大槽內，添加啤酒酵母後，放在低溫下醱酵十日左右，如此一來就可以製出酒精度約在4.5％上下的新鮮啤酒。將新鮮啤酒送到儲酒室的大槽內，用0℃的低溫讓它緩慢地醞釀，則其味道及香味不但會加深，而且二氧化碳也會溶於液體之中。充分醞釀後的啤酒必須在低溫下再過濾一次，然後裝瓶，放在60℃下加熱殺菌並出貨。不過，山多利出產的生啤酒卻不經過加熱手續，而是用顯微濾過器（micro filter）去除酵母，在這種技術下，消費者就可以喝到具有生啤酒風味的瓶裝啤酒了。

啤酒花（hop）：桑科、多年生蔓草植物，學名為Humulus Lupulus，與「蛇麻草」之間有很深的淵源。從八世紀左右開始栽培以供釀造啤酒用，進入十五至十六世紀後，德國等國家更是大量栽種、利用，而日本則在一八七七年（明治十年）開始栽培。啤酒花的雌花成熟時，子房與包葉的基部附近會出現許多黃粉，這即是啤酒花粉，也就是所謂的蛇麻草花粉（Lupulin），由於這種花粉味苦，又有獨特的香味，所以製造出來的啤酒才會帶有一種特有的香郁味道。在所有的啤酒花中，以德國及捷克斯拉夫共和國（Czechoslovakia）等栽培的品種最著名。山多利美爾茲恩啤酒乃是從香味特別優良的啤酒花（Aroma Hop）之中，選取最佳品質的啤酒花來使用，而且只取捷克產的優良品種。

第三節　啤酒的種類

啤酒的好壞與醱酵時所使用的酵母菌有很大的關係，而酵母菌的種類又相當的多。目前世界聞名的啤酒生產國——德國所擁有的啤酒酵母菌配方最多，尤其是德國慕尼黑啤酒，更是啤酒中的上品。緊追在德國之後的則是位居亞洲的日本，日本以它一貫積極專注的精神，努力發掘與研發，因此使得它所生產的啤酒在世界中也具有良好的口碑。目前台灣市場上最爲一般大眾所熟知的啤酒品牌有台灣啤酒、海尼根啤酒、美樂啤酒、可樂那啤酒、

上面醱酵與下面醱酵

上面醱酵（top fermentation）：這是一種使用上面醱酵酵母的古老釀造法。上面酵母會在10℃至20℃左右醱酵，然後與醱酵中所產生的泡沫一起浮出醱酵液的表面。黑啤酒等英國系的啤酒大都用這種上面醱酵法釀製的。

下面醱酵（bottom fermentation）：這是一種使用下面醱酵酵母（啤酒酵母）的釀造法。由於下面醱酵適合5℃至10℃的低溫下醱酵，所以十九世紀初葉冷凍機發明後，該釀造法跟著蓬勃發展起來。下面醱酵必須在密閉的大槽內進行約十日之久，由於下面醱酵酵母有相互黏結在一起後往下沉的習性，所以在醱酵的過程中，那些酵母會自動凝結成一團往下沉。日本所有的啤酒以及德國十分之九的啤酒都採取下面醱酵的方式釀造[2]。

麒麟啤酒（Kirin）、三寶樂啤酒（Sapporo）及朝日啤酒（Asahi）等。啤酒可依產地、原料酵母的種類、醱酵法、麥汁濃度、色澤上的差別等分成許多種類。

一、生啤酒（draft beer）

在儲酒大槽中醞釀成熟的啤酒，僅經過過濾手續而沒有再接受加熱處理的，都稱之爲生啤酒。過去的啤酒由於不能久存，所以都必須裝瓶後加熱殺菌，制止酵母在酒中活動，可是如此一來，生啤酒的

啤酒

原來風味卻在加熱中喪失掉了。有鑑於此，有心人士便利用宇宙航空技術，發明出一種顯微濾過器，這種濾過器的洞孔不但均勻且比酵母的體積還要小得多，從此不必加熱即可長久保存的良質啤酒便誕生了。日本自從山多利公司首先生產瓶裝生啤酒後，不到數年之間，生啤酒便以橫掃千軍的架勢廣受各方面的注目。

二、熟啤酒、儲藏啤酒（拉格啤酒）(lager beer)

lager這個字是由德語的lager（倉庫）而來的，所以lager beer亦可譯成儲藏啤酒，是一種在倉庫醞釀而成的啤酒。十六世紀以前，它只需經過主醱酵的程序就可出售、上市，可是當人們發現儲存在倉庫後可提升它的味道與儲藏性後，便讓它留在倉庫中醞釀。現在，世界上的大部分啤酒都是屬於熟啤酒。

三、黑啤酒（stout）

指英國的濃色啤酒而言。這種酒不但加了不少的砂糖，而且含有濃郁的麥芽香味，在種類上有苦味黑啤酒（bitter stout）及甜味黑啤酒（sweet stout）之分，苦味黑啤酒是一種充分利用啤酒花的特性釀成的酒，而甜味黑啤酒則加入適當的啤酒花及多量砂糖製成的，兩者皆用上面醱酵法釀造。

第四節　啤酒的飲用

一、溫度

啤酒愈鮮愈香醇，不宜久藏，冰過飲用最爲爽口，不冰則苦澀，但飲用時的溫度過低無法產生氣泡，嚐不出其特有的滋味，飲用前四至五小時冷藏最爲理想。夏天時的適宜飲用溫度爲6~8℃，冬天時的適宜溫度爲10~12℃。

二、酒杯

飲用啤酒與洋酒一樣，什麼類型的啤酒需用何種的杯子盛裝，雖沒硬性規定，但習慣與禮節配合使用，會使您更爲瀟灑、更爲體面。飲用啤酒常用的杯子有：

(1)淡啤酒杯（light beer pilsner）。

(2)生啤酒杯（beer mug）。

(3)一般啤酒杯（heavy beer pilsner）。

三、汽泡的作用[3]

(1)汽泡在防止酒中的二氧化碳失散，能使啤酒保持新鮮美味，一旦泡沫消失，香氣減少，則苦味必加重，有礙口感。

(2)斟酒時應先慢倒，接著猛衝，最後輕輕抬起瓶口，其泡沫自然高湧，然後一口氣或大口一飲而盡，則是炎夏暢飲啤酒的一大享受。

日落大地

火山爆發

吸血鬼

以啤酒調製的雞尾酒

日落大地

(一)成分：

1 1杯黑啤酒　2 1個蛋黃

(二)調製方法：先放蛋黃，再加滿黑啤酒

(三)裝飾物：無

(四)杯器皿：啤酒杯

火山爆發

(一)成分：

1 1/2杯黑啤酒　2 1/2杯柳橙汁

(二)調製方法：直接注入法

(三)裝飾物：無

(四)杯器皿：啤酒杯

吸血鬼

(一)成分：

1 1/2杯黑啤酒　2 1/2杯番茄汁

(二)調製方法：直接注入法

(三)裝飾物：無

(四)杯器皿：啤酒杯

習 題

是非題

( ) 1.啤酒愈新鮮愈好，購入後應儘快飲用，不可久藏。

( ) 2.冷藏啤酒最好、最快的方法是放在冷凍庫裏。

( ) 3.製冰機於打烊後必須拔掉插頭，以防止浪費電力。

( ) 4.為了方便，酒吧的制服不必更換，可穿著上下班。

( ) 5.下班時間已到，吧檯還有顧客在喝酒，可請顧客即刻離去。

( ) 6.酒吧酒水的採購、儲存的多寡，必須以酒吧訂立的「庫存量」為根據。

( ) 7.每日做的酒水存量日報表，只需保存最近的報表，上星期的可丟棄。

( ) 8.昨日營業後之酒水存量應該與今日營業前之酒水存量相同。

( ) 9.玻璃器皿若有發現缺口或裂痕，應即刻報廢，不可重複使用。

( ) 10.調酒用之罐頭飲料，若發現儲藏不當或超過保存期限，應立即報廢。

( ) 11.若於現場打破玻璃器皿，應立刻用手撿起玻璃碎片，以免客人不小心刺傷。

( ) 12.通常酒吧營業結束要核對酒水報表與實際酒水是否吻合，通常憑經驗。

選擇題

( ) 1.以下那一種酒是釀造酒？ (A)威士忌 (B)蘭姆酒 (C)

啤酒(D)伏特加。

( ) 2.酒吧的飲料盤存應多久盤點一次？ (A)每班盤存(B)每三天一次(C)每五天一次(D)每星期一次。

( ) 3.有關吧檯準備工作，下列何者敘述錯誤？ (A)吧檯用的食品與飲料應分類儲存 (B)裝飾品應事先準備好，放在裝飾盤內 (C)冰塊應事先放在儲冰槽內 (D)紅白酒應事先打開，以求方便操作。

( ) 4.根據飲料調製方法的“build method”，下列那一種酒最符合？ (A)daiquiri (B)Singapore sling (C)Martini (D)pousses cafe。

( ) 5.專有名詞的“call out”是解釋成？ (A)酒吧打烊(B)把雞尾酒外送(C)打電話出去(D)雞尾酒外帶。

( ) 6.酒吧調酒常用的糖，使用以下那一種最方便？ (A)糖水（simple syrup）(B)砂糖（granulated sugar）(C)蜜糖（honey）(D)冰糖（candy sugar）。

( ) 7.酒吧檯內工作的因素，酒允許有適量的安全庫存量，該專有名詞爲 (A)stock (B)bar stock (C)safe stock (D)security stock。

( ) 8.調一杯雞尾酒，內含有雞蛋及牛奶，應以何種方法調製最恰當？ (A)直接注入法（building）(B)攪拌法（stirring）(C)搖盪法（shaking）(D)霜凍法（frozen）。

( ) 9.酒吧專業術語中“fill up”中文之意爲？ (A)不加冰(B)加滿(C)一半分量(D)不加客人指示之酒水。

( ) 10.pourer中文之意爲 (A)杯蓋(B)開酒器(C)酒嘴(D)濾酒器。

(　　) 11.桶裝生啤酒機的內外導酒管，標準是多久清洗一次？ (A)一天(B)一星期(C)一個月(D)一年。

註釋

1.Costas K. & Mary P., *The Bar and Beverage Book* (U.S.A.: John Wiley & Sons Inc., 1991), Second edition. p.236.

2.福西英三，《酒吧經營及調酒師手冊》，香港：飲食天地出版社，頁156。

3.吳克祥，《酒吧操作實務》，遼寧科學技術出版社，頁348。

附錄

調酒丙級技術士技能檢定學科試題

一、是非題：

(　　) 1.煙灰缸（ashtray）在酒吧檯上顧客使用率非常頻繁，但是工作人員清洗時要分開，不可與杯子一起清洗。

(　　) 2.製冰機內除了冰鏟外，不能存放任何食品及飲料，才能保持冰塊新鮮與清潔。

(　　) 3.快速架（speed rack），調酒員會將它掛在雞尾酒工作檯的前下方，擺放常用的酒、飲料及配料。

(　　) 4.小紙巾（cocktail napkins）、調酒棒（swizzle sticks）及杯墊（coaster）是酒吧的消耗品。

(　　) 5.電動攪拌機（electrical blender）使用中途馬達未停止時，不能將上杯移開；使用後，立即清洗乾淨，並擦乾。

(　　) 6.酒吧檯的砧板（cutting board）及削皮刀（paring knife），使用前後都要清洗；除了切水果及製作裝飾品以外，不可作其他用途。

(　　) 7.酒吧檯的胡椒／鹽罐（salt/pepper shaker），因為使用不多，平常不必清理或準備。

(　　) 8.酒吧的杯子很多，為了節省時間，經常將使用後的杯送往餐廳的洗碗機（DISHWASHER）一起清洗。

(　　) 9.吧檯工作檯面應隨時保持乾淨。

(　　) 10.使用甜酒後的量酒杯可一直多次使用，不必每次清洗。

( ) 11.拿取吧檯用冰塊，爲節省時間可使用手或杯子挖取。

( ) 12.因爲飲料不油膩，所以清洗杯子可不用清潔劑。

( ) 13.吧檯工作檯內的踏腳墊應天天清洗。

( ) 14.缺口的杯皿爲節省成本可繼續使用。

( ) 15.已切好的裝飾用水果，在常溫下隔夜仍可使用。

( ) 16.冰鏟使用後可直接放入冰塊中便於下次使用。

( ) 17.調酒用雪克杯（shaker），每次使用後都應清洗。

( ) 18.咖啡杯及茶杯，每週應浸泡在清潔液中一次，以除去咖啡和茶垢，保持杯皿光亮。

( ) 19.生鮮物料使用前應檢視其新鮮度。

( ) 20.擦拭高腳杯的方法，先由杯腳再至杯身，最後才擦杯中內壁。

( ) 21.雪克杯（shaker）清洗完後，須重新組合放置於陰涼乾燥的地方。

( ) 22.洗清高飛球杯（high ball）要使用清潔劑和菜瓜布清洗，並檢查杯子是否有破損。

( ) 23.打開濃縮果汁或糖漿時若有「嘶」聲音，表示已經醱酵變質。

( ) 24.吧檯中所使用的各種糖漿、果汁……都必須儲存於冰箱中。

( ) 25.蘇打水、奎寧水等有氣飲料使用之前都需經過冰鎮。

( ) 26.杯墊（coasters）使用過後，如無損壞可擦拭乾淨後重複使用。

( ) 27.購買回來之青橄欖（olives）罐，擦拭乾淨後，應立即冷藏。

( ) 28.吧檯砧板的材質最好採用木質砧板。

(　　) 29. 清潔吧檯地板時，應掛上警告牌，直到地板全乾。

(　　) 30. 爲節省時間及成本，擦拭食器、工作檯及酒瓶，可用相同的布巾。

(　　) 31. 有缺口或裂縫之杯皿，不得存放食品或供顧客使用。

(　　) 32. 倉庫架上取來之罐裝果汁需小心開啓，切勿搖盪。

(　　) 33. 罐頭食品開啓發現罐內壁有脫錫、脫漆及變黑現象，仍然可以安心營業使用。

(　　) 34. 當使用雪克杯（shaker）時，應儘量避免鬆滑或碰撞掉落地面，造成接縫產生空隙而導致酒水外漏。

(　　) 35. 罐裝果汁打開後應裝於密封玻璃或瓷器容器內，並放於冰箱冷藏，避免生銹及異味產生。

(　　) 36. 清洗完成之玻璃器皿應陰乾或使用乾淨口布擦拭後才可使用。

(　　) 37. 雞尾酒製作完成後，其裝飾物可直接利用雙手擺置杯上。

(　　) 38. 清潔杯類器皿可用菜瓜布或雙手處理，再以清水清洗即可。

(　　) 39. 製冰機水質供應處，應裝設過濾器或紫外線殺菌設備。

(　　) 40. 清洗酒杯的最佳洗潔劑是肥皂粉。

(　　) 41. 酒吧檯上，應設有一處重要的地方飲料出入口（server pick-up area）以利服務人員工作。

(　　) 42. 酒會的臨時吧檯最佳設立的位置，儘量靠近入口不遠的地方，以便主人招呼賓客。

(　　) 43. 酒吧營業前，調酒師應先把裝飾物準備齊全，並存放於容器內冰涼備用。

(　　) 44. 調酒員（bartender）隨時把清潔的調酒工具擺在雞尾酒

工作檯上方，以利工作方便迅速。

( ) 45. 調酒員在營業前或交接班時，一律要清點存貨，並開立領貨申請單，補充不足存貨。

( ) 46. 雞尾酒調製單，是出納會計的記帳、收款憑據，調酒員不能保管，需要時再去借用，預防遺失。

( ) 47. 在開放式酒吧（open bar）的作業時，調酒員按點酒、開單、調製及結帳等順序作業。

( ) 48. 有經驗的調酒員，通常在打烊後會清點存貨、塡寫日報表、開立領貨單及檢查水、火、電，安全後才會離去。

( ) 49. 酒吧若遇生意不好，酒水銷售不佳，酒帳可數天結算一次。

( ) 50. 宴席前酒會之時間較其他型酒會時間短，通常在宴席前半小時至一小時。

( ) 51. 飲務組之編制應編於房務部內較適合。

( ) 52. 不管酒吧是否忙碌，雞尾酒裝飾愈複雜愈好，才能表現手藝高超。

( ) 53. 葡萄酒不可橫置，以免導致瓶塞過溼而發霉。

( ) 54. 品嚐葡萄酒可分「觀其色，聞其香，品其味」等步驟。

( ) 55. 開香檳時，最好將酒瓶傾斜45度較爲適當。

( ) 56. 製作每日之酒水日報表時，扣除酒水的量，應以當日點酒單上的量爲基準。

( ) 57. 飲用香檳酒最適合的玻璃器皿之英文爲champagne flute。

( ) 58. 籌備酒會相關事宜，應注意其性質、地點、時間、人數等，才可達到事半功倍。

(　　) 59. 一般餐會飲用葡萄酒，順序通常由甜到不甜；由濃到淡。

(　　) 60. 酒會的準備工作以宴會訂席單（function order）內容來準備。

(　　) 61. 酒會中的什錦水果酒（punch）是一種唯一的雞尾酒。

(　　) 62. 一般用餐飲酒的搭配如主菜是海鮮時應飲用白葡萄酒。

(　　) 63. 雞尾酒的杯飾裝飾品以蔬菜、水果搭配最適宜。

(　　) 64. 酒吧內酒單（cocktail list）也是具有酒吧服務員的功能。

(　　) 65. 調酒員（bartender）作業前必須把手洗乾淨以利衛生。

(　　) 66. 調酒員（bartender）於營業前必須申領酒、飲料等物品，以供營業所須。

(　　) 67. 紅葡萄酒一般飲用時的溫度是8℃最適宜。

(　　) 68. 一般葡萄酒的醒酒時間是30分鐘到2小時最好。

(　　) 69. 紅葡萄酒釀造的葡萄一定要完全使用黑葡萄品種的葡萄，不可混合白葡萄品種的葡萄。

(　　) 70. 開啓葡萄酒時，軟木塞上的酒漬高低不平，酒漬的色澤深淺不一，是表示儲存不當的葡萄酒。

(　　) 71. 葡萄酒瓶上的商標字體中，若有出現酒莊（chateau）這個字體時，則表示一定是法國的葡萄酒。

(　　) 72. 法國的chablis「夏伯力」主要是以生產不甜白葡萄酒爲主。

(　　) 73. 酒瓶上標示eiswein是指在德國生產，以貴腐菌釀成的甜白酒。

(　　) 74. 葡萄酒愈陳愈香，所以儲存的期限是無限期。

(　　) 75. 選購葡萄酒時，若發現軟木塞已突出瓶口，則表示這是一瓶儲存不當的葡萄酒。

(　　) 76.陳年的白葡萄酒都必需要經過換瓶（decant）的手續，以便保持酒的品質。

(　　) 77.酒吧工作檯不是開放公共場所，未經吧檯工作人員同意不得隨意進出。

(　　) 78.飯店的飲務單位是負責全飯店是飲料規劃設定單位並做所有飲務的訓練工作。

(　　) 79.雞尾酒會的特性是人數眾多、供應量大及速度快，所以飲料的供應多以簡單的混合飲料（mixed drinks）爲主。

(　　) 80.各種酒吧工作檯因供應商品的特性不同，擺設的方式也不同，但都以操作方便爲主要考量。

(　　) 81.一杯售價是$200，成本爲$40的飲料之成本率爲20%。

(　　) 82.顧客來店消費，我們不須理會客人的要求，只遵照店規行事即可。

(　　) 83.盤點工作不須要每日進行，只要在老板查帳前做好即可。

(　　) 84.盤存是一項瞭解營運績效及帳目管理的工作。

(　　) 85.顧客消費結帳離去時應開立統一發票。

(　　) 86.砧板之安全使用，最好於其底部墊上防滑布襯之。

(　　) 87.爲取用材料方便，須以手指夾取小洋蔥等裝飾材料，是被允許的。

(　　) 88.避免葡萄酒的儲藏變風味，應選擇乾燥、日曬且密閉不通風之處所存放。

(　　) 89.飲務／吧檯單位組織中，葡萄酒管事員（wine steward）之職責比助理調酒員（assistant bar tende）繁重。

(　　) 90. 這是高飛球杯（high ball glass）。

(　　) 91. 這是啤酒杯（beer mug）。

(　　) 92. 過期的鮮奶仍可繼續延用一、二日。

(　　) 93. 裝飾物的準備是愈多愈好，不管業績好壞。

(　　) 94. 吧檯用的砧板可與廚房一起共用。

(　　) 95. 常用的果汁，可事先處理好放在塑膠容器裡冷藏以便取用。

(　　) 96. 因爲飲料成本很低，故月底不用做盤存。

(　　) 97. 未使用完的罐裝可樂，爲節省成本，明天可再使用。

(　　) 98. 所有的汽泡酒，都可稱爲香檳酒。

(　　) 99. 爲方便起見，品嚐白葡萄酒不用事先冷藏，可直接室溫飲用。

(　　) 100. 汽泡酒飲用的溫度比紅葡萄酒來得低。

(　　) 101. 日本人常飲用的（scotch mizuwali）其調製方法是用搖盪法（shaking）。

(　　) 102. 本省產製之酒類方法沿習古法與世界其他國家之釀造、蒸餾及再製法截然不同。

(　　) 103. 特吉拉酒（tequila）之最有名產地是墨西哥。

(　　) 104. 特吉拉酒（tequila）之製造原料是甘蔗。

(　　) 105. 伏特加酒（vodka）之最有名產地是俄羅斯。

(　　) 106. 伏特加酒（vodka）之製造原料是芋頭。

(　　) 107. 蘭姆酒（rum）的產地以西印度群島爲主。

(　　) 108. 琴酒的主要香料是奎寧。

(　　) 109. 加拿大威士忌酒所用原料是玉米、黑麥及大麥。

(　　) 110. 威士忌酒的英文寫法有兩種：一是蘇格蘭、加拿大人用的（whiskey），一是愛爾蘭、美國人用的（whisky）。

(　　) 111. 將葡萄酒倒入醒酒器，以便沈澱雜物和酒液分離的過程稱之爲（decanting）。

( ) 112.茶葉製作過程中，不需經過萎凋處理是綠茶。

( ) 113.大量製作桔茶時，應將柑桔、蜂蜜、果汁、調味料……等，放入鍋中煮沸備用。

( ) 114.調製一杯均空的蛋蜜汁，其要領是於雪克杯中放入冰塊，再依序加入蛋黃、蜂蜜、果汁和其它調味料。

( ) 115.要製作起泡的鮮奶，一定要使用義式咖啡機（espresso）專用的蒸汽。

( ) 116.無酒精飲料稱爲soft drinks，也可以稱爲virgin drinks。

( ) 117.高杯飲料（tall drinks）又可稱爲長飲飲料（long drinks）。

( ) 118.高杯飲料（tall drinks）的調製，多以水、蘇打飲料、果汁或兩者以上居多。

( ) 119.mocktail是一種不含酒精的雞尾酒總稱，在製作過程中偏重於顏色、口感及裝飾。

( ) 120.cocktails是一種含有酒精的雞尾酒總稱，也是代表一種雞尾酒的型態。

( ) 121.西班牙產的一種不甜雪莉葡萄酒（sherry wine）稱菲諾（fino）是適合飯前飲用，稱歐珞羅梭（oloroso）的是適合飯後飲用。

( ) 122.葡萄牙產的波特酒（port wine）有一種在瓶中陳年的稱bottle aged，最少要在地窖儲存十年以上。

( ) 123.餐前酒pre-dinner drinks又稱開胃酒（aperitif）。

( ) 124.vermouth、campari bitter、dubonnet及pernod等加冰塊或以蘇打水稀釋，都可當飯前飲用酒。

( ) 125.教父（god father）及教母（god mother）的基酒是以杏仁香甜酒去變化的。

(　　) 126.ml爲milliliter的簡寫，cl爲centiliter的簡寫，10ml=1cl。

(　　) 127.標準酒精度，每達1個proof換算酒精含量，必需除以2，例86proof等於43%alcohol volume。

(　　) 128.調酒員在調雞尾酒過程中，不用量酒器來量酒，直接倒酒的方式稱之爲free pour。

(　　) 129.根據飲料調製方法的（double）專有名詞解釋爲：同一杯兩份量。

(　　) 130.（well brands）又可稱爲（house brands）是調酒常用的基酒。

(　　) 131.例如血腥瑪莉（bloody mary）的果汁配料等，可以預先調製好，要用時只要加入烈酒即可，其英文稱（pre-mix）。

(　　) 132.把一條檸檬皮的油擠抹在杯口並放進杯內，這種動作英文稱爲（twist）。

(　　) 133.salty rim翻譯爲酒中加鹽。

(　　) 134.orange slice是指柳橙皮。

(　　) 135.lemon wedge是指檸檬皮。

(　　) 136.sour的雞尾酒，一般是指烈酒加檸檬汁及糖漿的雞尾酒。

(　　) 137.通常1tsp=10ml=10c.c.=1/6oz。

(　　) 138.牛油（butter）、丁香（clove）、肉桂條（cinnamon stick）通常使用在熱的雞尾酒上。

(　　) 139.彩虹酒由於調製費時且麻煩，客人點用時，可婉轉拒絕。

(　　) 140.當客人點用烈酒時，指定（straight up），其中文爲純飲。

(　　) 141.開封過的onion或olive應旋緊瓶蓋放冰箱放冰箱內冷藏。

(　　) 142.啤酒爲愈新鮮愈好，購入後應儘快飲用，不可久藏。

(　　) 143.雞尾酒中B52轟炸機，按照比重排列由底層至上層應爲bailey's-kahlua-grand marnier。

(　　) 144.通常調酒之專業術語中（on the rock）是指加冰塊之意。

(　　) 145.酒吧專業術語中（frozen）通常是作成結霜狀之意。

(　　) 146.一般酒吧常用烈酒其容量爲280z。

(　　) 147.調製martini時若橄欖（olive）不足時，可用小洋蔥代替，味道更佳。

(　　) 148.25 proof=酒精濃度25%。

(　　) 149.2品脫pint=320z。

(　　) 150.吉普遜（Gibson）其配方爲琴酒（dry gin）及甜苦艾酒（sweet vermouth）及小洋蔥。

(　　) 151.當客人點whiskey（dry），表示威士忌（whiskey）+奎寧水（tonic water）。

(　　) 152.所謂直接注入法（building），就是將材料直接放入杯中的一種調製方法。

(　　) 153.攪拌法（stirring）是將材料放入刻度調酒杯中調勻後再倒入杯子裡的調製方法。

(　　) 154.爲了要掌握雞尾酒調製的品質，在製作雞尾酒時應使用量酒器。

(　　) 155.在調酒術語中搖盪法（shaking）是指將材料放入雪克杯中搖勻的一種技巧。

(　　) 156.爲了工作方便快速製作雞尾酒時不必太注重衛生。

(　　) 157.製作裝飾物時爲了美觀不須注重衛生只要好看即可。

(　　) 158.雞尾酒配方（recipe）中的份量可依比率隨使用的杯皿容量而調整。

(　　) 159.當製作雞尾酒材料不夠時只要客人同意我們可以使用替代的物料。

(　　) 160.水果白蘭地的原料只限於葡萄。

(　　) 161.蘇格蘭威士忌（scotch whisky）有一種特殊的香氣即爲炭香。

(　　) 162.香甜酒（liqueur）多是以各種水果、蜜糖、植物香料等原料混合蒸餾酒調製而成。

(　　) 163.酒依照製造方式可分爲釀造、蒸餾、再製三大類。

(　　) 164.愛爾蘭咖啡（irish coffee）這道雞尾酒的基酒是伏特加（vodka）。

(　　) 165.螺絲起子（screw driver）這道雞尾酒是用柳丁汁加入威士忌調製成。

(　　) 166.調製雞尾酒的基酒只限於烈酒。

(　　) 167.雞尾酒的製作都一定需要使用冰塊。

(　　) 168.野莓酒（sloe gin）是一種琴酒。

(　　) 169.吉普生（Gibson）是一種雞尾酒，其採用的裝飾物是小洋蔥珠（cocktail onion）。

(　　) 170.曼哈頓（manhattan）是一種雞尾酒，其採用的裝飾物是紅心橄欖。

(　　) 171.使用電動攪拌機法調製的雞尾酒，都可以用搖盪法代替。

(　　) 172.苦艾酒是一種開胃酒，由白葡萄酒加上各種草藥及奎寧皮等浸漬而成。

(　　) 173.雪莉酒是葡萄牙的國寶酒，有甜與不甜之分。

(　　) 174.所有的起泡酒都可稱爲香檳酒。

( ) 175.威士忌是一種蒸餾酒，主要原料是馬鈴薯。

( ) 176.波本威士忌（bourbon whiskey）所含的玉米原料須在51%以上。

( ) 177.一般的琴酒不須陳年（aging），但金黃色琴酒須用橡木桶加以陳年。

( ) 178.一般開胃菜，可用香甜酒搭配之。

( ) 179.飄浮法所調製的雞尾酒，是利用酒所含糖的比重依順序倒入之。

( ) 180.一般雞尾酒中，不可食用的裝飾物稱為decoration。

( ) 181.含有蛋黃或乳製品的雞尾酒材料，可用直接注入法來調製。

( ) 182.含有蛋黃或乳製品的雞尾酒材料，可用搖盪法來調製。

( ) 183.一般用來溫紹興酒的水，其溫度是愈高愈好。

( ) 184.為了安全與風味起見，所有的啤酒都應經過高溫殺菌。

( ) 185.冷藏啤酒最好最快的方法是放在冷凍庫裡。

( ) 186.瑪格麗特是一種雞尾酒，其杯口要沾鹽巴，口感較好。

( ) 187.紅粉佳人（pink lady）是一種雞尾酒，其基酒是琴酒。

( ) 188.有「雞尾酒的心臟」之稱是琴酒。

( ) 189.加里安諾酒）Galliano）是義大利所產的草藥酒。

( ) 190.為了快速起見，所有的雞尾酒都可以用直接注入法調製。

( ) 191.波特酒（port）是一種強化葡萄酒可當做飯前酒亦可做飯後酒。

(　　) 192. 愛爾蘭的威士忌是採用泥煤燻過的原料製成。

(　　) 193. 長島冰茶（long island ice tea）是一種雞尾酒，其酒精濃度不高且加很多的茶。

(　　) 194. 點叫一杯蘇格蘭威士忌（scotch straight）它的調配法是採用直接注入法調配（building）。

(　　) 195. 調配一杯馬丁尼（martini）它的調配方法是採用直接注入法（building）調配的。

(　　) 196. 老式（old fashioned）雞尾酒的調配方法是用直接注入法（building）法調配。

(　　) 197. 曼哈頓（manhatten）雞尾酒的調配方法是用攪拌法（stirring）法調配。

(　　) 198. 每杯酒的調配量一般歐美的規格是1 ounce即3cl。

(　　) 199. 蘇格蘭威士忌（scotch whisky）比白蘭地（brandy）的味道較辛辣。

(　　) 200. 一般木瓜牛奶的調配均使用攪拌機法（blending）法調製。

(　　) 201. 目前流行的泡沫紅茶是採用直接注入法（building）調製的。

(　　) 202. 波本威士忌（bourbon whiskey）在whiskey酒中是較甜的whiskey。

(　　) 203. 干邑（cognac）酒也是白蘭地（brandy）的一種酒。

(　　) 204. 伏特加（vodka）酒是一種高酒精度的蒸餾酒，其酒精度可高達95°。

(　　) 205. 琴（gin）酒的原產國是英國。

(　　) 206. 蒸餾酒的酒精度一般是37°~43°。

(　　) 207. 不同廠牌的果糖，甜度不一，使用時應注意甜度的比例，以便調整用量。

(　　) 208.沖泡紅茶的水溫，比綠茶的水溫要高。

(　　) 209.沖泡紅茶的時間，比沖泡綠茶的時間長。

(　　) 210.珍珠奶茶的珍珠「粉圓」，當天未賣完應即丟棄，隔天不可再食用。

(　　) 211.大量製作泡沫紅茶時，可以使用果汁機操作。

(　　) 212.煮珍珠「粉圓」可以用快鍋或燜燒鍋。

(　　) 213.製作木瓜牛奶後，10分鐘後會有開始分離、沈澱的現象，是因為混合不均勻。

(　　) 214.新鮮檸檬汁不適合與鮮奶混合，調製成飲料。

(　　) 215.於新鮮柳丁汁中，緩緩滑入新鮮西瓜汁，西瓜汁會飄浮在柳丁汁的上方。

(　　) 216.吧檯的前置作業時，要將新鮮的西瓜汁、柳丁汁準備好。

(　　) 217.泡沫綠茶「茉莉花茶」可分為不加香料及添加香料兩種。

(　　) 218.煮沸的熱開水冷卻後，經再次煮沸，此時的熱開水沖茶或咖啡口感最佳。

(　　) 219.西方人對紅茶的命名，是以茶汁的顏色來命名，所以紅茶的英文叫black tea。

(　　) 220.中國人對不醱酵茶的命名，是以茶汁的顏色來命名，所以不醱酵茶又稱之為綠茶。

(　　) 221.掛在杯架上的杯子，因長久沒有使用過，故不用拿下來清洗。

(　　) 222.因客人離去較晚，帳單可以留到明天才結清。

(　　) 223.多餘的罐裝可樂或汽水，可以放在乾貨倉庫的地面上。

(　　) 224.因為都是同一家公司且為求快速方便，所以內部轉帳可以不用記錄。

(　　) 225. 每月盤存是非常麻煩的一件事，因人事不足，可以好幾個月不理它。

(　　) 226. 盤存時，最好由倉庫管理員，協同會計人員及現場管理人員，一起做較能落實庫存管理。

(　　) 227. 每次領貨，都須填寫領料單，才可以從倉庫提領原料或酒水。

(　　) 228. 爲了節省時間與方便，打破杯子，直接投入垃圾筒，不用登記在破損表上。

(　　) 229. 每次調酒時，都能使用量酒器（jigger），較能達到成本控制的目的。

(　　) 230. 不管是單杯或整瓶或調酒銷售的數量都須加以計算，銷售成本的正確性才能掌握。

(　　) 231. 酒類毛利是指酒類銷售的價格。

(　　) 232. 酒類成本是指飲料調製成品供給客人飲用時所產生的費用。

(　　) 233. 酒類成本百分比是指出售酒類的成本在鄉料的銷售額中所佔的百分比。

(　　) 234. 酒吧避免造成酒類的浪費，每日調酒員務必切實填寫日報表。

(　　) 235. 一般常用的酒吧日報表共有飲料銷售日報、庫存日報表、飲料銷售成本日報表等三種。

(　　) 236. 每一個酒吧都有一套標準的酒譜，調酒員不得私自更改。

(　　) 237. 標準酒譜的內容包括酒名、材料、數量及調配方法。

(　　) 238. 一本好的雞尾酒目錄（cocktail list），在設計上除了精美印刷，掌握潮流及消費心理外，還需經市場調查分析。

( ) 239.每瓶酒容量減消耗量除每份的容量等於應銷售份數。

( ) 240.就衛生而言，調酒棒（stirrer）使用後，回收清洗擦乾還可以使用。

( ) 241.打烊收拾工作，要清洗所有調酒用器皿，並放回原位排列整齊。

( ) 242.旅館內附設的酒吧，如房客簽帳，吧檯工作人員要即刻入帳再把簽單轉至大櫃台。

( ) 243.調酒員在營業前要查對酒量，所以清潔工作可言別人代理。

( ) 244.每日在酒吧打烊時應做好如拔掉電器插頭，關掉水龍頭……等安全檢查工作，才能離開。

( ) 245.吧檯內的工作機具在打烊時應做好清潔消毒工作。

( ) 246.爲了節省成本，消耗物品像牙籤、吸管等可以回收洗淨再使用。

( ) 247.吧檯內的工作機具在操作前不必注意操作說明。

( ) 248.破損的玻璃、陶磁……等危險物品應與其他垃圾分開處理。

( ) 249.好的成本控制就是盡量節省，壓低成本以維持高獲利率。

( ) 250.物料的補充是根據倉庫的安全庫存周轉率而定。

( ) 251.酒吧盤存作業不是吧檯工作人員職掌的一部分。

( ) 252.飲料成本的設定是根據酒譜的配方計算而來。

( ) 253.帳目作業中各種銷售單據填報通常作最後盤存的是單杯銷售報表。

( ) 254.帳目的查核通常都是依據盤存表（inventory statement）的記載與實物的對比來查核。

(　　) 255.領貨單的開立是依據盤存表的庫存數字來塡寫需求數量。

(　　) 256.酒吧內的酒類、飲料和配料，每天下班前必須盤點。

(　　) 257.一般酒吧於每天打烊前15分鐘，應告知顧last order及作最後的點叫。

(　　) 258.為方便下一班工作人員的使用，打烊後的生啤酒機、咖啡機等仍須維持正常運作，不必關閉電源和清理。

(　　) 259.為了新鮮度，每天剩餘的水果，於打烊後必須全部丟棄。

(　　) 260.因下班時間已到，未洗好的杯皿等器具，可留待下一班工作人員再清洗。

(　　) 261.製冰機，於打烊後必須拔掉插頭，以防止浪費電力。

(　　) 262.為了方便，酒吧的制服不必更換，可穿著上下班。

(　　) 263.下班時間已到，吧檯還有顧客在喝酒，可請顧客即刻離去。

(　　) 264.酒吧酒水的採購、儲存的多寡，必須以酒吧訂立的「庫存量」為根據。

(　　) 265.每日做的酒水存量日報表，只須保存最近的報表，上星期的可丟棄。

(　　) 266.昨日營業後之酒水存量應該與今日營業前之酒水存量相同。

(　　) 267.玻璃器皿若有發現缺口或裂痕，應即刻報廢，不可重複使用。

(　　) 268.調酒用之罐頭飲料，若發現儲藏不當或超過保存期限，應立即報廢。

(　　) 269.若於現場打破玻璃器皿，應立刻用手撿起玻璃碎片，以免客人不小心刺傷。

(　　) 270.通常酒吧營業結束要核對酒水報表與實際酒水是否吻合，通常憑經驗目測之。

(　　) 271.通常酒吧使用之「飲料酒水日報表」中一定要有昨日結存、今日進貨、今日銷貨及今日結存等四大欄。

(　　) 272.酒吧調酒師工具（bar tools），爲了工作方便與節省時間，必須準備多套且使用冠後再一起集中清洗。

(　　) 273.吧檯的杯子最好送到廚房的洗碗機一起清洗。

(　　) 274.吧檯砧板消毒洗淨後，應以側立方式存放。

(　　) 275.酒會結束後，剩餘冰塊可做食品冷藏，下次使用時再清洗即可。

(　　) 276.酒吧檯的清洗設備應設置三格水槽，分別是洗刷、沖洗和消毒槽三格。

(　　) 277.一般營業單位會將葡萄酒單（wine list）和飲料單（drink list）分開設置。

(　　) 278.常用雞尾酒（cocktails）的組合及調製，大都以單人份爲基準。

(　　) 279.通常喝剩下的葡萄酒可以作炒菜及醃牛排用，紅酒最好醃紅肉，白酒最好醃海鮮，食物風味更佳。

(　　) 280.爲了節省成本杯緣有點小缺口仍然可以使用。

(　　) 281.調酒員隨時注意吧檯之人、事、物，如有可疑，立即向當班主管報備。

(　　) 282.收拾客人桌面之空酒瓶或酒杯時，應順口禮貌的再問客人是否還需要再點一瓶（杯）。

(　　) 283.若客人點一杯酒，送一盤花生，待客人結帳離開時，發現那盤花生還是滿滿的，像是沒有動過，可留下來給另一位客人食用，以節省成本。

(　　) 284.酒吧現場當班之主管必要時應檢查帳單是否有漏開或

重複開單，以免造成酒吧損失或客人報怨。

(　　) 285.如要爲外國客人解說雞尾酒的配方可以說：this is a… cocktail with some…and some…或是it is a mixture of …。

(　　) 286.調酒員除了會調酒外，應該再多多了解、關心國內外大事，並培養幽默感，以便與客人打成一片，並建立廣大之基本客群，來增加營收。

(　　) 287.一般於酒吧，客人點用整瓶烈酒，若喝不完一定要請客人帶走，因酒吧不適合寄放酒水。

(　　) 288.無咖啡因咖啡其英文爲decaffeine ated coffee或caffeine free coffee。

(　　) 289.飲務人員不因爲情緒低潮影響對客人服務態度。

(　　) 290.服務人員「服務態度」不包括執行主管交辦的任務。

(　　) 291.工作人員應儘可能記住顧客的愛好與憎惡，以提供較佳之服務。

(　　) 292.服務進行的順序中，是以年長女士優先。

(　　) 293.「好的服務」是需隨時設身處地的爲客人著想。

(　　) 294.「在職人員衛生訓練」是爲了提醒從業人員衛生的重要性。

(　　) 295.爲了方更，污水可直接倒入地下排水孔。

(　　) 296.餐飲女性服務人員不可以留過長指甲，但可擦淡色的指甲油。

(　　) 297.調酒員要給第一次光顧的顧客好印象，是先有禮貌的自我介紹。

(　　) 298.調酒員爲了解顧客的習性，最佳的方法是要記住顧客的姓名及特徵。

(　　) 299.調酒員可以將飲料給予同事飲用，聯絡感情。

(　　) 300.為了工作需要，擴充社會新聞知識，調酒員可以在工作中閱讀新聞。

(　　) 301.儀容代表自己，制服是代表團體，所以從業人員務必遵守。

(　　) 302.餐飲工作人員有特殊體味者，應勤洗澡，並適當使用除味劑。

(　　) 303.平等待客，以禮待人是酒吧服務的道德規範。

(　　) 304.酒吧服務的價值是提供顧客優良的服務。

(　　) 305.安全只是外國觀光客的基本需要，也只有外國顧客迫切要求得到的保障需求。

(　　) 306.服務和營利都是一樣重要的，因此無論顧客需要喝多少酒，必須無條件供應以利營收。

(　　) 307.調酒員（bartender）的儀表直接影響客人對酒吧的感受，因此調酒員的儀容、服裝整潔，對酒吧服務是非常重要的。

(　　) 308.一位好的吧檯從業人員應能注意到顧客的需求，並隨時能滿足他們。

(　　) 309.一位好的吧檯從業人員可以單獨作業，不須要與別的同事協調工作。

(　　) 310.有專業及敬業精神的調酒員應能服從並執行主管交辦的事項。

(　　) 311.別家公司有好的工作等著，可以不必理會現有離職規定，而馬上接受新工作，並開始上班。

(　　) 312.餐飲服務業的屬性和其他產業相同，故可要求假日公休。

(　　) 313.調酒員應聽從老闆的指示，故不必理會顧客的建議或感受。

( ) 314.一位好的吧檯從業人員只在吧檯工作，而不必專注人格修養及專業進修。

( ) 315.因爲吧檯的工作很繁雜，故垃圾可以不必分類。

( ) 316.吧檯如電氣火災發生時，應快速用水滅火。

( ) 317.預防火災是全體員工的責任。

( ) 318.火災發生後，應引導顧客到安全地區。

( ) 319.服務業的名言顧客永遠是對的，我們從事服務業的人應該時時站在客人的立場多替客人想，滿足客人的需要。

( ) 320.於三槽式洗滌中，洗滌劑應在第三槽添加。

( ) 321.一個人一旦呼吸停止，若不及時予以急救，在4～6分鐘內，即可能造成腦部損傷。

( ) 322.通常清洗酒吧電器時，如爆米花機……等，可用水管直接沖水，較爲乾淨。

( ) 323.如果衣服著火，應用外套或毯子把火撲滅，避免在地面打滾，以防造成進一步傷害。

( ) 324.緊急逃生之方向燈，通常設置於離地面較低處，其用意爲美觀及較省電。

( ) 325.一般酒吧或餐廳其垃圾應作分類，以供資源回收及減少環境污染。

( ) 326.上班時調酒員有感冒發燒現象，可以吃一些成藥，還可繼續工作。

( ) 327.如有顧客或同事受傷時，應立即向上級報告，必護送到醫務室或醫院就醫。

( ) 328.電器設備的電線插頭不良，應申請修護，未修護前乃可繼續使用。

( ) 329.酒吧是很容易出意外傷害，所以每一位工作者都要知道急救箱的存放位置及滅火器的使用方法。

(　　) 330.酒精是易燃物品，所以調酒員務必小心。

(　　) 331.玻璃割傷，在酒吧是常見的事，只要自己包紮後仍可繼續上班，

(　　) 332.確認火災的種類，並使用正確之滅火設備，迅速展開滅火。

(　　) 333.地震發生時，保持鎮靜，迅速關閉電源開關，熄滅火源，切勿慌慌張張跑到室外。

(　　) 334.有客人告訴你，我的喉嚨緊繃，臉及耳朵發紅，呼吸低沈，又口渴，那是中毒現象。

(　　) 335.爲了養成個人飲食衛生，調酒員應有隨時洗手的習慣。

(　　) 336.酒類中所含的酒精又稱爲甲醇。

(　　) 337.我國目前實行的是菸酒公賣制。

(　　) 338.現在人標榜自我爲中心，所以我們工作只求個人方便不必理會公司制度。

(　　) 339.職位的尊重是職業倫理的一環。

(　　) 340.服務人員每日工作前的儀容修飾應該是濃妝艷抹力求標新立異。

(　　) 341.對客人的服務順序應是長者及男士優先女性客人最後。

(　　) 342.調酒員在工作時應將手錶戒指……等物品取下。

(　　) 343.使用瓦斯時應先檢視開關、管線等是否完整安全。

(　　) 344.安全通道樓梯間因空間大，平時可用來堆放備用物料。

(　　) 345.遵照衛生規定生熟食在切割時應分開處理不可用同一切割器具。

(　　) 346. 工作場所的安全維護是安全人員的事，與調酒工作人員無關。

(　　) 347. 爲確保安全，使用電器用品時應先確定電器開關是關閉著，再插插頭。

(　　) 348. 爲節省空間，滅火器可儲放在庫房中，以免妨礙工作與觀瞻。

(　　) 349. 使用電器用品不需考慮電壓，只要能插電即可。

(　　) 350. 工作檯應多加裝插座，俾能同時使用多種電器用品，方便操作。

(　　) 351. 壓力鍋或快鍋之通氣孔不要清洗，以免損害鍋蓋之構造。

(　　) 352. 要點瓦斯漏氣不應開起抽風機或電扇，以避免火花引爆瓦斯。

(　　) 353. 如發現瓦斯漏氣不應開起抽風機或電扇，以避免火花引爆瓦斯。

(　　) 354. 爲確保飲料的衛生安全，所用的器具應在使用後立即清洗乾淨。

(　　) 355. 調酒人員的衛生習慣與調出的飲料之品質衛生，並沒太大的關係。

(　　) 356. 各種工具器皿之維護及清潔是其他服務人員之責任，與調酒技術士無關。

(　　) 357. 修短指甲及如廁後應洗淨雙手是調酒人員重要之衛生習慣。

(　　) 358. 毛巾抹布之煮沸殺菌係以溫度一百度的沸水煮沸一分鐘以上。

(　　) 359. 餐具之煮沸殺菌係以溫度一百度的沸水煮沸一分鐘以上。

( ) 360.餐具以熱水殺菌係以溫度八十度的熱水加熱二分鐘以上。

( ) 361.為有效殺菌，以氯液殺菌法處理餐具，其氯液之游離餘氯量不得低於百萬分之一百。

( ) 362.為利用空間，廢棄物得堆放於調配飲料之場所。

( ) 363.廢棄物之處理，應依其特性酌予以分類集存。

( ) 364.為保養皮膚，調製飲料人員塗抹於肌膚上之化妝品與飲料接觸，亦是可接受的。

( ) 365.包裝飲用水不得含有糞便性鏈球菌及綠膿桿菌。

( ) 366.檢查餐具或食物容器是否清洗乾淨，可檢查有否澱粉質等殘留。

( ) 367.A B S殘留物簡易檢查法是檢查餐具有否殘留油脂。

( ) 368.調製飲料時不得吸煙、嚼檳榔，惟可嚼口香糖。

( ) 369.為防頭髮頭屑及夾雜物落入食品，工作時必須整潔之工作衣帽。

( ) 370.為節省用水，飲用水與非飲用水可用以清洗食品器具。

( ) 371.鮮奶有結塊現象是正常的。

( ) 372.罐頭食品保藏在陰涼乾燥處即可，不必使用冰箱冷藏。

( ) 373.食品放在冰箱內就不會受到細菌污染。

( ) 374.冷藏或冷凍之目的在於抑制微生物的生長以及酵素之作用。

( ) 375.冰箱中食物應儘量放滿，以充分利用冷藏或冷凍空間。

( ) 376.為求方便，有些食品原料可放在冷藏室之地面儲存。

( ) 377.罐頭食品之存放不需考慮環境條件。

( ) 378.烈酒是一種高熱量低營養之飲料。

( ) 379.水果儲存愈久，營養素損失愈多。

( ) 380.細菌的繁殖和溫度的關係是隨菌種而異。

( ) 381.金黃色葡萄球菌感染食物時，只要加熱就沒有安全顧慮。

( ) 382.調製飲料時，應儘量避免添加食用色素。

( ) 383.飲料食品從業人員只要於新進時，健康檢查合格即可，以後不須再檢查。

( ) 384.食品用洗潔劑亦是食品衛生管理法管理的對象。

( ) 385.調製酒類飲料之場所及設施並無任何衛生標準。

( ) 386.酒類不得含有任何防腐劑。

( ) 387.違反食品衛生管理法最高可處三年有期徒刑。

( ) 388.食品添加物之種類及用量政府並無硬性規定。

( ) 389.飲料食品從業人員若沒空，可不必參加衛生講習。

( ) 390.紅色七號爲食用色素，可供食品加工之用途。

( ) 391.凡與食品直接接觸及清洗食品器具者，應使用符合飲用水水質標準之水。

( ) 392.食品業者非使用自來水者，應設置淨水或消毒設施；使用前應向政府公告認可之檢驗機關申請檢驗，檢驗合格後始可使用。

( ) 393.飲用水與非飲用水管路應完全分離，不得相互交接。

( ) 394.食品業一般作業場所之光線應保持在二百米燭光以上，工作檯面或調理檯面應保持在一百米燭以上。

( ) 395.爲方便飼養寵物之工作人員照顧寵物，偶而得准許其攜寵物進入工作場所。

( ) 396.倉庫應設置棧板，使儲存物品離牆壁地面五公分以上，以保持良好通風。

(　　) 397.食品或與食品接觸之餐具不得以非食品用洗潔劑洗滌。

(　　) 398.穀類酒與水果酒使用食品添加物亞硫酸鉀之用途相同，所以其二氧化硫的殘留限量也一樣。

(　　) 399.有些糖醇如山梨醇甘露醇為食品添加物，可添加於飲料中，其限量為視而要適量使用。

(　　) 400.香料使用於食品時，一般均為視實際需要適量使用，惟有些特殊成分如蘆薈素（aloin）、黃樟素（safrole）等用於飲料時，均有限量規定。

二、選擇題：

(　　) 401.吧檯設備器具的維護及清潔工作是誰的任務？ (A)工程部及清潔員 (B)餐飲部及餐務部 (C)飲務部及養護組 (D)調酒員及助理員。

(　　) 402.由餐廳服務人員點單（order），再由餐廳服務人員把調製好的飲料送至客人餐桌上；此種供應飲料之吧檯型態稱之為 (A)the front bar (B)the open bar (C)the service bar (D)the lounge。

(　　) 403.吧檯內的前吧檯（front of the bar/under bar）是 (A)放置托盤的地方 (B)出納收錢的地方 (C)陳列、儲存的地方 (D)調酒員工作的地方。

(　　) 404.酒吧檯前，供顧客座位的高腳椅稱為 (A)bar chair (B)bar stool (C)high chair (D)arm chair。

(　　) 405.以下那一項是調酒員的工具（bartender tools）？ (A)blender、ice scoop (B)cocktail shaker、jigger (C)cocktail station、sink (D)ice making machine、refrigerator。

( ) 406.洗杯槽，按我國衛生法規的規定，一般要設立幾槽？ (A)單槽式 (B)雙槽式 (C)三槽式 (D)四槽式。

( ) 407.吧檯杯子洗好時，應先置放何處？ (A)置杯架（glass display） (B)雞尾酒檯（cocktail station） (C)滴水板（drain board） (D)冰箱（refrigerator）。

( ) 408.從製冰機的儲冰槽內取冰塊應該使用何種工具較佳？ (A)冰夾（ice tong） (B)冰鏟（ice scoop） (C)冰桶（ice bucket） (D)調酒匙（bar spoon）。

( ) 409.串聯雞尾酒裝飾品所用的小叉子稱為 (A)garnish tray (B)fruit fork (C)cocktail fork (D)cocktail pick。

( ) 410.雞尾酒工作檯（cocktail station）邊的一個放冰塊槽，稱為 (A)ice bin (B)sink (C)ice cooler (D)ice bucket。

( ) 411.調酒時使用最多的冰塊型態是 (A)方形冰塊（ice cube） (B)刨冰（shaved ice） (C)碎冰（crashed ice） (D)冰片（flake ice）。

( ) 412.清洗杯子時，下列何者錯誤？ (A)最好分類清洗 (B)清洗完畢後應自然晾乾 (C)用口布加以擦拭 (D)用刷子先行刷洗。

( ) 413.garnish tray是用來裝 (A)鹽 (B)糖 (C)飲料 (D)裝飾物。

( ) 414.glass rimmer是 (A)沾杯器 (B)開罐器 (C)掛杯架 (D)洗杯機。

( ) 415.雪克杯（shaker）應每天清洗幾次？ (A)每天一次 (B)每天二次 (C)每天三次 (D)每次用完即清洗。

( ) 416.打烊後、果汁機（blender）的插座應如何處理？ (A)馬上拔掉 (B)明天處理 (C)視情況而定 (D)不用拔掉。

( ) 417.波士頓雪克杯（boston shaker）是由幾個部分組成？

(A)1個 (B)2個 (C)3個 (D)4個。

( ) 418.當顧客點用一杯干邑（cognac）純喝，工作人員應該用那一種杯皿盛裝？ (A)brany snifter (B)old fashioned glass (C)collin glass (D)sherry glass。

( ) 419.顧客點用一杯雞尾酒馬丁尼（martini）加冰塊，工作人員該用那一種杯皿盛裝？ (A)old fashioned glass (B)highball glass (C)collin glass (D)cocktail glass。

( ) 420.桶裝生啤酒機的內外導酒管，標準是多久清洗一次？ (A)一天 (B)一星期 (C)一個月 (D)一年。

( ) 421.杯皿的清洗程序是 (A)清水沖洗→洗清劑→消毒液→晾乾 (B)洗潔劑→清水沖洗→消毒液→晾乾 (C)洗潔劑→消毒液→清水沖洗→晾乾 (D)消毒液→漂潔劑→清水沖洗→晾乾。

( ) 422.下列那一個冷藏溫度比較適合新鮮果汁？ (A)0℃(B)4℃ (C)12℃ (D)20℃。

( ) 423.下列那一種物料是屬調味品？ (A)coke (B)whisky (C)Tabasco sauce (D)red cherry。

( ) 424.調酒術語（twist）是指使用水果的那一部分調入酒中？ (A)果汁(B果肉 (C)種子 (D)果皮。

( ) 425.清洗玻璃杯一般均使用何種消毒液來殺菌？ (A)清潔藥水 (B)漂白水 (C)清潔劑 (D)肥皂粉。

( ) 426.使用刻度調酒杯（mixing glass）調製的雞尾酒，其調製法稱之為 (A)機器調配法（blending） (B)攪拌法（stirring） (C)搖盪法（shaking） (D)直接注入法（building）。

( ) 427.隔冰器的英文名稱是 (A)shaker (B)jigger (C)mixing (D)strainer。

(　　) 428.清洗香甜酒杯（liqueur glass）要使用 (A)長柄刷 (B)抹布 (C)菜瓜布 (D)尖嘴刷。

(　　) 429.清洗後不需要掛於吊杯架的是 (A)白蘭地杯 (B)香檳杯 (C)雞尾酒杯 (D)高飛球杯。

(　　) 430.corkscrew是指 (A)開瓶器 (B)開罐器 (C)軟木塞開瓶器 (D)醒酒器。

(　　) 431.tulip是指 (A)雞尾酒杯 (B)啤酒杯 (C)香檳酒杯 (D)葡萄酒杯。

(　　) 432.打開後必須要冷藏的調味品是 (A)苦精（bitters） (B)小洋蔥（cocktail onions） (C)荳蔻粉（nutmeg） (D)芹菜鹽（celery salt）。

(　　) 433.無論使用哪種調酒方式，每次都要用到的器具是 (A)雪克杯（skaker） (B)量酒器（Jigger） (C)調酒匙（Bar Spoon） (D)刻度調酒杯（Mixing Glass）。

(　　) 434.下列何物是個帶鹼性「不甜」的碳酸飲料？ (A)薑汁汽水（ginger ale） (B)蘇打水（soda water） (C)水蜜桃汁（peach juice） (D)萊姆汁（lime juice）。

(　　) 435.罐裝蕃石榴汁（guava juice）未用完，其庫存方式最好是 (A)繼續存罐內，入冷藏冰箱 (B)加保鮮膜封緊 (C)過入加蓋玻璃器皿，存冷藏冰箱 (D)即刻丟掉。

(　　) 436.一般常用吧檯發泡氮氣槍是為何物準備的？ (A)奎寧水（tonic water） (B)發泡鮮奶油（whipped cream） (C)紅石榴糖漿（grenadine syrup） (D)荳蔻粉（nutmeg）。

(　　) 437.吧檯水源要充足，並應設置足夠水槽；水槽及工作檯之材質最好為(A) 木材 (B)塑膠 (C)不銹鋼 (D)水泥。

(　　) 438.一般吧檯冰箱術藏溫度需維護正常指示，以不超過多少度較佳？(A)20℃ (B)15℃ (C)10℃ (D)5℃。

(　) 439.下列何種器皿，不可盛裝飲料供客人飲用 (A)老式酒杯（old fashioned glass）(B)高飛球杯（high ball glass）(C)平底杯（tumble glass）(D)刻度調酒杯（mixing glass）。

(　) 440.下列那一項不可放入雪克杯（shaker）內調製飲料？(A)奎寧水（tonic water）(B)牛奶（milk）(C)番茄汁（tomato juice）(D)苦精（bitter）。

(　) 441.酒吧的種類很多，有獨立經營、有附屬在餐廳或飯店內；有一種酒吧設在飯店的客房內，現場並不需要人員服務，其英文是 (A)cocktail lounge (B)sky lounge (C)night club (D)mini-bar。

(　) 442.飯站的大廳處，設有桌子及座位，並供應酒類、飲料的地方，其英文稱 (A)sport bar (B)lobby bar (C)musical bar (D)mobile bar。

(　) 443.在美國有很多酒吧，都設有jukebox機器，請問它是做甚麼用 (A)自動販賣機 (B)生啤酒機 (C)音樂點唱機 (D)karaoke點唱機。

(　) 444.一種可在晚宴前等待賓客時所舉行的酒會，其英文稱爲 (A)punch party (B)champagne party (C)birthday party (D)cocktail party。

(　) 445.吧檯內的工作檯高度，一般多調整在 (A)50公分高 (B)75公分高 (C)110公分高 (D)150公分高。

(　) 446.reach-in refrigerator是吧檯必備的設備，其中文稱 (A)一般的冷藏冰箱 (B)可推車進去的冷藏冰箱 (C)低溫冷凍庫 (D)冰啤酒專用冰箱。

(　) 447.大型的酒吧，常設有專供給蘇打飲料的器具，其英文

名稱爲 (A)draft beer dispenser (B)speed gun (C)soda gun (D)syrup container。

( ) 448.酒吧的顧客點酒時，常常指定牌子，英文稱之爲(call band)，以下那一種是屬於此類 (A)scotch soda (B)gin tonic (C)brandy highball (D)c.c. coke。

( ) 449.當今全世界生產葡萄酒較爲出名的國家很多，首推 (A)加拿大、日本及南非 (B)法國、德國及義大利 (C)西班牙、葡萄牙及奧地利 (D)美國、澳洲及智利等三個國家。

( ) 450.義大利人稱spumante，西班牙人稱espumosa，德國人稱sekt是代表 (A)起泡葡萄酒 (B)紅葡萄酒 (C)強化酒精葡萄酒 (D)白葡萄酒。

( ) 451.法國東北角有一處專生產白葡萄酒的區域稱 (A)夏保區（Chablis） (B)蘇丹區（Sauternes） (C)阿爾薩斯區（Alsace） (D)羅瓦爾河區（Loire valley）。

( ) 452.世界上知名度最高的強化酒精葡萄酒（fortified wine）、雪莉酒（sherry）及波特酒（port），它原產於那個國家 (A)西班牙及葡萄牙 (B)法國及義大利 (C)德國及瑞士 (D)南非及加拿大。

( ) 453.香檳中的氣泡源自於 (A)一次醱酵 (B)二次醱酵 (C)三次醱酵 (D)醱酵後再加入二氧化碳。

( ) 454.下列何者是氣泡酒（sparkling wine） (A)波特酒（port） (B)雅詩提酒（asti） (C)雪莉酒（sherry） (D)苦艾酒（vermouth）。

( ) 455.葡萄酒侍酒師英文稱謂 (A)sommelier (B)bartender (C)recieptionist(D)waiter。

( ) 456.一般營業時下列何種器皿較不常在大型酒會中使用

(A)冰夾（ice tong）(B)冰車（ice trolley）(C)開瓶器（opener）(D)雪克杯（shaker）。

(　　) 457.下列何者非酒會常用之基酒 (A)琴酒（gin） (B)蘭姆酒（rum） (C)伏特加（vodka） (D)蘋果酒（calvados）。

(　　) 458.下列何者較不適用在雞尾酒之裝飾品 (A)櫻桃 (B)檸檬 (C)小黃瓜 (D)橄欖。

(　　) 459.下列何者不屬於保存未開過的葡萄酒時，應注意的要點 (A)溫度 (B)光線 (C)土壤(D)橫放。

(　　) 460.在波爾多，（chateau）稱爲 (A)市中心 (B)裝瓶 (C)葡萄品種 (D)城堡／酒莊。

(　　) 461.下列何種酒可搭配各種菜餚 (A)白葡萄酒 (B)紅葡萄酒 (C)香檳(D雪莉酒。

(　　) 462.（still wine）是指 (A)氣泡葡萄酒 (B)強化的葡萄酒 (C)不起泡的葡萄酒 (D)起泡之香檳酒。

(　　) 463.下列法國葡萄酒最高等級爲 (A)A.O.C (B)VIN DE PYS (C)V.D.Q.S (D)VIN DE TABLE。

(　　) 464.調酒員（bartender）每天上班後，營業前首要任務是 (A)核視採購報表 (B)檢視營業月報表 (C)檢視庫存月報表 (D)檢視營業日報表。

(　　) 465.雞尾酒裝飾品、杯飾以何種材料最適宜 (A)蔬菜水果 (B)花、草 (C)藥草 (D)豆類穀物。

(　　) 466.吧檯作業內的靈魂人物是 (A)餐飲經理 (B)酒吧經理 (C)酒吧領班(D)酒吧調酒員。

(　　) 467.下列何者是舌尖對葡萄酒的體質（body）品飲時最敏感的味覺 (A)甜度 (B)酸度 (C)澀度 (D)苦度。

(　　) 468.國家元首接受外交使節呈遞國書及富商高官所舉辦的豪華酒會稱爲(A) punch party (B)cocktail party (C)tea party (D)champagne party。

( ) 469.酒吧檯內使用的砧板，以何種材質最符合衛生條件 (A)木製品 (B)竹製品 (C)塑膠製品 (D)不銹鋼製品。

( ) 470.德國的莫塞爾區（mosel）的葡萄酒瓶顏色都是 (A)藍色 (B)棕色 (C)黃色 (D)綠色。

( ) 471.美國的葡萄酒規定商標上標示的葡萄品種使用比率最少要含(A) 65% (B)75% (C)85% (D)95%。

( ) 472.世界上第一個使用環保軟木塞的國家是 (A)美國 (B)法國 (C)澳州 (D)德國。

( ) 473.德國的葡萄酒規定，商標上標示的葡萄品種使用比率少要含 (A)75%(B) 80% (C)85% (D)90%。

( ) 474.法國的阿爾薩斯（Alsace）葡萄酒規定，商標上標示的葡萄品種，使用比率最少要含 (A)85% (B)90% (C)95% (D)100%。

( ) 475.葡萄酒瓶上標示vin de pays d 'oc是表示生產於何地區之酒 (A)聖艾美農區（saint emilion） (B)葛富區（graves） (C)龐馬魯區（pomerol） (D)梅多克區（m' edoc）。

( ) 476.法國薄酒萊新酒（Beaujolais nouveau）是於每年11月份的第幾個星期四全球同步銷售 (A)1 (B)2 (C)3 (D)4。

( ) 477.負責吧檯操作的人員英文稱爲 (A)bartender (B)sommelier (C)waiter (D)waitress。

( ) 478.飯店的飲務組織是歸屬在 (A)餐飲部 (B)客務部 (C)房務部 (D)工程部。

( ) 479.以下那一種不是製作白葡萄酒的原料 (A)白葡萄汁 (B)紅葡萄汁果肉及果皮 (C)白葡萄汁及紅葡萄汁 (D)

紅葡萄汁。

( ) 480.玫瑰紅葡萄酒的製作原料是 (A)白葡萄 (B)白葡萄及紅葡萄 (C)白葡萄汁 (D)紅葡萄汁。

( ) 481.人的舌頭味覺分佈是 (A)舌尖苦兩邊甜舌根酸 (B)舌尖甜兩邊苦舌根酸 (C)舌尖甜兩邊酸、鹹舌根苦 (D)舌尖酸兩邊甜舌根苦。

( ) 482.一般葡萄酒的上酒程序是 (A)紅酒在白酒之前 (B)濃味在淡味之前(C) 白酒在紅酒之前 (D)甜味在不甜之前。

( ) 483.成本的計算公式以下何者爲正確 (A)成本／售價＝進貨成本 (B)成本×售價＝成本率 (C)售價／成本＝成本率 (D)售價×成本率＝成本。

( ) 484.作帳盤存的程序是 (A)今日進貨－前日存貨＝今日盤存 (B)今日銷售＋前日存貨＝今日盤存 (C)今日進貨＋前日存貨＋今日銷售＝今日盤存 (D)今日進貨＋前日存貨－今日銷售＝今日盤存。

( ) 485.客人點長島冰茶（long island tea）以下材料，何者不須準備？ (A)葡萄酒 (B)琴酒 (C)伏特加 (D)深色蘭姆酒。

( ) 486.爲曼哈頓（manhattan）雞尾酒之裝飾物，應準備何物？ (A)橄欖(B)紅櫻桃(C)小洋蔥(D)荳蔻粉。

( ) 487.營業吧檯，會將先行製作完成之裝飾物品安全儲存何處？ (A)工作檯砧板正前方 (B)近水槽處 (C)冷藏冰箱內 (D)冷凍冰箱中。

( ) 488.調製血腥瑪琍（bloody mary）應準備之物，下述何者不當？ (A)麻油 (B)鹽／胡椒 (C)高飛球杯 (D)芹菜棒。

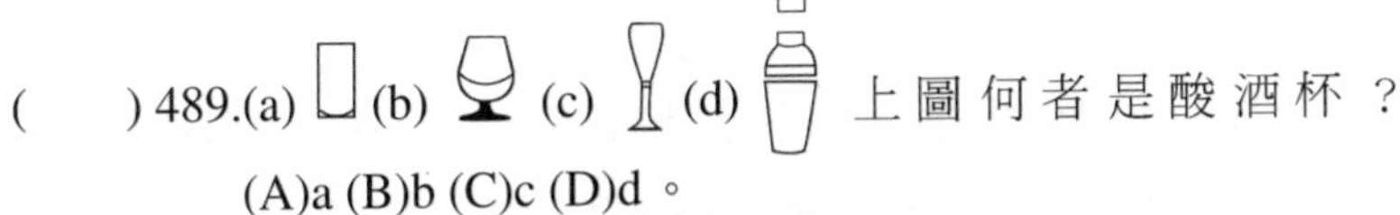

(　　) 489.(a) (b) (c) (d) 上圖何者是酸酒杯？(A)a (B)b (C)c (D)d。

(　　) 490.(a) (b) (c) (d) 上圖何者是醒酒器？(A)a (B)b (C)c (D)d。

(　　) 491.(a) (b) (c) (d) 上圖何者是濾冰器？(A)a (B)b (C)c (D)d。

(　　) 492.(a) (b) (c) (d) 上圖何者是量酒器？(A)a (B)b (C)c (D)d。

(　　) 493.下列何者不是碳酸氣飲料？ (A)開水 (B)蘇打水 (C)薑汁汽水 (D)奎寧水。

(　　) 494.品嚐葡萄酒的第一個動作是 (A)看酒的顏色或外觀 (B)聞酒的香氣(D) 品嚐酒的味道 (D)看酒瓶的形狀。

(　　) 495.下列何者不是吧檯所使用的器皿？ (A)砧板 (B)水果刀 (C)果汁機 (D)龍蝦鉗。

(　　) 496.紅葡萄酒的顏色是來自 (A)葡萄籽 (B)葡萄皮 (C)可食用色素 (D)葡萄葉子。

(　　) 497.飲料貯存管理是採 (A)先進後出 (B)先進先出 (C)後進先出 (D)隨心所欲。

(　　) 498.葡萄本身哪一部分沒有含單寧酸？ (A)籽 (B)皮 (C)梗 (D)果肉。

(　　) 499.酒吧的飲料盤存應多久盤點一次 (A)每班盤存 (B)每三天一次 (C)每五天一次 (D)每星期一次。

(　　) 500.有關吧檯準備工作，下列何者敘述錯誤？ (A)吧檯用的食品與飲料應分類貯存 (B)裝飾品應事先準備好，放在裝飾盤內 (C)冰塊應事先放在儲冰槽內 (D)紅白酒應事先打開，以求方便操作。

(　　) 501.液體容量換算，下述何者不當？ (A)1 jigger=45cc (B)1加侖（gallon）=4000cc (C)1盎司（Oz）=30cc (D)1茶匙（tsp）=15公撮ml。

(　　) 502.1瓶750cc的琴酒，依樣本餐廳標準單位45cc計算，允許賣多少杯量？(A) 20杯 (B)18杯 (C)16杯 (D)14杯。

(　　) 503.日本人常飲用（scotch mizuwali），其調製材料是？ (A)威士忌＋水 (B)威士忌＋蘇打水 (C)白蘭地＋水 (D)蘭姆酒＋蘇打水。

(　　) 504.鹹狗（salty dog）、血腥瑪莉（bloody mary）、瑪格麗特（margarita），以下何者是此三道雞尾酒之相同用料？ (A)葡萄柚汁 (B)伏特加酒 (C)番茄汁 (D)鹽。

(　　) 505.吧檯調酒操作步驟，以下何者最佳？ (A)認識配方→準備裝飾→取用冰塊→量取用酒 (B)準備杯皿→認識配方→量取用酒→取用冰塊 (C)認識配方→準備杯皿→準備裝飾→準備材料 (D)準備材料→量取用酒→取用冰塊→準備杯皿。

(　　) 506.下列何者是省產之釀造酒？ (A)參茸酒 (B)紹興酒 (C)米酒 (D)烏梅酒。

(　　) 507.下列何者是省產之蒸餾酒？ (A)高粱酒 (B)臺灣啤酒 (C)花雕酒 (D)長春酒。

(　　) 508.下列何者是省產之再製酒？ (A)陳年紹興酒 (B)玫瑰紅 (C)大麴酒 (D)竹葉青。

(　　) 509.下列何者是省產之釀造酒？ (A)龍鳳酒 (B)蘭姆酒 (C)狀元紅酒 (D)百歲酒。

(　　) 510.下列何者是省產之蒸餾酒？ (A)臺灣淡啤酒 (B)茅台酒 (C)葡萄蜜酒 (D)虎骨酒。

(　　) 511. 下列何者是省產之再製酒？ (A)雙鹿五加皮酒 (B)高粱酒 (C)黃酒 (D)白蘭地。

(　　) 512. 英國的穀物威士忌（grain whisky）規定，大麥含量是 (A)10% (B)20% (C)30% (D)40%。

(　　) 513. 以多種威士忌蒸鎦後，立即混合再裝桶儲存的是 (A)愛爾蘭威士尼 (B)蘇格蘭威士忌 (C)波本威士忌 (D)加拿大威士忌。

(　　) 514. 含有50%以上中性酒精的是？ (A)波本威士忌（Bourbon Whisky） (B)美國威士忌（American Whiskey） (C)裸麥威士忌 （Rye Whisky）(D)美國綜合威士忌（American Blanded Whiskey）。

(　　) 515. 酒精含量在多少以上的飲料即稱之爲酒？ (A)0.5% (B)1% (C)3% (D)5%。

(　　) 516. 愛爾蘭威士忌（irish whisky）的蒸餾次數是？ (A)1次 (B)2次 (C)3次 (D)4次。

(　　) 517. 蘇格蘭威士忌（scotch whisky）的法定儲存年限最少是？ (A)2年 (B)3年 (C)4年 (D)6年。

(　　) 518. 波本威士忌（bourbon whiskey）的酒精含量，不得超過？ (A)43% (B) 50% (C)52.5% (D)62.5%。

(　　) 519. 下列那一種白蘭地標示的年份，不受法國政府認可？ (A)三星 (B)V.S.O.P. (C)F.B.O.P (D)X.O.。

(　　) 520. 下列那一種酒精的標示法是屬於美式鑑定法？ (A)43° G.L (B)43° ALC (C)43° VOL (D)86proof。

(　　) 521. 野莓酒（sloe gin）是那一個國家所發明？ (A)英國 (B)法國 (C)美國 (D)義大利。

(　　) 522. 下列那一種酒不屬於香甜酒（liqueur）？ (A)覆盆子（framboise） (B)野莓酒 （sloe gin） (C)白蘭地

(brandy) (D)紫羅蘭 (parfait-amour)。

( ) 523.卡魯哇咖啡 (kahlua) 酒是以那一種蒸餾酒再製而成? (A)琴酒(B)白蘭地(C)伏特加酒(D)蘭姆酒。

( ) 524.牙買加的咖啡酒 (tia maria) 是以那一種蒸餾酒再製而成? (A)蘭姆酒 (B)伏特加酒 (C)白蘭地 (D)威士忌。

( ) 525.蜂蜜酒 (drambuie) 主要是以那一種蒸餾酒再製而成? (A)伏特加(C) 威士忌(C)白蘭地(D)蘭姆酒。

( ) 526.香甜酒 (liqueur) 的含糖量不得低於? (A)2.5% (B)5% (C)10% (D)12.5%。

( ) 527.香甜酒 (liqueur) 的酒精含量最低不得低於 (A)14% (B)16% (C)18% (D) 20%。

( ) 528.下列那一種酒是以葡萄酒再製而成? (A)白櫻桃酒 (kirsch) (B)柑桔酒 (cointreau) (C)夏多思 (chartreuse) (D)多寶力補酒 (dubonnet)。

( ) 529.公賣生產的紹興酒是屬於? (A)釀造酒 (B)蒸餾酒 (C)再製酒 (D)開胃酒。

( ) 530.有酒精飲料稱爲hard drinks,下列那一項是有酒精飲料? (A)virgin mary (B)lemon squash (C)bloody mary (D)Shirley temple。

( ) 531.雞尾酒調製完成前,雞尾酒杯 (cocktail glass) 要冰涼,其英文稱爲? (A) chill a glass (B)bloody mary (C)frozen a glass (D)cool a glass。

( ) 532.seltzer water是一種碳酸水,如果用完了,由下列何種可代替? (A) ginger ale (B)7-up (C)tonic water (D)club soda。

( ) 533.酒吧工作手冊是酒吧工作人員的書面作業指導,其英文稱之爲？ (A) bar menu (B)requisition form (C)bar manual (D)inventory sheet。

(　　) 534.（neat）在專有名詞的慣例稱一杯純飲的酒，也稱爲？ (A)standard (B) dry drink (C)shot drink (D)straight up。

(　　) 535.顧客點一杯（on the rocks）又說再附給一杯冰水，專有名詞稱？ (A) glass of water (B)water please (C)water back (D)separate glass of (B) water。

(　　) 536.調酒配料中的專有名詞中稱（orgeat）是代表？ (A)苦精 (B)豆蔻粉 (C)杏仁糖漿 (D)肉桂粉。

(　　) 537.在酒吧的專有名詞中（cash bar）是指？ (A)酒吧內設有收帳櫃檯 (B) 每點一杯付一杯錢 (C)結帳時要付現不得簽帳 (D)會計派一位出納專門收現金。

(　　) 538.當一位顧客爲自已點酒同時說（backup drinks），其義爲？ (A)一杯雙份 (B)濃一點 (C)淡一點 (D)一杯同樣的二杯。

(　　) 539.根據飲料調製方法的（build method），下列那一種酒最符合？ (A) daiquiri (B)Singapore sling (C)martini (D)pousses café。

(　　) 540.專有名詞的（call out）是解釋成？ (A)酒吧打烊 (B)把雞尾酒外送 (B) 打電話出去 (D)雞尾酒外帶。

(　　) 541.酒吧調酒常用的糖，以下是那一種最方便？ (A)糖水（simple syrup） (B)砂糖（granulated sugar） (C)蜜糖（honey） (D)冰糖（candy sugar）。

(　　) 542.酒吧檯內工作的因素，酒允許有適量的安全庫存量，該專有名詞爲？ (A) stock (B)bar stock (C)safe stock (D)security stock。

(　　) 543.調一杯雞尾酒，內含有雞蛋及牛奶，應以何種方法調製最恰當？ (A)直接注入法（building） (B)攪拌法（stirring） (C)搖盪法（shaking） (D)霜凍法（frozen）。

(　　) 544.酒吧專業術語中fill up中文之意為？ (A)不加冰 (B)加滿 (C)一半份量 (D)不加客人指示之酒水。

(　　) 545.pourer中文之意為？ (A)杯蓋 (B)開酒器 (C)酒嘴 (D)濾酒器。

(　　) 546.下列何者非柑橘口味之香甜？ (A)curacao (B)grand marnier (C)baileys (D)triple sec。

(　　) 547.下列何者為茴香口味之香甜酒？ (A)maraschino (B)parfait amour (C)sambuca (D)southern comfort。

(　　) 548.若客人請你推薦一杯酸的雞尾酒，下何者不適合？ (A)side car (B)margarita (C)daiquiri (D)gibson。

(　　) 549.下列何者非使用直接注入法？ (A)eggnog (B)black Russian (C)Americano (D)bloody mary。

(　　) 550.通常電動攪拌機（blender）之使用時機，下列何者為非？ (A)有水果類之塊狀材料需攪碎時 (B)打frozen cocktail時 (C)同種雞尾酒須短時間打十人份時 (D)調長島冰茶時。

(　　) 551.1個jigger的容量，下列何者不當？ (A)1.5oz (B)45cc (C) 4.5cl (D)40ml。

(　　) 552.新加坡司令之配方中下列何不是？ (A)琴酒 (B)柳橙汁 (C)檸檬汁 (D)櫻桃白蘭地。

(　　) 553.下列何者不能調成frozen cocktail？ (A)黛克利（daiquiri） (B)可樂達（colada） (C)瑪格麗特（margarita） (D)螺絲起子（screw driver）。

(　　) 554.下列何者非咖啡口味之香甜酒？ (A)kahlua (B)créme de café (C)southern comfort (D)tia-maria。

(　　) 555.whiskey sour應用下列何者調製較正確？ (A)dewar's (B)teacher's (C)old parr (D)wild trukey。

(　　) 556.白蘭地亞歷山大（brandy Alexander）以何種香甜酒調製？ (A)香草酒（Galliano） (B)杏仁酒（amaretto） (C)可可酒（C.D. Cacao）(D)櫻桃白蘭地（cherry brandy）。

(　　) 557.下列何者是有酒精飲料？ (A)椰林風情（virgin pina colada） (B)雪莉登波（Shirley temple） (C)純眞瑪莉（virgin mary） (D)龍舌蘭日出（tequila sunrise）。

(　　) 558.下列何者以搖盪法調製雞尾酒？ (A)gin tonic (B)campari soda (C)whiskey sour (D)B&B。

(　　) 559.以下哪一種雞尾酒通常是用攪拌法（stirring）製作？ (A)曼哈頓（manhattan） (B)瑪格麗特（margarita） (C)紐約（new york） (D)紅粉佳人（pink lady）。

(　　) 560.以下哪一種材料在製作雞尾酒時不可放入雪克杯中搖盪？ (A)含碳酸氣飲料 (B)新鮮果汁 (C)雞蛋 (D)牛奶。

(　　) 561.馬丁尼（dry martini）通常是歸在何時飲用 (A)飯前 (B)飯後 (C)飯中 (D)不限制。

(　　) 562.通常用搖盪法製做雞尾酒時使用的器皿爲？ (A)調酒匙（bar spoon） (B)雪克杯（shaker） (C)刻度調酒杯（mixing glass） (D)調酒棒（stirrer）。

(　　) 563.彩虹雞尾酒的分層比重原理是因爲 (A)色素與酒精 (B)色素與糖 (C)糖與酒精 (D)色素與水。

(　　) 564.以下哪一種酒是屬於蒸餾酒？ (A)葡萄酒 (B)啤酒 (C)

伏特加 (D)雪莉酒。

( ) 565.以下哪一種酒是原料是葡萄？ (A)威士忌 (B)啤酒 (C)蘭姆酒 (D)白蘭地。

( ) 566.以下哪一種酒是墨西哥的特產？ (A)威士忌 (B)白蘭地 (C)琴酒 (D)龍舌蘭酒。

( ) 567.以下哪一道雞尾酒配方有用到檸檬汁？ (A)馬丁尼（martini） (B)曼哈頓（manhattan） (C)亞歷山大（Alexander） (D)新加坡司令（Singapore sling）。

( ) 568.以下哪一種酒的原料有用到玉米？ (A)白蘭酒 (B)蘭姆酒 (C)雪莉酒 (D)波本威士忌。

( ) 569.以下哪一道雞尾酒配方中有用到白蘭地？ (A)亞歷山大（Alexander） (B)曼哈頓（manhattan） (C)蚱蜢（grasshopper） (D)愛爾蘭咖啡（irish coffee）。

( ) 570.以下哪一種酒是釀造酒？ (A)威士忌 (B)蘭姆酒 (C)啤酒 (D)伏特加。

( ) 571.威士忌剛蒸餾出來是無色的，它的顏色的由來是因為經過 (A)陶甕 (B)玻璃瓶 (C)橡木桶 (D)鋼桶 的陳年。

( ) 572.以下哪一種酒是屬於薄荷口味的香甜酒？ (A)grand marnier (B)créme de menthe (C)southern comfort (D)créme do cacao。

( ) 573.威士忌可樂（whiskey coke）是使用下列那一種杯子盛裝？ (A)馬丁尼杯 (B)高飛球杯 (C)甜酒杯 (D)白蘭地杯。

( ) 574.加冰塊飲用（on the rocks）的飲料是採用下列那一種方法調製？ (A)搖盪法（shaking） (B)攪拌法（stirring） (C)直接注入法（building） (D)電動攪拌機

法（blending）。

(　　) 575.威士忌沙活（whiskey sour）是一種雞尾酒，是採用下列那一種方法調製？ (A)搖盪法（shaking） (B)直接注入法（building） (C)電動攪拌機法（blending） (D)攪拌法（stirring）。

(　　) 576.高飛球杯飲料（high ball）是採用下列那一種調酒方法 (A)搖盪法（shaking） (B)直接注入法（building） (C)電動攪拌機（blending）(D)攪拌法（stirring）。

(　　) 577.下列何者不是調雞尾酒常用的基酒？ (A)伏特加 (B)白蘭地 (C)咖啡酒 (D)琴酒。

(　　) 578.下列何者不是調雞尾酒常用的基酒？ (A)伏特加 (B)特吉拉 (C)蘭姆酒 (D)蛋黃酒。

(　　) 579.曼哈頓（manhattan）是一種雞尾酒，其基酒是？ (A)琴酒 (B) 威士忌 (C)白蘭地 (D)伏特加。

(　　) 580.馬丁尼（martini）是一種雞尾酒，其基酒是？ (A)琴酒 (B) 威士忌 (C)白蘭地 (D)伏特加。

(　　) 581.calvados指的是？ (A)葡萄渣的白蘭地 (B)蘋果白蘭地 (C)櫻桃白蘭地 (D)草莓白蘭地。

(　　) 582.marc指的是？ (A)葡萄渣的白蘭地 (B) 蘋果白蘭地 (C)櫻桃白蘭地 (D)草莓白蘭地。

(　　) 583.黑色俄羅斯（black Russian）一種雞尾酒，其基酒是？ (A)琴酒 (B)蘭姆酒 (C)伏特加 (D)威士忌。

(　　) 584.聖誕節飲用的蛋酒（eggnog）是一種雞尾酒，其基酒是？ (A)琴酒(B)蘭姆酒 (C)伏特加 (D)威士忌。

(　　) 585.吉普生（Gibson）是一種雞尾酒，其基酒是？ (A)琴酒 (B)白蘭地 (C)伏特加 (D)威士忌。

(　　) 586.一般馬丁尼（martini）是採用下列何者裝飾物？ (A)

櫻桃 (B)紅心橄欖 (C)小洋蔥珠 (D)柳丁片。

( ) 587.下列那一種雞尾酒是採用飄浮法？ (A)鹹狗 (B)琴奎寧 (C)馬丁尼 (D)天使之吻。

( ) 588.下列何者不屬於柑橙酒？ (A)triple sec (B)grand marnier (C)fraise (D)cointreau。

( ) 589.poire willams是屬於下列那一種香甜酒？ (A)梨子 (B)桃子 (C)蘋果 (D)草莓。

( ) 590.在白蘭地的標籤上所標示的（fine champagne）是指？ (A)大香檳區的葡萄含量在一半以上 (B)小香檳區的葡萄含量在一半以上 (C)大小香檳區各佔一半 (D)全部採用小香檳區的葡萄。

( ) 591.混合酒（mixed drink）也可稱爲何種飲料 (A)soft drink (B)highball drink (C)cold drink (D)sweet drink。

( ) 592.每一瓶酒的容量如以美國方式計算有多少盎司（ounce） (A)22盎司 (B)22.3盎司 (C)25盎司 (D)25.6盎司。

( ) 593.調製一杯白蘭地亞歷山大（brandy Alexander）雞尾酒其調配法是採用 (A)building (B)stirring (C)shaking (D)blending。

( ) 594.一般蒸餾酒酒精度是 (A)30°~35° (B)37°~43° (C)45°~55° (D)60°~95°。

( ) 595.英國scotch whiskey的酒齡如是12年是屬何種等級的whiskey (A)標準品 (B)加拿大 (C)義大利 (D)杜松子。

( ) 596.波本（bourbon whiskey）是屬於那一國的whiskey (A)美國 (B)加拿大 (C)義大利 (D)英國。

( ) 597.琴酒（gin）有一種清爽清香的味道是添加何種香料 (A)茴香 (B)香草 (C)薄荷 (D)杜松子。

(　　) 598.採用龍舌蘭（agave）做主要原料的是何種蒸餾酒 (A)vodka (B)run (C)whiskey (D)tequila。

(　　) 599.liqueur香甜酒的標籤上印有三個英文字母D.O.M是何種香甜酒 (A)galliano (B)campari (C)sambaca (D)benedictine。

(　　) 600.雞尾酒白蘭地亞歷山大（brandy alexander）調配好後它的裝飾品是 (A)柳丁皮 (B)檸檬皮 (C)豆蔻粉 (D)胡椒粉。

(　　) 601.bar brandy和house brandy在酒吧裡是何種等級的白蘭地酒 (A)平價品 (B)中級品 (C)高級品 (D)特級品。

(　　) 602.咖啡豆是那一個國家的人所發現 (A)依索匹亞人 (B)美國人 (C)法國人 (D)阿拉伯人。

(　　) 603.下列那一個國家不生產咖啡豆 (A)台灣 (B)美國 (C)日本 (D)印尼。

(　　) 604.咖啡豆中的成份，含有毒性，少量對身體有益，多量對身體有害的是 (A)咖啡因 (B)單寧酸 (C)脂肪酸 (D)礦物質。

(　　) 605.下列那一種的咖啡豆特性最酸 (A)藍山 (B)曼特寧 (C)摩卡 (D)巴西。

(　　) 606.下列那一種的咖啡豆特性最苦 (A)哥倫比亞 (B)曼特寧 (C)巴西 (D)藍山。

(　　) 607.製作加味咖啡，如草莓咖啡、香草咖啡等，都以那一種品種的咖啡豆製作 (A)阿拉比卡種 (B)羅布斯塔種 (C)瓜哇種 (D)利比利卡種。

(　　) 608.調酒或製作飲料時，加入蛋白主要的目的是 (A)色澤較好看 (B)增加份量 (C)使其產生泡沫 (D)節省材料。

(　　) 609.含有鮮奶的飲料，會發生凝結現象是因為加入了含有

什麼成份的食品 (A)糖份(B)酸性(C)苦味(D)脂肪。

( ) 610.第一個生產咖啡酒的國家是 (A)墨西哥(B)巴西(C)哥倫比亞(D)牙買加。

( ) 611.義式咖啡（espresso）表層中央，若有白色圓圈形狀，表示咖啡中的咖啡因和苦味油脂 (A)太多(B)太少(C)恰到好處(D)完全沒有。

( ) 612.製作哪種的咖啡都會使用到烤架 (A)皇家咖啡(B)愛爾蘭咖啡(C)維也納咖啡(D)卡布奇諾咖啡。

( ) 613.下列哪一個國家的人喝咖啡時會加入少許的檸檬皮 (A)美國(B)英國(C)義大利(D)巴西。

( ) 614.購買回來的咖啡豆，如未立即處理，置於陰涼處，隔天後密封的咖啡袋有澎漲的情形，是因爲 (A)不新鮮(B)受潮(C)很新鮮(D)過期不可食用。

( ) 615.製作義式咖啡（espresso）的奶泡時，若有像噴射機轟隆的聲音是表示 (A) 水溫太高(B)水溫太低(C)蒸氣管離杯底太高(D)蒸氣管離杯底太近。

( ) 616.鮮度不佳的咖啡豆，沖調之後會帶有 (A)苦味(B)澀味(C)酸味(D)甘味。

( ) 617.高酸性飲料不能置於 (A)紙製容器(B)陶瓷容器(C)銅製容器(D)玻璃容器。

( ) 618.下列哪一種茶的單寧酸含量最高？ (A)白毫烏龍(B)碧螺春(C)普洱茶(D)鐵觀音。

( ) 619.下列哪一種茶的維生素C含量最多？ (A)茉莉花茶(B)桂花茶(C)菊花茶(D)龍井綠茶。

( ) 620.必須使用較高水溫的是哪一種茶？ (A)綠茶(B)鐵觀音(C)紅茶(D)白毫烏龍。

( ) 621.飲料成本是屬於 (A)變動成本(B)半變動成本(C)固定

成本(D)視情況而定。

(　　) 622.飲料的售價減飲料的成本等於 (A)毛利 (B)淨利 (C)單位成本 (D)總利潤。

(　　) 623.有關成本控制概念，下列何者敘述錯誤？ (A)隨時關掉不用的電燈 (B) 爲節省能源，營業時少開幾盞燈 (C) 能遵守每次調酒能使用量酒器的規定 (D) 調酒時，能照公司規定的配方做。

(　　) 624.有關酒單之敘述，下列何者錯誤？ (A)它是一種促銷工具 (B)wine list=cocktail list (C)酒單上之價格不可塗塗改改，以免影響瞻觀 (D)客房專用飲料單亦是酒單的一種。

(　　) 625.下列何者不是盤存的目的？ (A)防止失竊 (B)確定存貨出入的流動率 (C)了解常客的名字 (D)查明銷售流量不高的酒類以使處理。

(　　) 626.酒類之儲存應 (A)分類分開且採用不同溫度貯存 (B)全部一起貯存 (C)採用同一溫度 (D)視營業情況而定。

(　　) 627.每月酒類盤存作業應由 (A)會計室人員執行 (B)外場經理執行 (C)酒吧人員執行 (D)會計人員會同酒吧人員執行。

(　　) 628.下列何者不屬於酒窖記錄的東西 (A)櫃櫥卡 (B)酒窖進貨簿 (C)人員出勤記錄簿 (D)酒類存貨清單。

(　　) 629.標準的調酒配方，下列何者不包括？ (A)杯子 (B)份量 (C)裝飾物 (D)人員。

(　　) 630.酒吧的營運成本控制應始於 (A)採購 (B)驗收 (C)貯存 (D)銷售。

(　　) 631.酒窖記錄中的損耗破裂記錄表，損耗指的是 (A)瓶子破裂 (B)飲料裝瓶不滿 (C)客人跑單 (D)員工偷喝飲料。

(　　) 632.下列裝飾物中，何者不屬於garnishes (A)櫻桃 (B)小洋蔥 (C)牙籤 (D)檸檬塊。

(　　) 633.一瓶750cc的威士忌，成本1000元如毛利五成，請問每杯（1oz）的售價是多少？ (A)60元 (B)80元 (C)100元 (D)120元。

(　　) 634.酒吧人員以哪種方式處理每日電氣設備的清潔保養工作最恰當 (A)按照清潔保養表進行 (B)請工程技術人員幫忙 (C)找清潔工處理 (D)請原供應商處理。

(　　) 635.瓶裝檸檬汁、萊姆汁、紅石榴糖漿到打烊時沒用完應存放於 (A)冷凍於冰箱 (B)存放於製冰機內 (C)放回倉庫內儲存 (D)蓋上蓋子存放於快速架上。

(　　)636.製冰機如沒按時清潔保養，製造出來的冰塊形狀下列何者居多 (A)不製冰塊 (B)冰塊變霧白色 (C)空心冰塊 (D)冰塊龜裂。

(　　) 637.酒吧冷藏冰箱溫度應設定在華氏幾度 (A)40~45度 (B)32~36度 (C)25~32度 (D)0度以下。

(　　) 638.單杯售價的計算方式等於 (A)整瓶酒的進價乘「1加毛利」除杯數 (B)整瓶酒的進價除杯數除售價 (C)售價減「成本加費用」 (D)整瓶酒的進價除以杯數。

(　　) 639.吧檯補充酒「領貨」的最佳時段 (A)早上 (B)下午 (C)上班前 (D)下班後。

(　　) 640.下列的文件，何者是每一位調酒員都要先熟記的 (A)酒吧營運記錄報告 (B)成本控制表 (C)營業日報表 (D)標準酒譜。

(　　) 641.濺溢軌道（spill rail）是調酒員調製酒的地方，它多久清潔擦拭一次 (A) 每次使用均擦拭 (B)每日擦拭一次

(C)每月擦拭一次 (D)不必要清潔擦拭。

( ) 642.快速酒架（speed rack）多久清潔擦拭一次 (A)每次使用均擦拭 (B)每日擦拭一次 (C)每月擦拭一次 (D)不必要清潔擦拭。

( ) 643.以下何者通常不屬於酒單上陳列的項目 (A)配方 (B)價目 (C)酒名 (D)電腦序號。

( ) 644.（fancy drink sales report）報表的計算基礎是 (A)各種類型的單杯酒 (B)各種不同的整箱酒 (C)各種不同的整瓶酒 (D)以上皆是。

( ) 645.以下何者通常不屬於打烊後的公共安全檢查工作 (A)盤存酒帳 (B)關閉電燈 (C)關閉水源 (D)關冷氣。

( ) 646.破損的杯皿處理方式爲 (A)直接丟入垃圾桶 (B)放入破損箱 (C)打碎丟入垃圾桶 (D)繼續使用。

( ) 647.營業績效接近目標成本略爲高出正常成本時應促銷何種商品 (A)高成本低利潤商品 (B)低成本高利潤商品 (C)低成本低利潤商品 (D)促銷呆滯物料。

( ) 648.盤點酒帳多用目測法，請問一瓶酒大約分幾等分 (A)5分 (B)10分 (C)12分 (D)15分。

( ) 649.安全庫存的設定依據是 (A)坐位使用周轉率 (B)營業面積使用率 (C)物料使用周轉率 (D)銷售營業額。

( ) 650.請問下列何者不會直接影響營業成本 (A)銷售商品結構 (B)銷售營業額 (C)營業目標額 (D)破損率。

( ) 651.成本率的計算公式爲 (A)售價／成本 (B)售價×成本 (C)成本／售價 (D)成本＋售價。

( ) 652.營業額的計算基礎是以下列何種單據爲憑據 (A)單杯銷售報表 (B)銷售營業額 (C)盤存表 (D)點菜「酒」單。

(　　) 653.以下哪一種報表不屬於銷售報表 (A)點菜「酒」單 (B)單杯銷售報表(C)盤存表(D)破損單。

(　　) 654.以國內的作業，酒吧的現金結帳作業是何人負責 (A)調酒員(B)出納(C)服務員(D)領班。

(　　) 655.酒吧打烊前的飲料盤點工作是由何人負責 (A)調酒員(B)出納(C)酒吧服務員(D)酒吧領班。

(　　) 656.玻璃杯洗杯機應維持衛生、清潔，每天必須清理一認，清理時間是 (A)營業前(B)營業中(C)營業後(D)不定時。

(　　) 657.裝飾物於打烊後剩餘未用完的，下列哪些應放冰箱 (A)吸管(B)調酒棒(C)鋼管(D)水果。

(　　) 658.下列哪些調味品使用後，必須放置冰箱保存 (A)豆寇粉(B粉椒粉(C)奶水(D)苦精。

(　　) 659.雞尾酒的調配成本應如何控制 (A)按標準配方調製(B)定價調配(C)依經理指示調配(D)依自已方式調配。

(　　) 660.每天打烊後，清理清潔用具、杯皿和器具後如何處理 (A)等待下一班處理(B)歸位(C)清洗後放置托盤即可(D)晾乾即可。

(　　) 661.控制酒類、飲料的成本之因素，下列何者不直接影響 (A)價格標準化(B)建立標準配方(C)杯類大小容量標準化(D)服務流程標準化。

(　　) 662.一般於飯店酒吧之酒水轉帳到別的單位，通常開立內部轉帳單其英文爲 (A)food store requisition form (B)internal form (C)internal transferform (D)house use slip。

(　　) 663.假設某酒吧一瓶XO可賣21杯，請問：此吧在營業前

「結存」爲二瓶二杯，在營業時領入一瓶，內部轉出一瓶三杯，於打烊前又售一瓶六杯，請問今日帳上之「結存」爲幾瓶幾杯 (A)一瓶又15杯 (B)一瓶又14杯 (C)15杯 (D)14杯。

( ) 664.通常於飯店之酒吧酒水量不足時會填寫「飲料倉庫領料單」領貨，其英文爲 (A)petty cash voucher form (B)trouble report (C)food store requisition form (D)beverage store requisition form。

( ) 665.於酒吧，剩餘之「罐裝產品」，未使用完時，得妥善處理後置於冰箱，下列何者不適合隔日再使用 (A)櫻桃 (B)罐頭果汁 (C)椰奶 (D)罐裝汽水。

( ) 666.電動攪拌機（blender）之平用時應注意事項，下列何者爲非 (A)儘量使用大一點的冰塊 (B)不要將有核之水果丟入 (C)使用前後皆應清洗，且要定期保養 (D)不可加入有氣之飲料。

( ) 667.一般於飯店、酒吧，由於咖啡使用量大，皆會使用咖啡機來煮咖啡，有關咖啡機之保養、使用常識下列何者爲非 (A)一般開機後暫時無法使用，待「熱機」後即可使用 (B)咖啡豆渣盒滿時要取出清洗 (C)咖啡機故障時可請調酒員自行拆卸、修理 (D)咖啡機須每日清洗保養。

( ) 668.於營業結束盤存酒水，酒帳上之存量與現場實際存量有異時，應再仔細檢查，上列何者錯誤 (A)重新計算帳上及現場之實際存量，看是否有計算錯誤 (B)檢查是否有漏開單或重複開單 (C)檢查是否有酒水轉入或轉出之情形 (D)詢問服務人員是否有偷喝酒。

( ) 669.降低破損是大家的責任，下列何者非減少破損應注意

的事項 (A)以正確方式拿托盤 (B)保持地面乾燥 (C)若桌面杯類太多，可分兩次收拾 (D)儘量不去使用生財器皿。

( ) 670.皇家咖啡（café royal）加入的烈酒下列何者正確 (A)琴酒 (B)伏特加 (C)威士忌 (D)白蘭地。

( ) 671.一般清洗酒杯的毛刷洗杯機，安置在何處？ (A)冰箱上 (B)製冰機上 (C) 工作檯上 (D)水槽內。

( ) 672.下列哪一項不是酒吧之消耗品？ (A)杯墊（coaster）(B)冰夾（ice tong） (C)吸管（straw） (D)調酒棒（stirrer）。

( ) 673.葡萄酒是由下列哪一種原料釀造而成？ (A)小麥 (B)大麥 (C)葡萄 (D)玉米。

( ) 674.table wine指的是 (A)佐餐酒 (B)汽泡酒 (C)烈酒 (D)香檳酒。

( ) 675.1瓶quart酒，可以倒幾盎斯？ (A)12.7oz (B)25.6oz (C)32oz (D)33.8oz。

( ) 676.下列何者不屬於蒸餾酒？ (A)葡萄酒 (B)威士忌 (C)白蘭地 (D)伏特加。

( ) 677.下何者不屬於釀造酒？ (A)啤酒 (B)黃酒 (C)花雕酒 (D)米酒。

( ) 678.在台灣對健康最有益，經濟又實惠的是 (A)茶 (B)果汁 (C)水 (D)咖啡。

( ) 679.下列那一種茶的醱酵程度最高 (A)鐵觀音 (B)陳頂烏龍茶 (C)白毫烏龍 (D)包種茶。

( ) 680.冰箱冷藏應在何溫度以下 (A) 12℃ (B)8℃ (C)4℃ (D)0℃。

( ) 681.如果你要請外國客人買單之說法，下列何者正確

(A)Could you gove me money？(B)Could I have your money？(C)What is your name。(D)Could you settle up？

( ) 682.如果你要請外國客人簽字應如何講，才正確 (A)Could I have your signature (B)Here is your change (C)What is your name (D)May I sign it。

( ) 683.如果要請客人用（正楷）簽名，其（正楷）之英文爲 (A)first name (B)family name (C)black letter (D)sign please。

( ) 684.有關於酒吧之服務，下列敘述何者錯誤 (A)客人光臨，要面帶微笑並向客人問好 (B)客人起身離去，注意是否遺失物品 (C)離打烊時間還有十分鐘，可以將酒吧現場之燈光打到最亮，音樂關掉，以提醒客人該走了 (D)隨時注意桌面及客人需求，看是否須換煙灰函或續杯……等。

( ) 685.有關個人服裝儀容下列敘述何者正確 (A)指甲可留長，以方便工作(C) 口紅可畫各種奇怪的顏色(C)制服首要整齊、清潔(D)鬍鬚可留長才性格。

( ) 686.於飯店酒吧，服務人員要爲三位同桌之外國人「房客」買單時，應注意的事項，下列何者錯誤 (A)應問是否分開買或一起買 (B)應問是刷卡、付現或入房客帳 (C)檢查帳單是否正確 (D)刷卡後不用核對客人的簽字。

( ) 687.於晚上外國客人喝完酒要離開酒吧時，下列何者說法錯誤 (A)Have a seat there (B)Have a nice evening (C)We hope to see you again (D)Thank you。

( ) 688.通常至酒吧喝酒之基本禮儀，下列何者正確 (A)爲節省花費，可自行攜帶飲料進入酒吧飲用 (B)依自已的酒量，適量飲酒 (C)可在酒吧吃檳榔，檳榔汁吐在煙灰缸即可 (D)可在酒吧大聲划拳、嘻鬧。

( ) 689.「餐飲業」是屬於那一種行業 (A)製造業 (B)服務業 (C)慈善事業(D半製造業。

( ) 690.下列何者不是健全的服務心態？ (A)工作有榮譽感 (B)隨時有熱忱及愉快的心 (C)工作藝術化 (D)以金錢目標爲唯一激勵。

( ) 691.當工作場所的機器設備有故障情形發生時，工作人員正確處理態度是 (A) 裝作沒事 (B)馬上逃離現場，當做不知道 (C)主動通知維修單位及該單位主管(D)停止工作。

( ) 692.下列行爲何者是餐飲服務人員應有的品德與修養 (A)代人打卡 (B)對同人斥吼(C)有蒜味 (D)微笑待客。

( ) 693.國際通用語言是調酒員必備的條件，現今是那一種語言爲主 (A)英文(B)西班牙文(C)法文(D)日文。

( ) 694.以下何者不是顧客光臨酒吧的期望 (A)可口安全的飲料 (B)清潔舒適的環境 (C)令人愉稅的服務 (D)剝削式的高售價。

( ) 695.如果你發現酒有問題，無法確認該酒是否眞假，應送到何處檢定 (A)原進口酒商 (B)衛生署 (C)消基會 (D)公賣局酒類試類所。

( ) 696.道路交通管理處罰條例第86條第一項「酒醉駕車」者處新台幣 (A)300元~600元 (B)900元~1800元 (C)3000元~6000元 (D)6000元~12000元。

( ) 697.酒後駕車的酒精含量測試，吐氣所含酒精成份超過每公升幾毫克以上者要處罰 (A)0.025 (B)0.05 (C)0.25 (D)2.5。

( ) 698.團結合作，真誠服務，熱愛工作，這是服務人員何種基本認知 (A)忠孝(B)道德(C)仁愛(D)技術。

( ) 699.酒吧調酒員的工作表現讓顧客最無法忍受的是什麼 (A)酒量太少 (B調錯雞尾酒 (C)服務態度不好 (D)個人衛生不好。

( ) 700.酒吧的服務很特別，因此調酒員必須遵守道德規範，除個人忠於職守外還必須強調 (A)忠孝 (B)道德 (C)仁愛 (D)技術。

( ) 701.調酒員（bartender）在何種狀態下可以拒絕供酒服務 (A)客人講話太大聲 (B)客人已有醉意 (C)客人年齡太高 (D)客人尚未結帳。

( ) 702.吧檯工作人員對裝飾物之補充，應如何處理 (A)不一定檢查 (B)應每天檢查 (C)不必要檢查 (D)聽上級指示處理。

( ) 703.修飾並打理個人儀容，對調酒員而言是 (A)浪費時間 (B)可做可不做的事情 (C)必要的職責 (D)不必要的工作。

( ) 704.職業道德最重要的是 (A)敬業精神 (B)溝通協調 (C)滿足員工需要(D)供應美酒咖啡。

( ) 705.如有研發新的調酒配方頗受觀迎，而調酒員的心態應 (A)籍機要求加薪 (B)能以餐廳或吧檯提升業績爲榮 (C)當做秘方，不可告訴別人 (D待價而沽。

( ) 706.下列何者不是位優秀的吧檯從業人員應具備的條件？ (A)良好的工作態度 (B)溝通技巧熟練 (C)重視職業道德 (D)英雄主義。

( ) 707.下列何者不屬於服務業的特性？ (A)工作時間長 (B)高低起伏的需求 (C)朝九晚五的單一上班制 (D)生產與

消費不可分離。

( ) 708.電器火災發生在吧檯時，首先應如何處理？ (A)大聲呼叫 (B)關閉電源開關 (C)用水滅火 (D)走爲上策。

( ) 709.火災現場，離地面距離越高的溫度如何？ (A)越高 (B)越低 (C)沒有差別 (D)視情況而定。

( ) 710.員工上班時間內，發生重大意外傷害時，同事會如何處理 (A)自行處理 (B)不用處理 (C)填寫意外傷害並送醫 (D)視生意量而定。

( ) 711.吧檯的滅火設備若有缺失導致火災，最大受害者是 (A)老闆與股東 (B)顧客與員工 (C)設計師與水電工 (D)建築師與酒商。

( ) 712.熱咖啡最適宜飲用的溫度約在 (A)40℃ (B)60℃ (C)80℃ (D)100℃。

( ) 713.若酒吧有服務員嚴重燙傷之處理，下列何者錯誤 (A)用冷水沖傷口 (B) 用消毒過的紗布蓋住，以保護傷口 (C)擦燙傷藥膏，以減輕疼痛 (D)將患者緊急送醫。

( ) 714.有關環境衛生下列何者無關 (A)應定時清潔牆壁支柱、天花板、燈飾、門窗 (B)垃圾桶應加蓋 (C)保持地板清潔及地面乾燥 (D)每日下班電源插座應關閉。

( ) 715.當你發現火災發生時，立即按警鈴並通知 (A)主管 (B)顧客 (C)工程單位 (D)自已去滅火。

( ) 716.餐飲服務人員在服裝儀容上以下何者不被允許 (A)指甲適當修剪 (B保持制服整潔 (C)濃妝艷抹 (D)綁髮髻。

( ) 717.清理調酒場所整理調酒工具，對調酒技術士而言是 (A)不必浪費這種時間，以免影響調理飲料之工作 (B)不一定要做的工作 (C)可交雜工全權完成 (D)必要的工作。

(　　) 718.廚餘或垃圾桶是否加蓋？ (A)應該 (B)不需 (C)無所謂 (D)沒有規定　加蓋。

(　　) 719.被蒸氣燙傷時最好的處理方法是 (A)儘快沖冷水 (B)塗抹果醬 (C)塗抹香油 (D)以乾淨紗布蓋好以免被污染。

(　　) 720.餐飲工作人員於工作時可否吃檳榔 (A)不可以吃 (B)可以吃 (C)不可以吃太多 (D)視個人喜好而吃。

(　　) 721.對於昏迷或意識不清者，維持其體溫的方法何者正確 (A)加蓋毛毯 (B)給熱水袋 (C)喝點烈酒 (D)喝熱咖啡及熱茶。

(　　) 722.對於食物中毒的急救，下列何者錯誤 (A)保暖，但不要讓患者有汗現象 (B)將剩餘食物、嘔吐物、容器及排泄物，丟棄並毀滅 (C)病人清醒者，給予食鹽水 (D)立刻送醫急救。

(　　) 723.假設客人不小心跌倒，引起骨折，除了送醫急救外，下列急救何者錯誤 (A)用熱敷，可幫助血液循環，並可減少腫脹 (B)將傷患移動前，先要固定受部位 (C)千萬不要把突出之骨骼推進去 (D)抬高受傷的部位，以減少腫脹。

(　　) 724.兒童在餐廳過於吵鬧時，下列何人去請兒童的父母勸導較適當 (A)服務員 (B)別桌服務員 (C)主管級人員 (D)老闆。

(　　) 725.下列那一個場所適於設置定溫式探測器？ (A)客房 (B)香爐上方 (C)辦公室 (D)餐廳。

(　　) 726.下列那一個場所不適於設置偵煙式探測器？ (A)停車場 (B)客房 (C)辦公室 (D)餐廳。

(　　) 727.下列那一個場所不適於設置差動式探測器？ (A) 餐廳 (B)客房(C)辦公室(D)燒烤區。

(　　) 728.甲類火災「普通火災」是指以下何物引起之火災？ (A)電爐(B)木材、纖維(C)硫化鈣(D)煤氣。

(　　) 729.乙類火災「油脂火災」是指以不何物引起之火災？ (A)電視(B)棉毛(C)生石灰(D)木柴。

(　　) 730.丙類火災「電器火災」是指以下何物引起之火災？ (A)馬達(B)棉毛(C)油脂類(D)木柴。

(　　) 731.丁類火災「金屬火災」是指以下何物引起之火災？ (A)纖維(B)半固體(C)禁水性物質(D)機械器具。

(　　) 732.乾粉滅火器外桶，藍色標示者適用於何型火災？ (A)普通火災(B)油脂火災(C)電器火災(D)金屬火災。

(　　) 733.乾粉滅火器外桶，黃色標示者適用於何型火災？ (A)普通火災(B)油脂火災(C)電器火災(D)金屬火災。

(　　) 734.乾粉滅火器外桶，白色標示者適用於何型火災？ (A)普通火災(B)油脂火災(C)電器火災(D)金屬火災。

(　　) 735.工作制服之最佳三功能是：方便作業操作、與工作場所裝璜融合一致，仍需注意何事項？ (A)流行線條(B)耐髒持久(C)方便顧客識別(D)突顯個性。

(　　) 736.電線走火引起火災時，要使用什麼滅火器較正確？ (A)甲乙丙類「ABC型」乾粉滅火器(B)泡沫滅火器(C)水(D)滅火彈。

(　　) 737.最有效及最快的消防隊是 (A)店內的消防組織(B)119消防隊(C)義勇警察(D)救難隊。

(　　) 738.進口酒類公賣局所徵收的是 (A)公賣利益(B)煙酒稅(C)營業稅(D)加值稅。

(　　) 739.主管食品衛生的中央機關是 (A)市衛生局(B)衛生署

(C)衛生處 (D)縣衛生局。

( ) 740.食品衛生的標準是由那一個衛生機關訂定 (A)中央 (B)省 (C)市 (D)縣 衛生機關。

( ) 741.以下那一種是不屬於救生器材 (A)滅火器 (B)水龍帶 (C)防爆燈 (D)消防安全斧。

( ) 742.以下那一種物質燃燒不適合用水來滅火 (A)木頭 (B)布料 (C)紙張 (D)油料。

( ) 743.當人休克時使用的急救方式是 (A)心肺復甦術 (B)人工呼吸法 (C)心臟按摩術 (D)電療法。

( ) 744.心臟按摩是指胸腔的何部位按摩 (A)上方 (B)下方 (C)左方 (D)右方。

( ) 745.當火災發生時高樓應如何逃生 (A)坐電梯 (B)從窗台跳 (C)躲進浴缸 (D)從安全梯逃生。

( ) 746.食品衛生檢驗之方法依國家標準，無國家標準者由那一機關公告 (A)縣政府 (B)市政府 (C)省政府 (D)中央主管機關。

( ) 747.調酒技術士的工作主要是調製酒類飲料給顧客用，因此工作中最需要注意的是 (A)衛生習慣 (B)調酒技巧 (C)溝通能力 (D)儀態表現。

( ) 748.調酒技術士的衛生習慣最重要，因此進入調酒場所的第一件事的洗滌 (A)雙手 (B)抹布 (C)工具 (D)食物器材。

( ) 749.如儲藏不當，易產生黃麴毒素的食品是 (A)蛋 (B)肉 (C)魚 (D)穀類。

( ) 750.通常所稱之奶油（Butter）係由下列何者精製而成 (A)牛肉中抽出之油 (B)牛肉中之肥肉部分油炸而出之油 (C)牛乳內抽出之油脂 (D)植物油。

(　　) 751.下面那一種物質是禁止用作食品添加物 (A)硝 (B)硼砂 (C)味素 (D)糖精。

(　　) 752.低脂奶是指牛奶中何物質含量低於鮮奶 (A)蛋白質 (B)水分 (C)脂肪 (D)鈣。

(　　) 753.食物腐敗通常出現的現象爲 (A)發酸或產生臭氣 (B)水分增加(C)蛋白質變硬 (D)重量減輕。

(　　) 754.辨別食物材料的新鮮與腐敗要依靠 (A)外觀包裝 (B)商品宣傳 (C)價格高低 (D)視覺嗅覺。

(　　) 755.食品冷藏其中心溫度最好維持在 (A)0℃以下 (B)7℃以下 (C)10℃以下 (D)20℃ 以上。

(　　) 756.冷凍食品應儲藏在何溫度以下 (A)4℃ (B)0℃ (C)-5℃ (D)-18℃。

(　　) 757.下列何種方法不達到食物保存之目的 (A)放射線處理 (B)冷凍 (C)乾燥 (D)塑膠袋包裝。

(　　) 758.醱酵乳品應儲放在 (A)室溫 (B)陰涼乾燥的溫室 (C)冷藏庫 (D)冷凍庫。

(　　) 759.不銹鋼工作檯的好處下列何者不正確 (A)易於清理 (B)不易生銹 (C)不耐腐蝕 (D)使用年限很長。

(　　) 760.爲使器具不容易藏污納垢，設計上何者不正確 (A)四面採直角設計 (B)彎曲處成圓狐型 (C)與食物接觸面平滑 (D)完整而無裂縫。

(　　) 761.食物設備用具之材料不可含 (A)鐵 (B)銅 (C)鉛 (D)鋁。

(　　) 762.清洗食物之水槽材質選用，何者不正確 (A)保溫 (B)耐熱 (C)耐酸 (D)耐鹼。

(　　) 763.完全的維護是下列何者的責任 (A)安全人員 (B)經理人員 (C)調酒人員 (D)全體工作人員。

(　　) 764. 欲檢查瓦斯漏氣的地方，最好的檢查方法為 (A)以火柴點火 (B)塗抹肥皂水 (C)以鼻子嗅察 (D)以點火槍點火。

(　　) 765. 如有瓦斯漏出來時應 (A)開抽風機 (B)開電風扇 (C)開門窗 (D)開抽油煙機。

(　　) 766. 火警之報警電話為 (A)110 (B)112 (C)119 (D)166。

(　　) 767. 蒼蠅防治最根本之方法為 (A)噴灑殺蟲劑 (B)設置暗走道 (C)環境的整潔衛生 (D)設置氣簾。

(　　) 768. 洗衣粉不可用來洗餐飲用具因其含有 (A)螢光增白劑 (B)亞硫酸氫鈉 (C)過氧化氫 (D)次氯酸鈉。

(　　) 769. 為避免食物中毒，飲料調理原則為加熱與冷藏，迅速清潔及 (A)美味 (B)顏色美麗 (C)避免疏忽 (D)香醇可口。

(　　) 770. 我國餐具衛生標準中規定 (A)細菌 (B)大腸桿菌 (C)大腸桿菌群 (D)病毒　應為陰性。

(　　) 771. 我國餐具衛生標準中規定何者微生物應為陰性 (A)礦物質 (B)維生素 (C)蛋白質 (D)澱粉。

(　　) 772. 我國包裝飲用水衛生標準規定，包裝飲用水之原料水水質應符合何種水質標準 (A)工業用水 (B)自來水 (C)飲用水 (D)地下水。

(　　) 773. 我國包裝飲用水衛生標準規定包裝飲用水應何者為陰性 (A)乳酸菌 (B)氣單胞菌 (C)酵母菌 (D)大腸桿菌群。

(　　) 774. 我國冰類及飲料類衛生標準規定茶的咖啡因含量不得超過 (A)100ppm (B)200ppm (C)500ppm (D)700ppm。

(　　) 775. 我國冰類及飲料類衛生標準規定咖啡的咖啡因含量不得超過 (A)100ppm (B)200ppm (C)500ppm

(D)700ppm。

(　　) 776.我國冰類及飲料類衛生標準規定茶咖啡及可可以外之飲料的咖啡因含量不得超過 (A)100ppm (B)200ppm (C)500ppm (D)700ppm。

(　　) 777.餐飲業發生之食物中毒以何者最多 (A)細菌性中毒 (B)化學性中毒(C)天然毒素中毒(D)類過敏性中毒。

(　　) 778.於調製飲料時穿戴整潔衣帽，其主要目的為 (A)好看 (B)怕弄髒衣服 (C)擦手方便 (D)防止頭髮、頭屑及夾雜物落入飲料中。

(　　) 779.手部若有傷口，易產生何種菌的污染 (A)腸炎弧菌 (B)金黃色葡萄球菌(C)仙人掌桿菌(D)沙門氏菌。

(　　) 780.一般來說來細菌不受下列何種狀況之抑制 (A)高溫 (B)低溫(C)高酸(D)低酸。

(　　) 781.儘量不以大容器而以小容器儲存食物，以衛生觀點言之，其優點為 (A)好拿 (B)中心溫度易降低 (C)節省成本 (D)增加工作效率。

(　　) 782.金黃色葡萄球菌是屬於何型細菌 (A)毒素型 (B)感染型 (C)中間型 (D)病毒型。

(　　) 783.一般說來工作人員個人衛生人佳，最易造成下列何種細菌性食物中毒 (A)肉毒桿菌 (B)仙人掌桿菌 (C)金黃色葡萄球菌 (D)腸炎弧菌。

(　　) 784.為有效殺菌，依規定以氯液殺菌法處理餐具其氯液之游離餘氯量不得低於 (A)100ppm (B)200ppm (C)300ppm (D)400ppm。

(　　) 785.金黃色葡萄球菌毒素於何者溫度下可破壞 (A)60℃ (B)80℃(C)100℃ (D)120℃以上之溫度亦不易破壞。

(　　) 786.不符合衛生標準之食品，主管機關應 (A)沒入銷毀

(B)沒入拍賣 (C)轉運國外 (D)准其贈與。

(　) 787.違反食品衛生管理法之規定，最高可處罰新台幣 (A)三萬元 (B)六萬元 (C)九萬元 (D)十二萬元。

(　) 788.食品中毒之定義「肉毒桿菌或化學中毒除外」是幾人或幾人以上有相同的疾病症狀謂之 (A)一人或一人以上 (B)二人或二人以上 (D)三人或三人以上 (D)十人或十人以上。

(　) 789.有關防腐劑之規定，下例何者為正確 (A)使用範圍無限制 (B)使用量無限制 (C)使用範圍及用量均無限制 (D)使用範圍及用量均有限制。

(　) 790.乾熱殺菌法之有效殺菌為 (A)110℃以上30分鐘 (B)75℃以上30分鐘 (C)90℃以上30分鐘 (D)65℃以上30分鐘。

(　) 791.從事公共飲食業者應多久主動健康檢查乙次 (A)每半年 (B)每一年 (C)每一年半 (D)每二年。

(　) 792.三槽式餐具洗滌法其中第二槽沖洗必須 (A)滿槽的自來水 (B)流動充足的自來水 (C)添加消毒水之自來水 (D)添加清潔劑之自來水。

(　) 793.市售酒類飲料產品上只有英文而沒有中文標示，這種產品 (A)是外國高級品 (B)必定品質良好 (C)違反食品標示規定 (D)只要銷售佳沒有問題。

(　) 794.關於我國食用色素之敘述，下列何者均為食用色素 (A)藍色一號，紅色二號 (B)綠色三號，黃色四號 (C)藍色二號，黃色六號 (D)紅色六號，黃色七號。

(　) 795.餐飲業若發生食物中毒時，衛生單位可依食口衛生管理法第幾條規定，命令其暫時停止製造 (A)23條 (B)24條 (C)25條 (D)26條。

(　　) 796.若以保久乳調製木瓜牛奶汁，則保久乳每公撮大腸桿菌群最確數應為(A)陰性 (B)10以下 (C)50以下 (D)100以下。

(　　) 797.若以保久乳調製木瓜牛奶汁「未加蓋」，則木瓜牛奶汁每公撮大腸桿菌群最確數應為 (A)陰性 (B)10以下 (C)50以下 (D)100以下。

(　　) 798.防腐劑不得使用於 (A)水果酒 (B)濃糖果漿 (C)含果汁之碳飲料 (D)罐頭。

(　　) 799.可食用紅色色素為 (A)20號 (B)30號 (C)40號 (D)50號。

(　　) 800.製作蔬果汁時，使用壓榨法較使用果汁機合適其原因為 (A)壓榨法較為藝術 (B)壓榨法設備較便宜 (C)壓榨法製作較迅速 (D)壓榨法較不易混進氣體，因此維生素較不易氧化。

解答

一、是非題

1.○	2.×	3.○	4.○	5.○	6.○	7.×	8.×
9.○	10.×	11.×	12.×	13.○	14.×	15.×	16.×
17.○	18.○	19.○	20.×	21.×	22.×	23.○	24.×
25.○	26.×	27.×	28.×	29.○	30.×	31.○	32.×
33.×	34.○	35.○	36.×	37.×	38.×	39.○	40.×
41.○	42.○	43.○	44.○	45.○	46.×	47.○	48.○
49.×	50.○	51.×	52.×	53.×	54.○	55.○	56.○
57.○	58.○	59.×	60.○	61.×	62.○	63.○	64.○

65.○ 66.○ 67.× 68.○ 69.× 70.○ 71.× 72.○
73.× 74.× 75.○ 76.× 77.○ 78.○ 79.○ 80.○
81.○ 82.× 83.× 84.○ 85.○ 86.○ 87.× 88.×
89.○ 90.× 91.○ 92.× 93.× 94.× 95.○ 96.×
97.× 98.× 99.× 100.○ 101.× 102.× 103.○ 104.×
105.○ 106.× 107.○ 108.× 109.○ 110.× 111.○ 112.○
113.× 114.× 115.× 116.○ 117.○ 118.○ 119.○ 120.○
121.○ 122.○ 123.○ 124.○ 125.○ 126.○ 127.○ 128.○
129.○ 130.○ 131.○ 132.○ 133.× 134.× 135.× 136.○
137.× 138.○ 139.× 140.○ 141.○ 142.○ 143.× 144.○
145.○ 146.× 147.× 148.× 149.○ 150.× 151.× 152.○
153.○ 154.○ 155.○ 156.× 157.× 158.○ 159.○ 160.×
161.○ 162.○ 163.○ 164.× 165.× 166.× 167.× 168.×
169.○ 170.× 171.× 172.○ 173.× 174.× 175.× 176.○
177.○ 178.× 179.○ 180.○ 181.× 182.○ 183.× 184.×
185.× 186.○ 187.○ 188.○ 189.○190.× 191.○ 192.×
193.× 194.○ 195.× 196.○ 197.○ 198.× 199.○ 200.○
201.× 202.○ 203.○ 204.○ 205.× 206.○ 207.○ 208.○
209.○ 210.○ 211.○ 212.○ 213.× 214.○ 215.○ 216.×
217.○ 218.× 219.○ 220.○ 221.× 222.× 223.× 224.×
225.× 226.○ 227.○ 228.× 229.○ 230.○ 231.× 232.○
233.○ 234.○ 235.○ 236.○ 237.○ 238.○ 239.○ 240.×
241.○ 242.○ 243.× 244.○ 245.○ 246.× 247.× 248.○
249.× 250.○ 251.× 252.○ 253.× 254.○ 255.○ 256.○
257.○ 258.× 259.× 260.× 261.× 262.× 263.× 264.○
265.× 266.○ 267.○ 268.○ 269.× 270.○ 271.○ 272.×
273.× 274.○ 275.× 276.○ 277.○ 278.○ 279.○ 280.×

281.○ 282.○ 283.× 284.○ 285.○ 286.○ 287.× 288.○
289.○ 290.× 291.○ 292.○ 293.○ 294.○ 295.× 296.×
297.○ 298.○ 299.× 300.× 301.○ 302.○ 303.○ 304.○
305.× 306.× 307.○ 308.○ 309.× 310.○ 311.× 312.×
313.× 314.× 315.× 316.× 317.○ 318.○ 319.○ 320.×
321.○ 322.× 323.○ 324.× 325.○ 326.× 327.○ 328.×
329.○ 330.○ 331.× 332.○ 333.○ 334.○ 335.○ 336.×
337.○ 338.× 339.○ 340.× 341.× 342.○ 343.○ 344.×
345.○ 346.× 347.○ 348.× 349.× 350.× 351.× 352.○
353.○ 354.○ 355.× 356.× 357.○ 358.× 359.○ 360.○
361.× 362.× 363.○ 364.× 365.○ 366.○ 367.× 368.×
369.○ 370.× 371.× 372.○ 373.× 374.○ 375.× 376.×
377.× 378.○ 379.○ 380.○ 381.× 382.○ 383.× 384.○
385.× 386.× 387.○ 388.× 389.× 390.○ 391.○ 392.○
393.○ 394.× 395.× 396.○ 397.○ 398.× 399.× 400.○

二、選擇題

401.D 402.C 403.D 404.B 405.B 406.C 407.C 408.B
409.D 410.A 411.A 412.C 413.D 414.A 415.D 416.A
417.B 418.A 419.A 420.A 421.B 422.B 423.C 424.D
425.B 426.B 427.D 428.D 429.D 430.C 431.C 432.B
433.B 434.B 435.C 436.B 437.C 438.D 439.D 440.A
441.D 442.B 443.C 444.D 445.B 446.A 447.C 448.D
449.B 450.A 451.C 452.A 453.B 454.B 455.A 456.D
457.D 458.C 459.C 460.D 461.C 462.C 463.A 464.D
465.A 466.D 467.A 468.D 469.C 470.D 471.B 472.C
473.C 474.D 475.D 476.C 477.A 478.A 479.B 480.B

481.C	482.C	483.D	484.D	485.A	486.B	487.C	488.A
489.C	490.D	491.A	492.C	493.A	494.A	495.D	496.B
497.B	498.D	499.A	500.D	501.D	502.C	503.A	504.D
505.C	506.B	507.A	508.D	509.C	510.B	511.A	512.B
513.B	514.D	515.A	516.C	517.B	518.D	519.C	520.D
521.A	522.C	523.B	524.A	525.B	526.A	527.B	528.D
529.A	530.C	531.A	532.D	533.C	534.D	535.C	536.C
537.B	538.D	539.D	540.A	541.A	542.B	543.C	544.B
545.C	546.C	547.C	548.D	549.A	550.D	551.D	552.B
553.D	554.C	555.D	556.C	557.D	558.C	559.A	560.A
561.A	562.B	563.C	564.C	565.D	566.D	567.D	568.D
569.A	570.C	571.C	572.B	573.B	574.C	575.A	576.B
577.C	578.D	579.B	580.A	581.B	582.A	583.C	584.B
585.A	586.B	587.D	588.C	589.A	590.A	591.B	592.D
593.C	594.B	595.B	596.A	597.D	598.D	599.D	600.C
601.A	602.D	603.C	604.A	605.C	606.B	607.A	608.C
609.B	610.D	611.A	612.B	613.C	614.B	615.D	616.C
617.C	618.B	619.D	620.B	621.A	622.A	623.B	624.B
625.C	626.A	627.D	628.C	629.D	630.A	631.B	632.C
633.B	634.A	635.D	636.C	637.A	638.A	639.C	640.D
641.A	642.B	643.A	644.A	645.A	646.B	647.B	648.B
649.C	650.C	651.C	652.D	653.D	654.B	655.A	656.C
657.D	658.C	659.A	660.B	661.D	662.C	663.D	664.D
665.D	666.A	667.C	668.D	669.D	670.D	671.D	672.B
673.D	674.A	675.C	676.A	677.D	678.C	679.C	680.C
681.D	682.A	683.C	684.C	685.C	686.D	687.A	688.B
689.B	690.D	691.C	692.D	693.A	694.D	695.D	696.D

697.C	698.B	699.C	700.D	701.B	702.B	703.C	704.A
705.B	706.D	707.C	708.B	709.A	710.C	711.B	712.B
713.C	714.D	715.A	716.C	717.D	718.A	719.A	720.A
721.A	722.B	723.A	724.C	725.B	726.A	727.D	728.B
729.D	730.A	731.C	732.C	733.B	734.A	735.C	736.A
737.A	738.A	739.B	740.A	741.C	742.D	743.A	744.B
745.D	746.D	747.A	748.A	749.D	750.C	751.B	752.C
753.A	754.D	755.B	756.D	757.D	758.C	759.C	760.A
761.C	762.A	763.D	764.B	765.C	766.C	767.C	768.A
769.C	770.B	771.D	772.C	773.D	774.C	775.C	776.B
777.A	778.D	779.B	780.D	781.B	782.A	783.C	784.B
785.D	786.A	787.D	788.B	789.D	790.A	791.B	792.B
793.C	794.B	795.C	796.A	797.B	798.D	799.C	800.D

餐旅叢書

飲料管理──調酒實務

作　　者／陳堯帝
出 版 者／揚智文化事業股份有限公司
發 行 人／葉忠賢
總 編 輯／閻富萍
執　　編／宋宏錢
地　　址／台北縣深坑鄉北深路三段 260 號 8 樓
電　　話／(02)8662-6826
傳　　真／(02)2664-7633
E-mail ／service@ycrc.com.tw
印　　刷／鼎易印刷事業股份有限公司
ISBN ／978-957-818-864-8
初版一刷／2002 年 7 月
二版二刷／2013 年 9 月
定　　價／新台幣 480 元

國家圖書館出版品預行編目資料

飲料管理：調酒實務 = Beverage management
/ 陳堯帝著. -- 二版. -- 臺北縣深坑鄉：揚
智文化, 2008. 04
面；　公分

ISBN 978-957-818-864-8（平裝）

1.飲料　2.調酒

427.4　　97002585